国之重器出版工程
国防现代化建设

航天先进技术研究与应用系列

宇航元器件应用验证系统工程

第一卷 宇航元器件应用验证总体技术

The Systems Engineering of the Application Verification for Space Components

Volume I：The General Technology of the Application Verification for Space Components

江理东 孙 明 著

中国工信出版集团
哈爾濱工業大學出版社
HITP HARBIN INSTITUTE OF TECHNOLOGY PRESS

内 容 简 介

《宇航元器件应用验证系统工程》是针对我国宇航元器件应用验证技术和方法的研究成果及工程实践进行系统介绍的著作。著作依据作者多年研究而建立的应用验证技术体系和工程管理方法分为3卷，共13章。本书为第一卷宇航元器件应用验证总体技术，共4章，主要介绍应用验证的概念、综合评价方法、流程和工程管理方法。

本书可供从事宇航元器件研发、质量保证和应用的技术人员和管理工作者参考，也适合作为元器件应用验证培训教材及相关专业学生学习的参考书。

图书在版编目(CIP)数据

宇航元器件应用验证系统工程. 第一卷，宇航元器件应用验证总体技术/江理东，孙明著. —哈尔滨：哈尔滨工业大学出版社，2019.9

国之重器出版工程　航天先进技术研究与应用系列

ISBN 978－7－5603－8503－7

Ⅰ.①宇…　Ⅱ.①江…　②孙…　Ⅲ.①航空设备一元器件一验证　Ⅳ.①V241

中国版本图书馆CIP数据核字(2019)第200590号

策划编辑　杨　桦
责任编辑　李长波　庞　雪　孙连嵩　周一瞳
出　　版　哈尔滨工业大学出版社
社　　址　哈尔滨市南岗区复华四道街10号　邮编150006
传　　真　0451－86414749
网　　址　http://hitpress.hit.edu.cn
印　　刷　固安县铭成印刷有限公司
开　　本　710mm×1000mm　1/16　印张17.25　字数338千字
版　　次　2019年9月第1版　2019年9月第1次印刷
书　　号　ISBN 978－7－5603－8503－7
定　　价　118.00元

《国之重器出版工程》
编辑委员会

苏哲子	中国工程院院士
李伯虎	中国工程院院士
李应红	中国科学院院士
李新亚	国家制造强国建设战略咨询委员会委员、中国机械工业联合会副会长
杨德森	中国工程院院士
张宏科	北京交通大学下一代互联网互联设备国家工程实验室主任
陆建勋	中国工程院院士
陆燕荪	国家制造强国建设战略咨询委员会委员、原机械工业部副部长
陈一坚	中国工程院院士
陈懋章	中国工程院院士
金东寒	中国工程院院士
周立伟	中国工程院院士
郑纬民	中国计算机学会原理事长
郑建华	中国科学院院士

屈贤明　国家制造强国建设战略咨询委员会委员、工业和信息化部智能制造专家咨询委员会副主任

项昌乐　“长江学者奖励计划”特聘教授，中国科协书记处书记，北京理工大学党委副书记、副校长

柳百成　中国工程院院士

闻雪友　中国工程院院士

徐德民　中国工程院院士

唐长红　中国工程院院士

黄卫东　“长江学者奖励计划”特聘教授

黄先祥　中国工程院院士

黄　维　中国科学院院士、西北工业大学常务副校长

董景辰　工业和信息化部智能制造专家咨询委员会委员

焦宗夏　“长江学者奖励计划”特聘教授

序

由于我国航天事业发展速度快、水平高，因此对新型航天器和新一代运载器配套元器件的功能、性能、质量可靠性和环境适应性提出了更高的要求。宇航元器件的研制也由“满足产品规范及合同要求”向“确保产品耐应力裕度、提高环境适应性、保证工程可靠应用”转变，因此也急需提高新研制元器件的技术成熟度和宇航应用适用度，并能够经充分验证获取评价数据，得出明确评价结论，以促进元器件的成熟化应用。

目前我国宇航元器件的研制已经取得了较大的进展，技术水平得到了快速提高，产品系列更加完善。但已经完成研制的元器件在型号的推广应用过程中仍存在“不好用”“不敢用”和“用不好”等问题。原因主要有两方面：一方面，对部分元器件研制技术“未吃透”，且标准化的元器件的鉴定试验方法和技术与实际应用情况存在一定的差距，试验项目和应力剖面也不能覆盖元器件的应用状态，通过鉴定的元器件在应用过程中也出现了不少问题，影响了用户将其应用于宇航工程型号的信心；另一方面，元器件研制及鉴定过程所能提供的信息及数据尚不能充分表征其功能、性能、质量可靠性和环境适应性，难以充分指导用户使用，这就使得用户更加趋向于应用已有成功应用经历及数据较为充分的“成熟”元器件，新研制元器件的推广难度变得更大。应用验证是元器件应用于预定需求的宇航工程型号前开展的一系列试验、评估等工作，即针对型号的实际应用情况，有针对性地进行验证工作，确保将型号应用中的风险降至最低。

2008 年开始，我国全面开展了宇航元器件应用验证理论研究，对宇航元器件应用验证总体技术和基础技术的研究取得了丰硕成果。作者在此基础上，结合国家重大专项工作中对应用验证的实践，逐步建立了一套符合国情的宇航元器件应用验证技术体系和工程管理方法，并总结撰写了《宇航元器件应用验证系统工程》。该著作是我国宇航元器件保证领域的专业书籍，是该领域相关人员智慧和辛劳的结晶，也是我国在该领域技术水平的重要标志之一，可为后续宇航元器件应用验证工作提供有效指导和借鉴。

2019 年 7 月 25 日

前　言

宇航元器件应用验证是指在元器件应用于宇航工程前，为确定元器件的技术和应用状态，使元器件满足宇航应用的成熟度和在宇航工程中的适用度，并获得其可用度，而开展的一系列试验、评估、测试和综合评价等工作。尽管在元器件研制过程中已经进行了考核评价、鉴定检验和用户试用等工作，但应用验证因其更加针对应用和更加系统全面而具有不可替代的作用。应用验证针对宇航等高可靠性工程的现实和潜在应用要求，侧重对元器件在应用环境中的功能、性能、质量可靠性和应用适应性的数据获取、数据分析，并基于“覆盖型号、覆盖用户、覆盖元器件”的验证理念及多方参与、专家群决策的组织模式，在全面多角度获取应用支持数据后进行综合评价，形成应用验证结论和应用指南，并由国家主管机构权威发布，具有广泛的指导意义。因此，应用验证对原有的元器件质量保证进行了有效补充和扩展完善，并为丰富和充实宇航元器件标准体系提供依据。通过对元器件的系统验证分析，可以尽早发现潜在的质量隐患和应用环境不适应等“不好用”问题，及早反馈给元器件研制单位进行改进完善，促进产品研制成熟；通过对元器件应用支持数据的充分获取及科学评价，可以为用户提供选用的依据，解决用户“不敢用”的问题，促进元器件在宇航工程中的全面推广；通过与用户深度互动、发布应用指南等，可以解决用户“用不好”的问题，提升新型元器件的应用水平。总之，应用验证对于促进我国宇航关键元器件自主研制、提升自主创新和自主保障能力具有重要意义。

《宇航元器件应用验证系统工程》是对元器件研制和宇航型号应用的桥梁和纽带——应用验证这一新的工程进行系统介绍的著作。著作以系统观和系统工程方法为指导，展现宇航元器件研制和应用相关领域的系统整合和集成创新的最新理论和关键技术，介绍应用验证系统工程方法论研究的核心成果“四个一”。

一个核心框架：基于成熟度—适用度—可用度评价框架的应用验证工程路线。一套技术体系：应用验证总体技术和基础技术体系。一套方法工具：应用验证指南、手册、标准、软硬件。一套管理体系：应用验证实施组织和管理体系。著作依据作者多年研究而建立的应用验证技术和工程管理方法分为 3 卷，共 13 章，力图成为一部具有较强系统性、先进性和实用性的工具书，为工程技术人员与管理人员对型号应用验证实施系统工程管理提供参考。

第一卷宇航元器件应用验证总体技术，包括第 1～4 章，主要介绍应用验证的概念、应用验证综合评价方法和判据、应用验证流程、应用验证工程管理方法。

第二卷宇航元器件应用验证基础技术，包括第 5～11 章，主要介绍应用验证的测试技术、结构分析技术、极限评估技术、空间环境适应性验证技术、力和热环境适应性验证技术、系统适应性验证技术和空间飞行验证地面等效试验技术。

第三卷宇航元器件应用验证工程实践，包括第 12～13 章，主要介绍 15 个典型元器件应用验证工程实践案例和航天卫星工程应用验证实践。

本书为第一卷。

著作由宇航元器件应用验证系统工程的理论专家和工程实践者共同撰写，十易其稿而成。其中，第 1 章主要由江理东、孙明、郭鹏、李旻、王文炎撰写，第 2 章主要由范晓明、郭鹏、张延伟、余斌、闫成平撰写，第 3 章主要由朱恒静、张莹、白国庆撰写，第 4 章主要由孙明、韩水珍、陈鹏、付琬月、戈勇撰写；第 5 章主要由韩晓东、宁永成、付琬月、芮二明撰写，第 6 章主要由张洪伟、付琬月撰写，第 7 章主要由江理东、龚欣、王旭（航天五院物资部）、张磊撰写，第 8 章主要由罗磊、李鹏伟、于庆奎、张海明撰写，第 9 章主要由倪卫星、王长成、任泽亮、范红梅、马荣国撰写，第 10 章主要由肖爱斌、倪卫星、杨魁宁、王健、张雷浩、任泽亮、于鹏撰写，第 11 章主要由刘文宝、季轩、王敬贤、罗磊、张伟撰写；第 12 章主要由韩晓东、丁丽娜、官岩、朱美光、肖爱斌、史广芹、张雷浩、刘辉、梅博、王亚男、石皓冰、张含、林建京、庄伟、冯长磊、陆时进、姜洪雨、郝立科、赵明、赵辉、康亚玲、董艺、沈明杰、李博、刘贲、安卫军、陈德舜、彭昌文、谢波、黄俭帮、林广撰写，第 13 章主要由孙明、官岩、陶建昇、乔寓然、曲明山、王勇、薛智民、邹翔、刘成荣、王旭（贵州航天电器）、王刚、朱旭斌撰写。

应用验证工程实践内容是国家“重大卫星专项”元器件自主可控工程应用验证实践经验的总结，其典型器件案例、应用系统案例源自“重大卫星专项”相关参研、参试人员的孜孜探索和辛勤实践，并且实践成果也得到了“重大卫星专项”领导及中国航天科技集团有限公司领导的指导。

虽然各位作者均具有较为丰富的实践经验和比较扎实的理论基础，在撰写上也花费了大量心血，但应用验证系统工程理论和实践是不断进步和发展的，书中难免有疏漏及不足之处，恳请广大读者批评指正。

作　者

2019 年 6 月

目 录

第1章 绪 论

本章介绍了我国宇航元器件应用验证的基本概念和技术体系架构，简述了应用验证的工程系统性、系统工程方法论，阐述了我国宇航元器件应用验证研究成果及工程价值，并对应用验证平台的特点和设计开发进行了简述。

1.1 应用验证概述

验证是一个提供证据的质量保证过程，为产品、服务或系统满足其预期目的提供了高水平保证。这一过程通过一系列试验、检验和分析，证实产品针对“设计预期”及“应用要求”的符合程度。验证是宇航元器件研制和保证的重要手段。

随着我国航天科技工业的快速发展，新型航天器和新一代运载器对配套元器件的性能、功能、质量可靠性和环境适应性提出了更高的要求。宇航元器件研制和保证思路也由“满足产品规范及合同要求”向“确保产品耐应力裕度、提高宇航应用适应性、保证工程可靠应用”转变。因此，急需提高新研制元器件的技术成熟度和宇航应用适用度，并经充分验证获取评价数据，得出明确评价结论并促进元器件成熟应用。

目前我国宇航元器件研制已经取得了较大的进展，技术水平快速提高，产品系列更加完善。但已经完成研制的元器件在型号中的推广应用过程中仍存在“不好用”“不敢用”和“用不好”等问题，究其原因主要有两方面：一方面，对部分元器件研制技术“未吃透”，且标准化的元器件的鉴定试验方法和技术与实际应用情况存在一定的差距，试验项目和应力剖面也不能覆盖元器件的应用状态，通过鉴定的元器件在应用过程中仍然出现了不少问题，影响了用户将其应用于工程型号的信心；另一方面，研制、鉴定和质量保证过程所能提供的元器件信息数据尚不能充分表征其功能、性能、质量可靠性和环境适应性，难以充分指导用户使用，这就使得用户更加趋向于应用已有成功应用经历、数据较为充分的“成熟”元器件，新研制元器件的推广难度变得更大。且针对特定用户要求的元器件研制项目完成后对更大范围用户进行推广应用的模式还不完善，用户在元器件的使用过程中也无法获得充分的应用技术支持。因此，迫切需要改进宇航元器件的质量保证工作内容和形式。

1.1.1 应用验证基本概念

1. 应用验证的概念及定义

宇航元器件应用验证是对元器件在应用于宇航工程前开展的一系列的试验、评估和综合评价等工作，以确定元器件研制的成熟度和在宇航工程中应用的适用度，经综合分析评价得出宇航型号可用度或型号可用性结论，并形成应用指南，有效指导元器件产品成熟和合理应用。

应用验证是元器件应用于预定需求的工程型号前开展的一系列的试验、评估等工作，针对型号的应用实际情况，有针对性地开发验证装置、进行验证工作，确保型号应用中的风险降至最低。

宇航元器件应用验证工作也需要有标准支撑，应用验证标准属于元器件基础标准范畴，元器件应用验证相关标准是元器件标准体系中的新型标准，极大地丰富了元器件的标准体系，使元器件标准体系更加完善。

2. 应用验证与其他元器件保证工作的关系

(1) 应用验证与鉴定的关系。

应用验证工作是以满足用户应用为主导、满足宇航和高可靠应用为目标，提高效率、降低成本、促进新型元器件工程应用的一项创新性工作。与现有的元器件鉴定工作相比，应用验证与鉴定具有本质区别。

① 应用验证与鉴定的目的和意义不同。元器件鉴定是面向元器件产品，按照已确定的"标准"进行的符合性测试和试验，一般不关注用户具体的应用环境和条件，只关注产品质量水平是否满足"标准"，具有普遍性意义；而应用验证是针对宇航等高可靠工程应用要求进行的试验、分析及综合评价，关注产品及实现过程控制能力和数据分布规律及随应用应力变化的规律，得出元器件产品成熟度和型号可用性的评估性结论，既有普遍性又考虑了针对性应用要求，与鉴定试验相互补充，其结论更具应用指导作用。

② 应用验证与鉴定的评价条件和方法不同。元器件鉴定是按照确定"标准"中规定的条件进行符合性测试和试验，而应用验证是考虑元器件实际设计、工艺、材料、结构，以及功能、性能，结合现实和潜在应用要求，以提前发现不适应应用的问题为重点，针对性地制定应用验证方案进行验证评价，其在考虑鉴定结果的同时，还综合了元器件具体的应用环境适应性和可靠性要求。

应用验证工程与当前开展的元器件鉴定检验紧密联系并相互支撑。二者在技术上相互支撑，且可在管理上纳入元器件研制及应用一体化流程，实现信息、数据、结果的协调一致和共享。

(2) 应用验证与用户试用的关系。

用户试用可以看作一类原始、初级的"应用验证"，但与本书定义的应用验证有本质的不同。二者主要区别如下。

① 应用验证与用户试用的目的和意义不同。应用验证是元器件在应用前开展的一系列的试验、评估和综合评价等工作，进而确定元器件的技术和应用状态是否达到宇航应用的成熟度和可用性要求。其目标是需覆盖主要背景应用型号的应用状态、覆盖相关用户的典型应用状态，同时考虑通过试验获取尽可能覆盖同类元器件评价要求的数据，可简称为"覆盖型号、覆盖用户、覆盖元器件"；用户

试用是指特定用户对特定元器件根据用户对应用要求的理解进行的一系列试验和试用工作，以确定元器件样品的性能、功能是否满足某一特定应用状态的能力要求。

应用验证的结论是综合评价后得出的元器件成熟度和可用性明确量化结论，并由国家主管机构权威发布，具备广泛的指导性；元器件试用的结论是针对研制单位提供的样品进行若干单项试验或测试，一般仅给出针对特定单机或应用状态是否可用的结论，对其他应用有一定参照性，不能完全覆盖其他应用的状态。

② 应用验证与用户试用的责任主体不同。应用验证是由验证的专业机构单位负责，联合研制单位、用户单位、工程型号等多方专业机构对应用验证结论负责；元器件的具体使用单位参与应用验证过程，对其提出的具体使用验证要求负责。元器件试用的责任主体是开展具体试用的使用者，其对试用的结果负责，并将试用情况反馈到元器件研制单位。

③ 应用验证与用户试用的具体方法不同。应用验证是根据元器件的特点和宇航应用要求，系统梳理形成指标体系，设计若干试验开展验证活动，并进行综合评价，最终得出元器件成熟度、可用性和综合结论；用户试用一般仅对某一具体的应用状态进行用户关心的几个单项试验，不具有系统性，不对器件的可靠性和某些应用适应性加以评价，仅对其关心的功能和性能开展试验。因此，相对于用户试用，应用验证更系统、更全面、更规范。

④ 应用验证和试用工作开展的时机不同。目前，在元器件研制的初样阶段，用户方要开展测试、试用工作；在元器件研制的正样阶段，用户方要出具使用报告。元器件应用验证贯穿于元器件的全部研制过程，在元器件的产品定义、产品实现过程及产品评价过程中深度介入，对元器件的初样和正样均需要开展结构分析、应用适应性等相关试验。

1.1.2　应用验证的技术体系构建

应用验证工作是一项面向新型元器件，从研制到应用的重要技术手段，具有一套完整的技术体系。技术体系包括以下两大部分。

(1) 应用验证总体技术。

应用验证总体技术是指应用验证的总体技术内容框架和相关方法，包括应用验证的指标体系、工作项目和工作流程、方法和判据、项目管理和质量管理，以及整个应用验证工作的支撑平台等。

(2) 应用验证基础技术。

应用验证基础技术是指应用验证具体试验项目及方法，包括元器件结构分析技术、空间环境适应性评估技术、系统适应性评估技术、力和热环境适应性评估技术、极限评估技术和测试要求等。

总体技术要以基础技术为支撑，而基础技术又要以总体技术为导向。应用验证总体技术分解如图 1.1 所示，应用验证基础技术分解如图 1.2 所示。

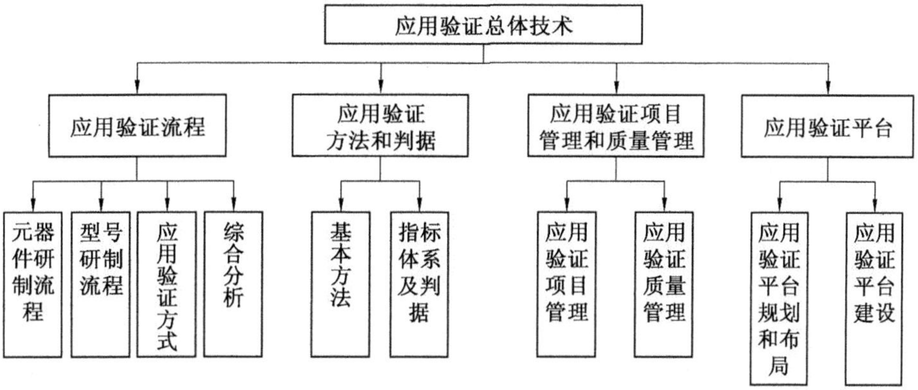

图 1.1　应用验证总体技术分解图

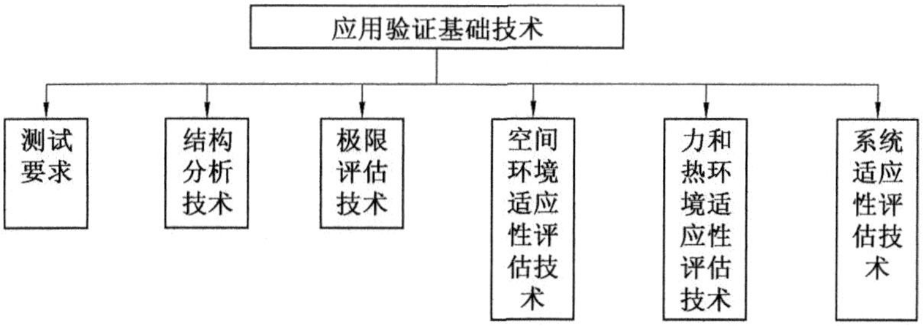

图 1.2　应用验证基础技术分解图

1.1.3　应用验证的作用

应用验证主要有以下三大作用。

(1) 将宇航工程特殊要求反映在元器件设计阶段。

元器件的设计是元器件可靠性形成的重要基础，因此，元器件应用验证工作应在设计阶段鉴别其是否存在薄弱环节或者不适用于宇航应用的情况。

(2) 促进制造过程符合宇航应用要求。

元器件的质量、可靠性取决于制造过程，因此，应用验证应贯穿于元器件的制造全过程。将应用验证的要求和结果及时反馈到生产厂，生产厂在制造过程中解决指标性能、可靠性等方面存在的问题，进而提高元器件固有的可靠性。

(3) 使用户全面充分了解元器件特性，更合理可靠地使用元器件。

开展元器件的应用验证工作，使用户在元器件设计阶段开始提出验证要求，全面掌握元器件的特性；及时发现并解决元器件的性能、可靠性、适用性等问题；积累元器件的可靠性数据，最大限度地降低系统应用的风险。

1.2 应用验证工程特点

本节分析宇航元器件应用验证的目标，从应用的价值、解决的问题、技术的特点等方面进行描述。应用验证的目标和特点决定了其具有复杂性、层次性、整体性和工作匹配性等复杂系统特征。

1.2.1 应用验证目标

宇航元器件应用验证的主要目标包括：通过对宇航元器件的系统验证分析，尽早发现元器件设计、制造缺陷和质量隐患等“不好用”问题，及时反馈给研制单位进行改进、完善，促进产品研制成熟；通过对元器件的科学评价，为用户提供选用的依据，解决用户因应用支持数据缺乏、应用风险不明而决策困难的“不敢用”问题，促进元器件在宇航工程中的推广应用；通过与用户的互动和发布应用指南，有效指导应用，解决用户选择错误、应用不合理等“用不好”问题，提高应用水平。

为了实现上述目标，应用验证需要开展元器件的研制成熟度、应用适用度和可用度综合评价。研制成熟度（以下简称成熟度），是指将元器件在设计、工艺、材料、试验和过程控制等方面的研制生产及质量保证能力的综合得分与对应等级判据比对得出的评价结果，其评价关注元器件在设计、制造及工艺、过程控制等方面的过程要素和元器件的功能、性能、可靠性等产品指标；应用适用度（以下简称适用度），是指将元器件的宇航应用环境及系统的适应能力的综合得分与对应等级判据比对得出的评价结果，其评价关注元器件空间环境应性、系统适应性等指标；可用度是对成熟度和适用度进行进一步综合分析和评估，并与对应等级判据比对得出元器件可满足宇航应用要求的量化综合评价结果，它间接表征了元器件在宇航应用中的风险程度，可用度越高，风险越小，反之亦然。因此，成熟度、适用度和可用度综合评价构成了应用验证工作的核心，同时也决定了应用验证工作具有多阶段、多领域、多目标、多任务和多参与方等特点。

① 应用验证需要开展元器件研制生产阶段的过程要素评价和产品的元器件阶段、地面整机阶段及飞行阶段等多个阶段的验证评估。

② 应用验证涉及元器件研发与制造、质量保证、宇航项目系统与工程、质量管理和项目管理等多个领域。

③ 应用验证要解决“不好用”“不敢用”和“用不好”等多个目标。

④ 应用验证涉及多类型、多品种元器件的评估，涵盖了综合评价技术、流程设计技术、项目管理技术、质量管理技术、平台构建技术、结构分析技术、极限评估技术、空间环境适应性评估技术、系统适应性评估技术和验证测试技术等多项

研究任务。

⑤ 应用验证包括宇航型号系统、用户单位、生产单位、验证实施单位、专家团队和第三方鉴定机构等多个参与方。

1.2.2 应用验证与系统工程

系统工程理论是以研究大规模复杂系统为对象的一种方法论，从20世纪50年代的“阿波罗”登月计划，到20世纪90年代我国的三峡区域经济研究，再到21世纪的载人航天工程，系统工程已经成功应用于经济、军事等各个领域。系统工程的理论和方法在航天事业的发展中也得到了广泛应用。实践证明，系统工程是研究解决复杂系统的行之有效的技术手段。

一般而言，宇航元器件研制和应用系统规模庞大，层次结构嵌套复杂，影响因素众多，有很多不确定性因素，具有明显的复杂系统特征，这些必将导致应用验证工作的复杂性。同时，应用验证的目标和特点更是决定了其具有复杂性、层次性、整体性和工作匹配性等复杂系统特征。

(1) 复杂性。

验证目标需解决元器件“不好用”“不敢用”和“用不好”等多个问题目标；验证过程涵盖元器件阶段验证、地面整机阶段验证和飞行阶段验证等多个阶段，各阶段关注重点不同又相互关联；验证技术途径需开展元器件成熟度、适用度和可用度综合评价，并给出分级量化评估结论；验证的多个参与方包括宇航型号系统、用户单位、生产单位、验证实施单位和第三方鉴定机构等；主客观评价需要元器件研制、质量保证、宇航型号系统与工程、质量管理、项目管理等多领域的专家广泛参与；应用验证技术涉及多学科的交叉融合、综合归纳与集成创新。

(2) 层次性。

层次性体现在验证指标分为三级：一级指标包括研制生产过程要素、功能、性能、可靠性和应用适应性；每一个一级指标包含多个二级指标，例如应用适应性包括空间环境适应性、力学环境适应性、热学环境适应性和系统适应性等二级指标；每一个二级指标包含多个三级指标，例如系统适应性又包括装联工艺适应能力、EMC电磁兼容适应能力、容差能力和软件及开发环境适应能力等三级指标。层次性体现在验证判据时既要考虑单指标判据又要有综合判据。验证结论的层次性体现在先形成研制成熟度和应用适用度结论，再综合分析得出元器件的可用度结论。

(3) 整体性。

整体性体现在应用验证技术整体性、管理整体性和资源整体性。技术整体性表现为，应用验证技术是由总体技术和基础技术构成，总体技术和基础技术相互依存和支撑，构成完整的技术体系。管理整体性表现为，应用验证机构和具体应用工程是决策协调核心，应用验证具体实施是以验证机构为主体，相关管理机构、生产单位、各方专家组成的专家机构及相关延伸用户单位有效参与。资源整体性表现为，专业机构的资源、研制单位的资源、用户单位的资源、型号工程的资源整体作为应用验证的资源，具有资源整体性。需充分发挥国内元器件研制单位优质资源和优势应用单位能力，经认证成为认可实验室，共同承担验证工作，同时做好资源协调。技术、管理和资源多个子系统协同，才能将应用验证工作整合为一个系统整体。

(4) 工作匹配性。

工作匹配性体现在开展应用验证需与目前我国宇航元器件研制与应用的具体情况相适应。在技术上，需将新开发的结构分析、极限评估等验证技术与已掌握的破坏性物理分析(DPA)、失效分析等技术进行有效整合应用；在管理上，需针对目前宇航元器件产品质量和可靠性的评估数据较少、研制生产单位应用支持能力较弱、缺少元器件宇航应用技术成果支撑、尚未建立验证信息交流和结论发布平台等特点，建立并完善管理模式。

可以看出，宇航元器件应用验证是一个典型的系统工程工作，系统工程理论可以作为应用验证的技术、方法。具体来说，在系统论的基础科学层面，宇航元器件应用验证属于开放复杂系统。在应用验证过程中，需要应用信息学、控制学、运筹学和模糊数学等基础科学。应用验证主要是解决元器件的整体应用问题，最终目标是工程应用；而系统工程是从总体上改造客观世界的工程技术实践，是系统科学的工程应用。对于宇航元器件应用验证，系统工程综合研讨的方法能够将专家的科学理论、经验知识乃至专家智慧转化成对应用验证的全面认知；系统分解-集成的思想能够将应用验证分解为若干个子系统，并对分解出的子系统进一步分解，直至涵盖应用验证的全部主要要素；运用由定性到定量的评价思想，采用相对定量方式将元器件成熟度、适应度和可用度均划分为 3 ～ 5 个等级。宇航元器件应用验证系统工程方法论体系框架如图 1.3 所示。

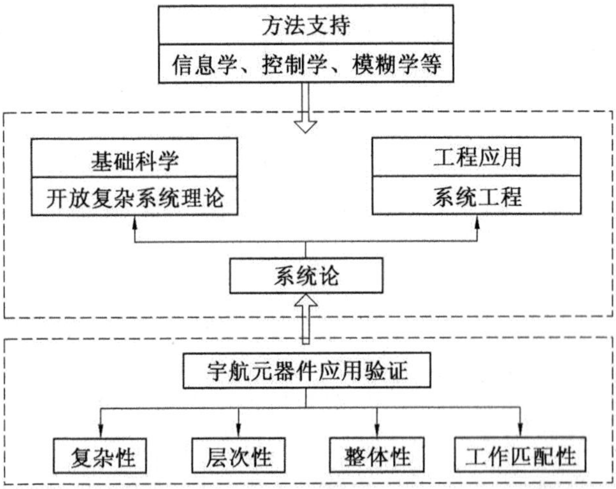

图 1.3　宇航元器件应用验证系统工程方法论体系框架

1.2.3 系统工程视角下的我国宇航元器件应用验证技术框架

具有复杂系统特性的应用验证工程，在建立技术和管理体系时，首先需要进行宏观整体设计和框架构建，然后对框架中的各个组成部分进行微观细化和深化设计构建。应用验证的宏观方法论是指应用验证的总体框架和相关方法，它以全部应用验证的整体为对象，解决应用验证如何科学和有计划地开展，如何有序地组织和管理的问题；应用验证的微观方法论是指应用验证总体框架各部分的展开及相关方法，主要以应用验证具体问题为对象。

首先，以系统工程理论为指导，进行整体布局和协同优化。其次，将内容分为应用验证总体技术和应用验证基础技术两大部分。

(1) 应用验证总体技术。

应用验证总体技术解决应用验证的总体内容框架和相关方法，如应用验证的指标体系、工作项目和流程、方法及判据、项目管理、质量管理和整个应用验证工作的支撑平台等，包括应用验证流程、方法及判据、项目管理、质量管理和验证平台等 5 个方面。

(2) 应用验证基础技术。

应用验证基础技术解决应用验证实施需要的具体技术和相关方法，包括应用验证测试、结构分析、极限评估、空间环境适应性评估、力热环境适应性评估、系统适应性评估等 6 个方面。应用验证总体技术和基础技术框架如图 1.4 所示。

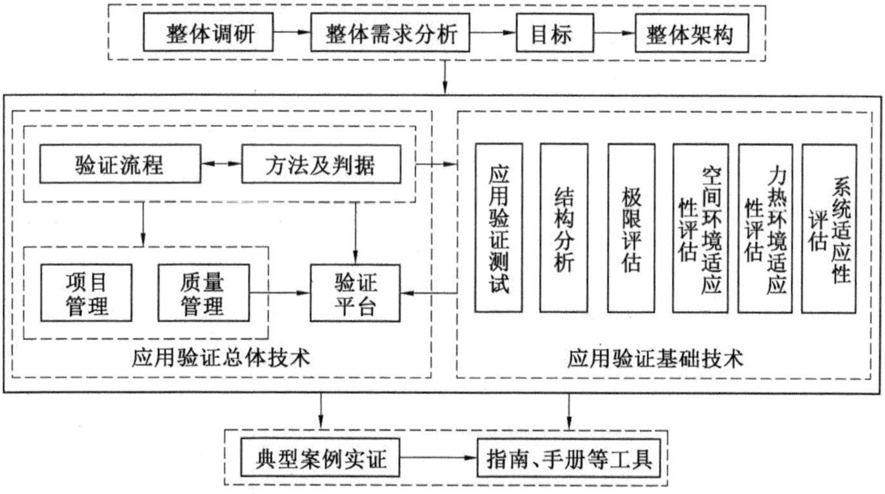

图 1.4 应用验证总体技术和基础技术框架

目前，我国宇航元器件应用验证已经取得了一系列研究成果，如图 1.5 所示。其中包括：核心框架、工程路线和技术体系，标准、指南、手册和软硬件等方法工具，应用验证工作模式、组织结构和管理制度规范等。随着应用验证工程的开展，这些研究成果将有效指导工程实践，并通过工程实践进一步完善、丰富，为我国宇航元器件应用验证工程实践和管理积累了宝贵的理论和实践经验。

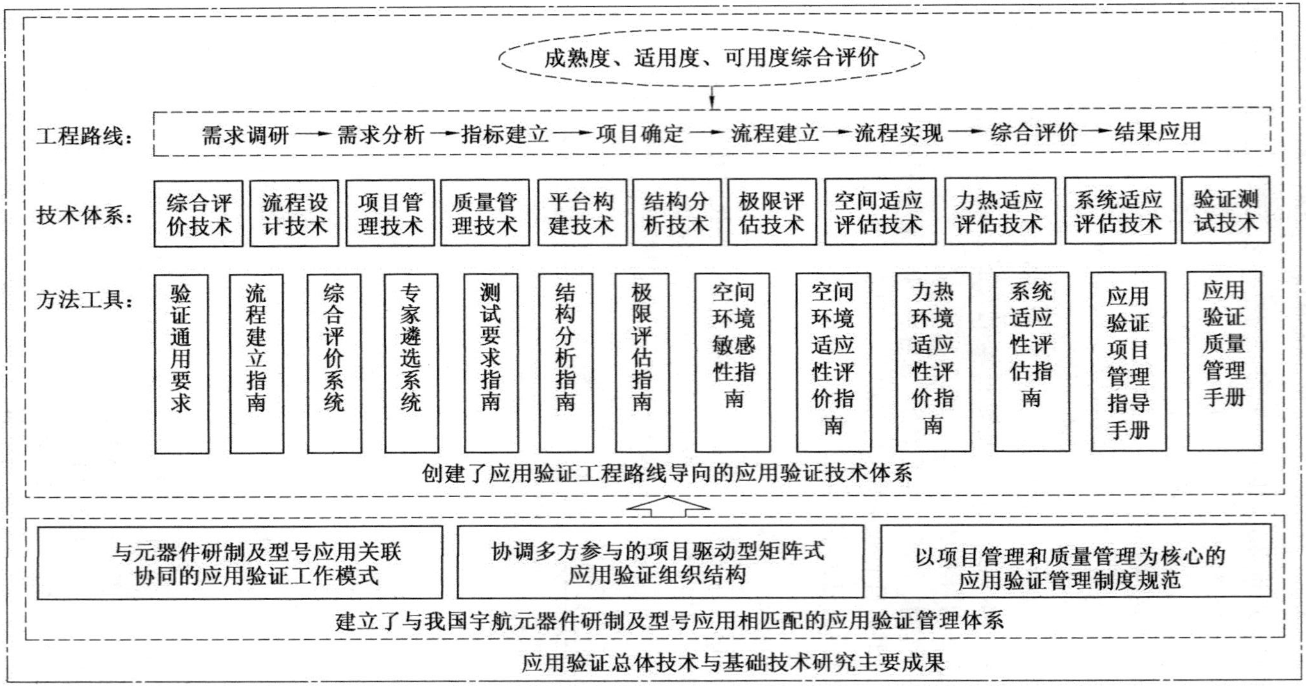

图1.5　宇航元器件应用验证成果体系

1.2.4　应用验证工程实施路线

我国宇航元器件应用验证工程实施分为三大阶段，宇航元器件应用验证工程实施路线图如图1.6所示。第一阶段完成了应用验证总体技术和基础技术研究，创建了一套适合宇航元器件研制和应用国情的应用验证技术体系和管理体系，建立了一套采用系统分析、系统评价和系统决策技术对元器件成熟度、适用度及可用度进行评价的方法，开发了一套包括标准、指导手册、技术指南、综合评价软硬件系统、专家遴选软件系统和典型验证装置等的应用验证工具。第二阶段为应用验证项目实施，一般分为三个子阶段：元器件阶段，地面整机阶段和飞行阶段。元器件阶段工作内容主要包括元器件生产线过程评价、产品设计和工艺评价、功能和性能测试及比对、结构分析、极限评估及抗辐照能力评估等。地面整机阶段工作内容主要包括工艺装联适应性评估、力学环境适应性评估、热环境适应性评估以及系统适应性评估等。飞行阶段工作内容主要包括飞行试验程序、地面程序在轨试验、试验数据处理及分析，以及地面数据比对分析等，并可以根据具体验证需求进行裁剪。第三阶段为应用验证信息发布和应用，包括：发布应用验证结论、验证合格产品清单和应用指南。

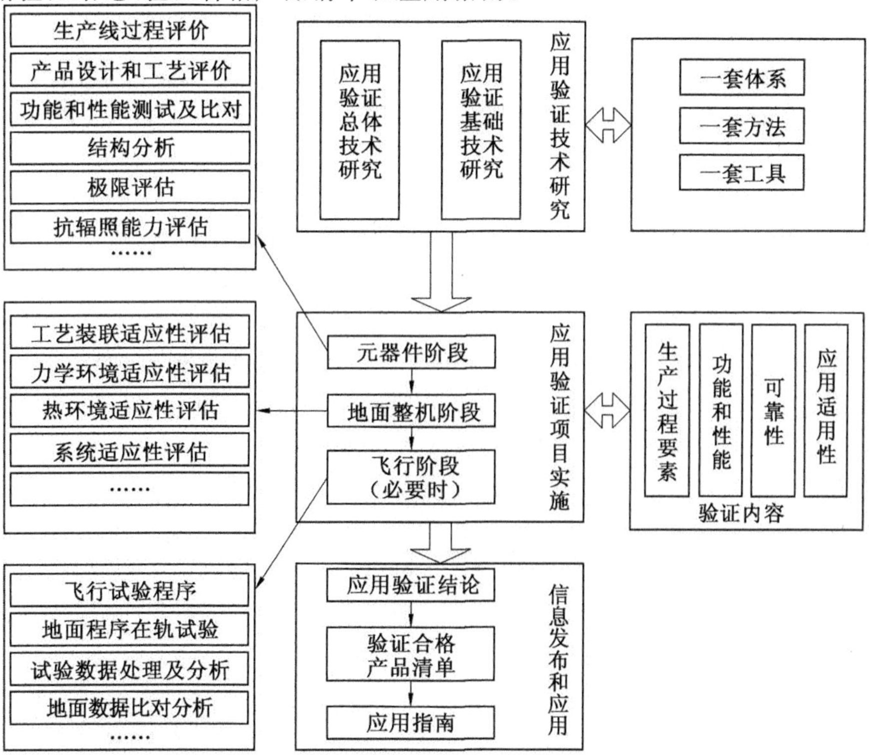

图1.6　宇航元器件应用验证工程实施路线图

1.3 应用验证方法

宇航元器件应用验证由多个子系统组成，需对元器件的功能、性能、可靠性和应用环境适应性几方面应用需求的符合程度进行研究、分析和评价，即从整体到部分的研究，然后将这些部分的研究结果进行综合，从部分回归到整体，最终用于指导宇航元器件的使用。因此，宇航元器件应用验证应以系统论方法为指导，从元器件的部分与整体、局部与全局以及各层级关系的角度分析如何开展应用验证，从系统、要素、环境三者的相互关系和变化的规律性出发设计、实施应用验证。宇航元器件应用验证主要是解决元器件的整体应用问题，最终目标是为工程应用服务，是系统科学的工程应用层次。因此，宇航元器件应用验证应以工程应用为导向，以系统工程方法论为基础。宇航元器件应用验证作为一个开放复杂系统，兼具软、硬系统特征，同时专家在应用验证过程中也起到了不可替代的作用，所以在应用验证技术方法体系的构建中应充分考虑专家的作用。物理-事理-人理（WSR）方法论作为一种方法论，很好地解决了如何在保证对复杂系统定量研究的基础上又重视“人”即专家在系统中主观作用的问题。

WSR方法论是研究解决复杂系统的有力工具，包含许多方法的总体方案，是众多方法的综合统一。WSR方法论突出强调专家即“人理”在复杂系统研究中的作用。WSR方法论根据实践活动的不同性质，将方法库层次化、条理化、系统化、规范化。WSR方法论具有“先整体认识，再分层研究，后综合解决”的特点，渗透了“从定性到定量，主客观结合综合集成”的系统方法论思想。在WSR方法论中，“物理”指涉及物质运动的机理，它既包括狭义的物理，还包括化学、生物、地理、天文等，通常用自然科学知识回答“物”是什么。物理阶段需要理解评价对象的最基本属性和特征，按照特定的评价目标建立最能表征评价对象属性的评价指标体系，尽可能详尽、全面地收集有关的信息和原始数据，从而确定指标值，这是整个评价过程的基础；“事理”指做事的道理，主要解决如何去安排所有的设备、材料、人员，通常用运筹学与管理科学方面的知识回答“怎样去做”的问题；“人理”指做人的道理，通常用人文与社会科学的知识回答“应当怎样做”和“最好怎么做”的问题。实际生活中，处理任何“事”和“物”都离不开人去做，而判断这些事和物是否应用得当也由人来完成，所以系统实践必须充分考虑人的因素。宇航元器件应用验证的最终目的是指导宇航型号对元器件的应用，即在对宇航元器件充分评价的基础上对如何使用进行决策。要做出科学的决策就必须依赖系统可靠的科学决策方法和领域专家。WSR方法论将所处理的问题作为一个完整的系统进行处理，充分考虑专家在系统中的作用，可实现应用验证决策系统整体目标的综合最优。

1.3.1 应用验证宏观方法及特点

经研究，建立我国宇航元器件应用验证的基本思路与方法是：面向宇航型号应用，基于系统工程思想，将系统工程方法论中软、硬系统工程方法论有机结合，采用系统分析、系统评价和系统决策技术，以验证需求调研和分析为基础，依托应用验证平台，针对待验证元器件特点和宇航应用特性，采用关键因素识别法、层次分析法和冗余分析法等方法，将隐含和散布的元器件研制生产过程及产品质量等特性指标进行系统归纳，形成可量化评价的指标体系，同时建立主客观相结合的评价模型和判据体系；基于评价指标体系和验证资源构建验证工作项目，以试验验证数据和专家知识系统判断为依据，归纳验证试验数据特征及结果的客观规律为指导，运用模糊综合评价法、信息熵综合评价法和专家群决策法等方法，基于 WSR 方法论进行综合评价，经各方认可后，(分级) 定量确定元器件满足宇航应用的成熟度、适用度和可用度；以指导合理应用元器件为目标，全面梳理元器件特性、宇航适用情况分析结果和应用需采取的措施，编发应用指南；以指导元器件升级完善为目标，将发现的元器件问题和改进建议反馈给研制单位，促进元器件产品成熟。

宇航元器件应用验证具有需考虑因素多且技术跨度较大、验证所得结果既有定性又有定量成分等特点，且作为一个大规模复杂系统既有硬系统特征也兼具软系统的特点，专家在应用验证过程中起到了不可替代的作用。应用验证工程需要以系统观为指导，进行整体布局和协同优化；以需求调研和分析为基础，合理构建评价指标并进行指标赋权；依据全面获取的验证数据，结合应用验证综合评价模型和判据体系，以确定宇航元器件是否满足宇航工程应用为核心，进行主客观结合、科学决策分析形成验证结论的科学方法。基于系统工程方法论的宇航元器件应用验证综合评价技术方法框架如图 1.7 所示。

宇航元器件应用验证从需求调研和分析开始，基于元器件研制情况调研、应用背景需求调研和验证资源分析，针对被验证元器件特点和宇航应用要求，构建验证评价指标体系；分别开展针对产品生产线评价的生产过程因素分析评价和针对元器件产品的功能、性能、可靠性和适用性等方面要素的验证试验，采用试验获取客观数据和专家判断获取主观评价数据；根据单指标判据和各个指标赋权情况，对生产过程、功能、性能和可靠性等方面进行综合评价，确定元器件成熟度等级；根据单指标判据和各个指标赋权情况，对应用适用性进行综合评价，确定元器件适用度等级；结合宇航型号要求，对成熟度和适用度结果进行综合评价，最终给出包括可用度等级、成熟度结论、适用度结论和主要得失分说明的应用验证结论；依据相关验证数据和应用验证结论编发应用指南，以有效指导应用；并将验证发现的问题反馈给元器件研制单位，促进产品改进完善。宇航元器件应用验证双路径组合验证评价模型和方法逻辑如图 1.8 所示。

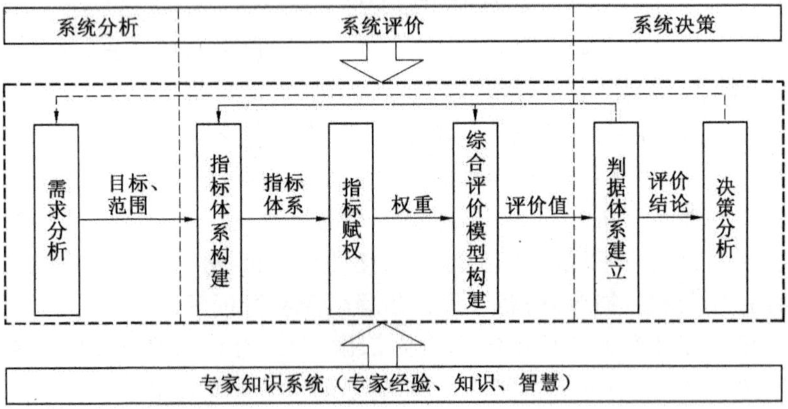

图 1.7　基于系统工程方法论的宇航元器件应用验证综合评价技术方法框架

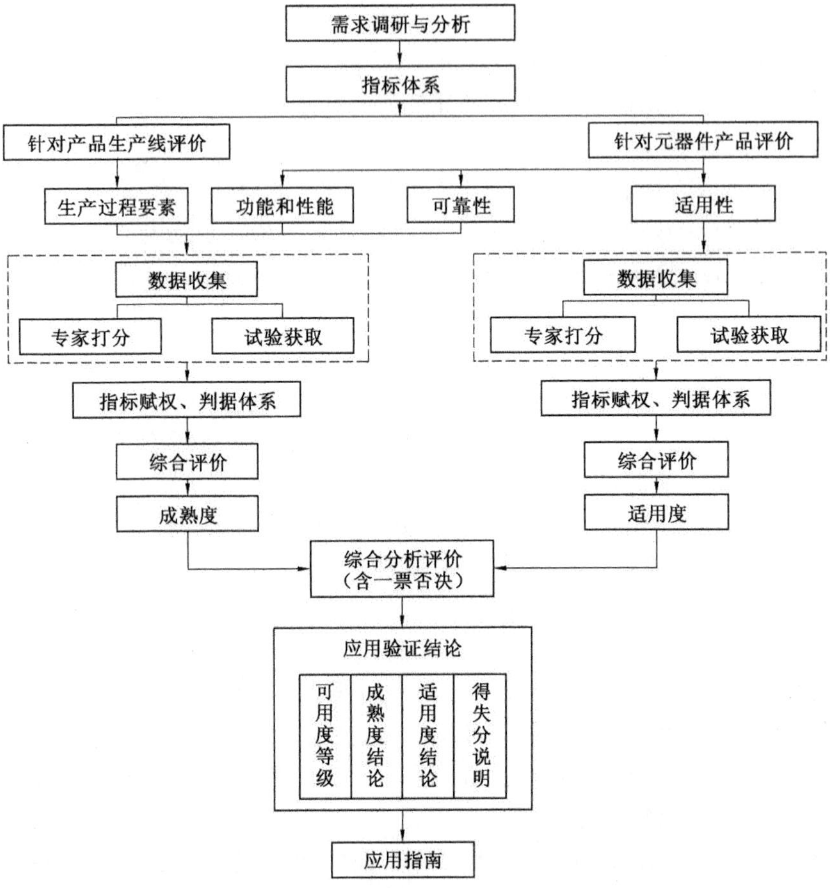

图 1.8　宇航元器件应用验证双路径组合验证评价模型和方法逻辑图

宇航元器件应用验证方法具有以下特点。

(1) 软系统工程方法论与硬系统工程方法论有机结合，弥补硬系统工程方法论过分定量化的缺点，使元器件的应用验证综合评价更科学、合理；采用系统分析、系统评价和系统决策技术，有效解决了宇航元器件应用验证指标体系构建、综合评价和应用验证结论等难点和关键点；应用 WSR 方法论，充分考虑专家的作用，达到应用验证决策系统整体目标的综合最优。

(2) 重视专家知识系统建设，更强调专家作用，将多型号、多学科、多领域内的专家、学者所具有的有关科学理论、经验知识和专家判断力、智慧相结合，形成宇航元器件应用验证专家知识系统；专家知识系统由专家经验、专家知识和专家智慧组成，指导宇航元器件应用验证过程中的指标体系构建、指标赋权、模型构建及应用，以及判据体系建立等活动，如图 1.9 所示。

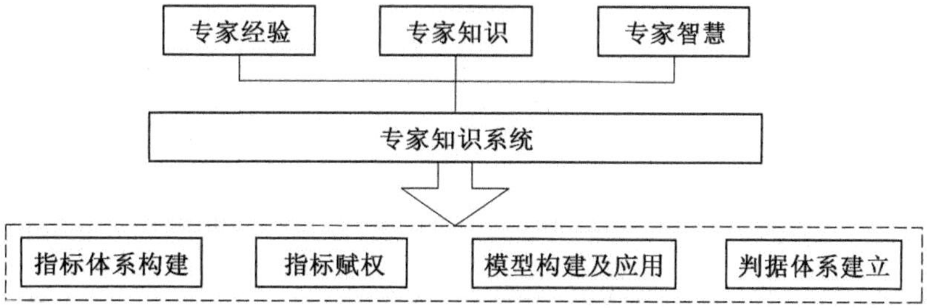

图 1.9　宇航元器件应用验证专家知识系统

(3) 应用基于主观度的双组合评价方法。综合评价问题的主观度不同，相应的综合评价结果也应不同，故需引入组合评价方法加以改进。为保证评价的科学有效，分别采用独立的主观评价法和客观评价法同时取得各个决策指标的主、客观权重和各个待评价对象的主、客观评价值，然后将决策指标的主客观权重加以组合来度量主观度，最后将主观度作为权重用于主、客观评价结果的组合，并据此对其进行比较排序。这样可使各评价结果所受主观的影响统一化，从而更好地提高综合评价的可行性与有效性。相关原理如图 1.10 所示。

(4) 设置双角度 —— 成熟度和适用度两个角度评价要素，采取主观和客观相结合、定性与定量相结合的双路径评价元器件宇航可用性。

① 研制成熟度简称成熟度，是指通过元器件在设计、工艺、材料、过程控制等方面的综合得分与对应等级判据进行比对而得出的结果。成熟度的分级是建立在元器件研发的不断改进、成长、成熟的全周期客观规律基础之上的，该规律符合产品全寿命周期理论。

② 应用适用度简称适用度，是指经过对元器件的寿命、环境、设计要求等方面的综合得分与对应等级比对所得出的结果。适用度是根据产品在使用状态和过程中所表现出的性能与对应等级判据进行比对确定的一种标准，它主要受应

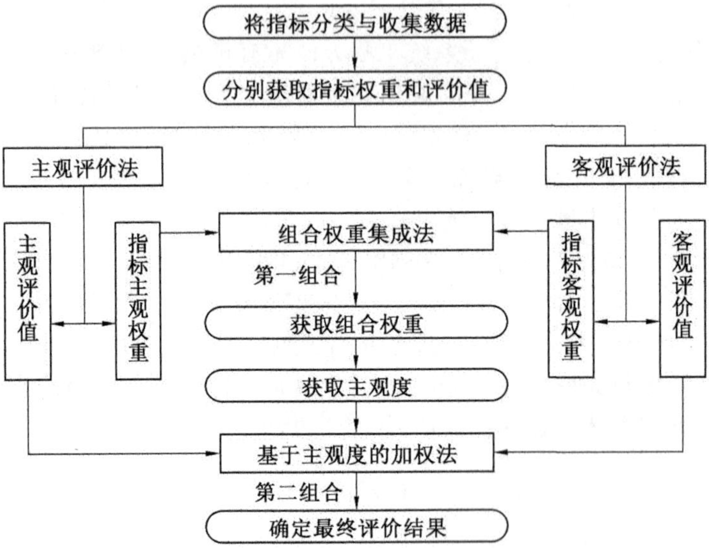

图 1.10　基于主观度的双组合评价方法基本原理图

用环境和型号等因素的影响。

(5) 构建阶梯型定量评价判据和表征方法，包括与成熟度、适用度和可用度相关的 3 ～ 5 个逐级递增的评价判据和表征方法。

(6) 应用验证方案和结论经元器件研制单位、用户单位、型号系统、元器件管理部门等多方专家认可，最大限度地平衡各个利益相关方的诉求。

1.3.2　应用验证主要工程方法

1. 应用验证组织实施方法

在应用验证项目中实施项目管理，纳入相关单位年度型号科研生产工作计划，依托元器件应用验证平台的硬件和软件资源条件开展验证实施工作。以元器件应用验证为核心，以元器件产品和研制生产过程为对象，面向元器件宇航应用，由元器件应用验证项目总体单位牵头，协同元器件研制生产单位、型号系统和用户单位共同解决国产元器件的成熟度、宇航适用性及产品可用度问题，构建应用验证组织结构和实施工作模式。应用验证中心（含分中心和认可实验室）为主要技术机构，型号系统和主要用户单位及元器件研制生产单位参与并承担具有实施优势的应用验证工作。质量管理以方案为基础，以文件、记录、样品、试验装置、人员和过程等为对象，以应用验证结论科学、客观、合理，各方认可、型号可用为目标，系统规范地开展策划、实施、检查等质量管理活动。

2. 应用验证实施阶段划分和方式

(1) 应用验证实施一般分为三个阶段：元器件阶段、地面整机阶段和飞行阶段。

（2）应用验证阶段确定的一般方法如下。

① 元器件阶段是应用验证的必选阶段，目的是对元器件的研制过程要素、固有质量和可靠性进行全面的验证和评价，针对宇航应用需求进行元器件功能、性能特性和结构分析，获取极限性能数据，明确产品固有特性，确定研制成熟度。

② 地面整机验证阶段是应用验证的可选阶段，目的是对元器件在空间应用环境和应用系统中的适应性进行全面的验证和评价，重点在宇航型号应用状态下验证元器件与实际线路、系统及应用环境的匹配性，确定应用适用性。工艺材料成熟、同类元器件已成熟应用、结构功能简单的元器件可考虑不进行地面验证。

③ 飞行阶段是应用验证的备选阶段，是否进行飞行阶段的验证需结合应用验证工作整体需求和实施可行性综合权衡。一般考虑对使用新工艺、新材料、新技术的复杂元器件，且在应用系统中作用关键、需获取全面的空间综合应力条件下验证数据的元器件进行飞行验证。

（3）应用验证方式一般分为四种：元器件方式、板方式、系统方式和飞行方式。

① 元器件方式主要指与应用状态不紧密关联的验证方式。

② 板方式是指将元器件安装在特定的应用线路板上，并与应用状态紧密关联的验证方式。

③ 系统方式是指模拟或使用型号单机及系统应用状态的验证方式。

④ 飞行方式是指使元器件处于在轨飞行工作状态的验证方式。

（4）根据试验项目的属性和验证可行性合理选择验证方式，具体如下。

① 元器件阶段验证采用元器件验证方式和板验证方式。

② 地面整机阶段验证采用板验证方式和系统验证方式。

③ 飞行阶段验证采用飞行验证方式。

3. 应用验证专家遴选方法

建立专家库，依据专家基础信息、型号信息和专家业绩的参与率、命中率、离散率等方面，对专家进行基础评价和业绩评价，综合排序后划分专家层级并结合参与项目的业绩信息进行动态调整；一般从专家专业领域和型号领域两个维度进行遴选，需确保遴选专家的代表性、覆盖性和专业性，做到过程科学、客观、合理。遴选总体方法逻辑原理为“专家入备选库 → 基础评价 → 层级划分 → 专家入库 → 项目专家遴选 → 参与项目 → 更新业绩信息 → 业绩评价 → 动态调整专家层级 → 更新专家库”。专家遴选总体方法逻辑原理图如图1.11 所示。

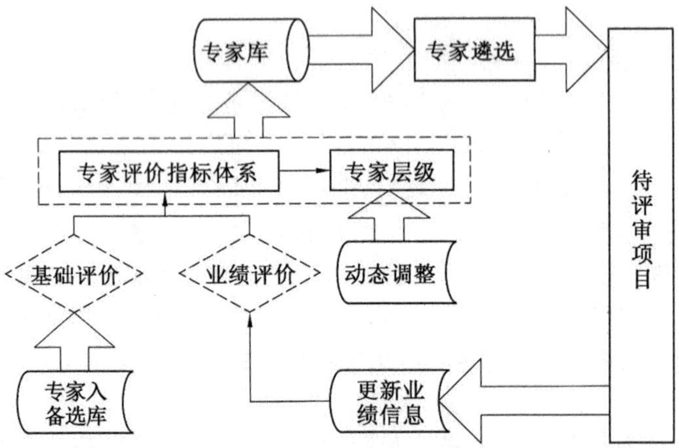

图 1.11　专家遴选总体方法逻辑原理图

4. 应用验证流程设计原则和方法

（1）应用验证流程建立的一般依据。

① 应用验证阶段的顺序。

② 参照宇航型号的研制顺序。

③ 遵循先简单一般后复杂特殊、先非破坏性后破坏性、先常态后加力和热环境的原则。

④ 适当考虑项目的重要程度和资源的占用情况等。

（2）应用验证流程设计主要考虑以下方面。

① 验证工作项目的先后关系。

② 考虑与相关流程的切入点和反馈点的合理逻辑关系。相关流程包括与应用验证有关的元器件研制流程、质量保证（指元器件质量保证）流程和宇航型号研制流程。

③ 验证资源情况。

5. 应用验证评价要素设计

应用验证评价要素包括生产过程要素和元器件要素两类。生产过程要素包括设计能力要素、制造工艺要素和过程控制要素，元器件要素包括功能和性能要素、可靠性要素、应用适应性要素。

6. 应用验证需求调研和分析

应用验证需求调研和分析包括元器件研制情况、应用背景及验证资源的调研和分析。调研信息经被调研单位确认后应形成调研分析报告，作为制定应用验证方案的依据。

(1) 元器件研制情况的调研和分析。

对元器件研制情况的调研和分析应能覆盖具有相同特征(结构、工艺、封装等)的同系列产品。

元器件研制情况的调研和分析应至少包括以下内容。

① 元器件研制情况。包括元器件研制状态(如继承性、新技术应用程度)、设计确认情况、生产过程控制、设计工艺文件、产品规范等。

② 元器件质量保证情况。包括已有的质量保证经历、鉴定或认定结论、参数测试情况、筛选剔除情况、老炼后不合格率等。

(2) 元器件应用背景的调研和分析。

对元器件应用背景的调研和分析应能覆盖元器件的现有应用和潜在应用背景,分析其继承性和差异性,以及在元器件验证状态中的具体体现。

元器件应用背景调研和分析的内容至少包括以下方面。

① 元器件功能、性能要求。包括元器件功能、性能的可实现性,关键电参数,设计保证参数等。

② 元器件可靠性要求。包括元器件设计、结构、工艺、材料的可靠性要求,以及预期工作寿命下的可靠性指标、降额要求、最坏情况分析等。

③ 宇航工作环境需求。包括元器件工作的空间辐射环境、空间原子氧环境、力学环境、热学环境、真空环境、电磁环境等。

④ 元器件使用经历。包括已有的使用经历、失效分析情况等。

(3) 应用验证资源的调研和分析。

应用验证资源的调研和分析主要包括两方面内容:一方面,确定各验证工作项目及子项目所需时间、样品,必要时,还可添加设备、人员、经费等资源;另一方面,分析各验证工作项目之间资源复用的情况。

应用验证资源调研和分析的内容至少包括以下方面。

① 样品。包括样品的数量、样品的状态与验证要求的一致性等。

② 人力。包括可投入应用验证的人员数量、结构、专家领域、人员组成等。

③ 设备。包括仪器、设备和验证平台等。应充分利用已有设施,避免重复建设。

④ 工时。包括应用验证预计耗费工时以及委托方对应用验证的总体进度要求等。

7. 应用验证方案制定

(1) 应用验证方案基于应用验证需求调研和分析制定,作为应用验证实施的依据。

(2) 应用验证方案包括总体方案和详细方案。

(3) 总体方案中规定验证流程、验证方法和判据、进度要求、工作分工等。

(4) 详细试验方案中针对具体需要验证的元器件，规定所需进行的试验项目、方法、判据、抽样要求、试验软硬件等。

(5) 应用验证方案应覆盖同系列元器件品种、元器件的现有应用和潜在应用背景。

8. 应用验证指标体系和判据设计

(1) 应用验证指标体系构建分为问卷设计与调研、影响因素识别、指标体系构建、指标体系优化四个步骤。

① 问卷设计与调研。了解用户对元器件的需求、生产过程的主要情况及元器件的特性等，为指标体系要素识别提供依据，一般应用李克特量表法设计调查问卷。

② 影响因素识别。由遴选的专家构成专家群体，采取头脑风暴法，分层全面分析和识别出影响宇航元器件应用验证的因素。

③ 指标体系构建。通过专家咨询的方式，采用德尔菲法，建立具有明晰性、层次性的应用验证初步指标体系。

④ 指标体系优化。对初步构建的指标体系进行冗余分析和因子分析，识别有重要影响且独立性较高的指标，并确立最优指标体系。可采用李克特量表法、冗余分析法和因子分析法等方法。

(2) 应用验证指标赋权采用主客观相结合的组合赋权方法，主要包括序关系主观赋权法、信息熵客观赋权法和组合赋权法，主要步骤如下。

① 序关系主观赋权法。应用李克特量表法设计调查问卷，聘请由专家遴选系统遴选出的与应用验证对象具有较高关联度的专家，对指标的重要性程度予以评价，应用基于序关系的指标赋权方法对指标赋权。

② 信息熵客观赋权法。以应用验证获取的客观数据或专家评分为基础数据，通过对原始数据的规范化、标准化处理，计算熵值和差异系数，求得指标的客观权重。

③ 组合赋权法。以主观赋权和客观赋权得出的指标权重为基础数据，运用相对熵方法集结主观和客观权重的优势，得到指标的综合权重。

(3) 判据主要由应用验证评价单指标判据、成熟度判据、适用度判据和可用度判据等组成，可分为两类判据，即单指标判据和综合判据。构建判据要点如下。

① 需要专家根据应用需要和经验给出相关建议，包括判据的构成、各种判据的概念、各种判据之间的关系，以及结合标杆法、综合评价方法、数据分布规律等方法提出各种判据的获取方法。

② 专家介入应取得的成果，给出各种判据的概念，并对几种判据之间关系进行梳理与说明。

③ 涉及的专家至少在15人以上，参与的轮次应至少为5次。

(4) 判据表达包括判据级别、等级范围和等级描述，形成要点如下。

① 需要专家广泛介入并提出具体建议，包括判据级别的划分、等级范围的确定及不同等级的描述。

② 专家介入应取得的成果，包括确定并统一判据的范围，对不同判据对应的不同等级分别给出描述。

③ 介入的专家在20人以上，参与的轮次应至少为5次。

9. 应用验证工作项目设计

在综合分析应用验证指标体系的基础上，从元器件复杂度和宇航应用要求两个方面确定应用验证的工作项目。应用验证工作项目确定应满足以下要求。

(1) 针对元器件生产过程要素的验证应覆盖对元器件生产厂的设计能力要素、制造工艺要素、过程控制要素的验证。

(2) 针对元器件功能、性能的验证应覆盖对元器件常规功能、重要功能和性能、极限功能和性能的验证。

(3) 针对元器件可靠性的验证应覆盖对元器件设计、结构、工艺、材料等可靠性的验证。

(4) 针对元器件应用适应性的验证应覆盖对元器件使用的空间环境、热环境、力环境、系统环境的验证。

10. 应用验证实施过程控制和异常情况处理方法

(1) 应用验证的实施应依据既定方案实施，实施过程中元器件、单板、设备、单机等的技术状态必须明确。应建立完整的过程记录，保证实施过程的可追溯性。必要时，转阶段验证应进行评审。

(2) 应用验证中对出现的非正常应力条件下的元器件失效情况应进行失效分析。验证过程中若出现异常现象，在确保安全的情况下，应保持当前异常状态，保存历史数据，记录现场异常数据，并上报验证项目负责人组织开展异常情况分析和问题定位，给出处理问题的方案。

(3) 应用验证过程中对出现的试验、设备和样品等的不一致情况应进行必要的分析，确保不影响应用验证结论的准确性和客观性。

(4) 验证试验中断处理。试验过程中可能会由于故障或其他原因引起试验中断。试验中断后，应及时排除故障，分析中断对产品的影响，并根据分析结果合理确定是否继续试验及继续试验的条件。试验过程中引起试验中断的原因一般如下。

① 试验设备及仪器故障引起试验中断。

② 产品本身故障造成试验中断。

③ 欠/过试验造成试验中断。

(5) 样品异常情况处理。应用验证实施过程中出现的样品异常按照以下原则处理。

① 验证项目中出现元器件样品失效,应标识、隔离,并提交相应机构进行失效分析。

② 验证项目中出现元器件样品参数非预期超差,应对参数超差现象提供便于追溯的支撑性素材,以便于后续分析。

③ 对于元器件失效和参数超差问题,应该由应用验证总体单位、评价实施单位、用户、器件研制单位和相关专家共同进行问题分析、定位和处理。

(6) 仪器、设备故障处理。应用验证实施过程中出现的仪器、设备故障按照以下原则处理。

① 应分析故障对被评价元器件样品的影响。

② 应修复有故障的仪器设备并进行合格检定,或更换同类合格设备。

③ 若仪器、设备故障对被评价元器件样品无影响,使用修复或更换的仪器设备继续试验;若有影响,则更换被评价元器件样品后使用修复或更换的仪器设备重新试验。

11. 应用验证数据收集方法

应用验证数据收集采用试验获取和专家打分两种方式,具体处理方法如下。

(1) 对于定量评价指标,可按照特定的应用验证试验,根据试验方法收集指标数据。

(2) 对于定性评价指标,可遴选专家,采用专家评分的方式收集指标数据。

12. 应用验证综合评价方法

(1) 综合评价主要应用模糊综合评价法、信息熵综合评价法和专家群决策法。

(2) 当构建的指标体系中指标多为定性指标,且由专家评分给出数值时,则运用模糊综合评价法对该宇航元器件应用验证做出评价。

(3) 当构建的指标体系中指标多为定量指标,且由试验计算给出数值时,则运用信息熵综合评价法对该宇航元器件应用验证做出评价。

(4) 当在指标体系构建、指标赋权、综合评价值的获取、综合评价结论的确定等工作实施中需充分利用专家的知识和经验参与时,则运用专家群决策法。

(5) 宇航元器件应用验证综合评价应遵循图 1.12 所示的应用验证综合评价流程。

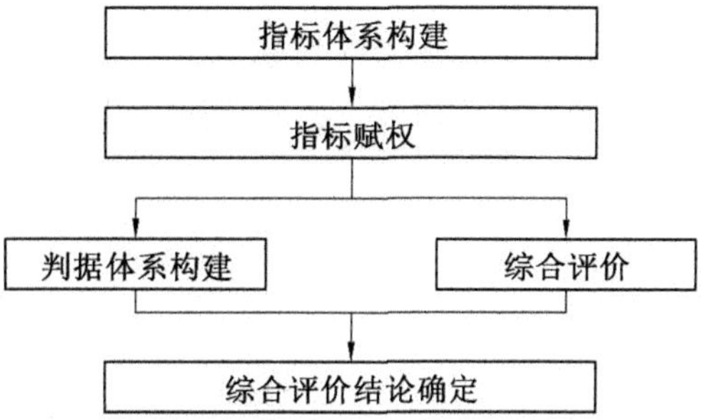

图 1.12 应用验证综合评价流程图

(6) 可采取基于渐进最优思想设计的宇航元器件应用验证"阶梯型"综合评价流程。

在应用验证过程中,依次按照 0－1 型指标验证、关键指标验证、综合验证的流程展开。在验证结束后需得出应用验证结论,结论由四方面组成:可用度结论、成熟度结论、适用度结论和得失分说明,如图 1.13 所示。

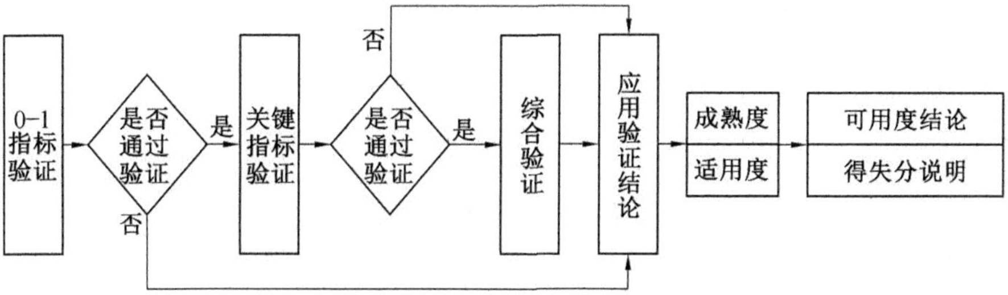

图 1.13 宇航元器件"阶梯型"模式示意图

13. 应用验证结论和报告

(1) 应用验证结论包括四个部分内容:可用度结论、成熟度结论、适用度结论和综合评价结论。根据综合评价的结果,一般以三种形式给出元器件应用验证的最终结论。

① 元器件各项验证指标满足应用要求,可用性好。

② 元器件部分验证指标未完全达到预期要求,但可有条件应用,按照应用验证给出的设定条件使用,不影响整机和型号性能及可靠性,可用性一般。

③ 元器件存在验证指标不满足应用要求,可用性差,并将验证结果反馈给元器件研制单位,便于研制单位及时改进。

(2) 应用验证各阶段应分别形成阶段验证结论,阶段验证结论作为应用验证转阶段的主要依据。

(3) 可先给出结构分析、功能和性能分析、极限评估试验、强化寿命试验、抗辐射能电气环境适应性、力和热环境适应性、软件及开发环境适应性和其他验证试验结果，再根据验证评价指标与判据符合情况综合评估元器件的可用性。

(4) 应用验证报告主要内容包括产品信息、验证过程中问题及处理情况、元器件方式验证试验及分析结果、板和系统方式验证试验结果、综合评价结果及应用验证结论、应用注意事项和附件（含重要验证试验数据及报告）。

14. 元器件应用指南设计

(1) 元器件应用指南重点表述新研制元器件产品特点及与同类成熟产品的差异性，在对产品特性、相关差异性分析和试验验证的基础上，阐述对宇航应用的影响、针对性处理措施及应用注意事项。

(2) 应用指南应撰写“编制说明”，对应用指南编制依据进行详细说明，主要内容包括编制情况、编制的指导思想、编制依据等正文不能反映但又必须说明的问题，以及其他有助于理解和贯彻应用指南的重要背景资料等。

(3) 应用指南主要内容包括元器件概况（含产品特点及一般功能描述、外形结构、尺寸、质量、结构、器件命名、标志、元器件工作条件）、元器件特性及曲线、极限特性、可靠性、耐空间环境（抗辐射）能力、应用要求及典型应用，以及包装、储存和运输要求、重要说明事项等。

15. 应用验证信息管理方法

(1) 应用验证技术总体单位负责组织建立应用验证信息系统，应用验证相关单位按分工分类收集、处理和保管元器件验证的信息。

(2) 应用验证相关单位应建立元器件应用验证信息管理制度。应用验证相关单位应定期上报元器件验证情况、存在的问题等信息，总体单位综合有关信息进行协调处理，对重大问题应及时通报。

(3) 应用验证技术总体单位负责元器件验证质量信息、重要试验数据、验证指南、验证结论、重大问题等信息的发布。

(4) 应用验证技术总体单位应建立验证结果清单，并定期发布，作为元器件宇航应用准入的依据之一。

1.4 应用验证平台

应用验证平台是应用验证实施的主要支撑手段，由实施应用验证工作所需的一系列软、硬件保障条件组成，主要包括：完成应用验证工作的一系列相互关联的仪器、设备、系统或装置及其配套软件，开展应用验证所需的手册、指南、规范、标准等技术文件，以及对应用验证实施进行管理的组织机构和信息管理系统等。应用验证平台可划分为测试试验平台、标准规范平台和组织管理平台三个子平台，其组成如图 1.14 所示。

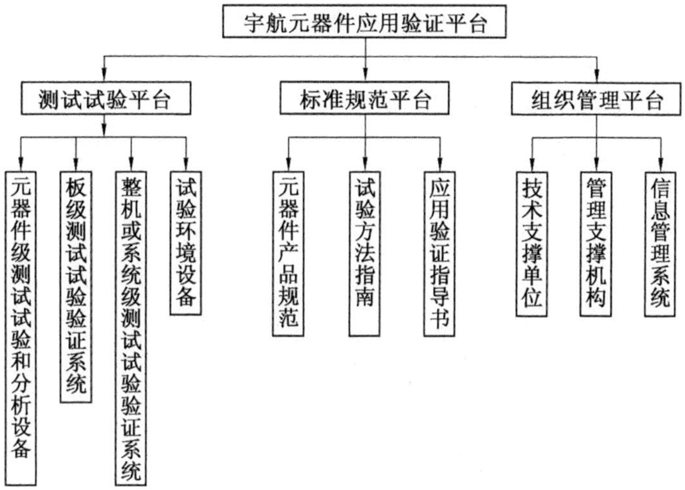

图 1.14　应用验证平台的组成图

1.4.1　测试试验平台

1. 测试试验平台的组成

应用验证测试试验平台由测试试验验证系统及相关的试验环境设备等构成，是完成元器件功能、性能、可靠性和环境适应性等验证试验的软硬件总和。测试试验验证系统是指基于宇航工程实际应用状态而设计开发的板级、整机或系统级测试、试验装置，用于验证元器件在应用状态下的功能、性能、质量可靠性和应用环境适应性，它是应用验证测试试验平台的主要组成部分。应用验证试验环境设备是指为了验证元器件在应用状态的力学、热学、电气环境适应性，提供力学、热学及电磁兼容试验环境条件的通用试验设备。

以下主要针对测试试验平台中需要开发的测试试验验证系统及对于试验环境设备的一般要求进行介绍，其他可以直接利用常规质量保证的仪器设备不再进行介绍。

2. 测试试验验证系统的特点

宇航用元器件测试试验验证系统（以下简称验证系统）是面向宇航型号任务应用需求、基于软硬件协同设计思想、充分考虑宇航应用状态、针对宇航用元器件进行测试、试验和分析的定制装置或系统。验证系统应具有扩展性、升级性、维护性、通用性和复用性等五个方面的特点。

(1) 扩展性。

扩展性是指验证系统的功能及规模具有可扩展的能力。验证系统在设计之初应满足当前待验证元器件的应用验证测试试验需要，同时考虑到元器件规格和容量不断升级，宇航用户的需求不断增加，必然导致不同种类、不同容量、不同封装的同类元器件的选用。验证系统需要针对同类型的不同规格元器件，预留可扩展的接口、模块，以适应不同电气特性、物理特性、工艺指标、环境适应性等验证需求。

(2) 升级性。

随着元器件研制水平的不断提高和器件使用的不断更新升级，对元器件开展测试试验验证的验证系统硬件、软件，尤其是一些关键的通用软件、监测软件、操控软件等，必须适应元器件的发展而不断进行升级完善，以适应元器件应用验证工作的需要。

(3) 维护性。

验证系统在使用过程中可能会出现一些故障，为使验证系统持续发挥其作用或不影响应用验证工作，需要对验证系统定期进行计量、检测和校准，以排除其潜在隐患，必要时进行维修，验证系统必须具有可维护的能力。同时，对于验证系统的一些通用模块或易损件，应该长期预存备件，需要时可及时更换，以保证应用验证工作的顺利开展。

(4) 通用性。

通用性是指组成验证系统的模块单元或仪器，可以用于不同元器件的应用验证，具有一定的可共用性。如元器件结构分析所用到的各种分析设备、测试用的各种电源及信号源等，对于验证不同生产厂家、不同封装、不同容量的元器件，均是通用的。验证系统中的大部分模块单元或仪器，可用于多种元器件的应用验证工作，能够起到资源共享的作用。

(5) 复用性。

复用性是指验证系统的使用是“非单次运行”，可以多次重复使用，这也是验证系统设计的基本要求。验证系统的开发既要考虑元器件的特点又要兼顾宇航应用状态，需要耗费大量的时间和资源，开发难度较大，因此复用性这个基本特点，可以为验证系统的开发节省资源，并提高验证系统的使用效益。

3. 测试试验验证系统的开发

验证系统的开发，主要包括验证项目的定义、验证方案的设计、验证系统的设计、验证方案的评审、系统调试、系统性能的测试等多个方面。验证系统开发的通用要求包括以下内容。

(1) 设计要求。

① 验证系统的设计应以能完成应用验证为目的。

② 验证系统的设计应尽可能多采用通用设备，减少专用设备的比例。

③ 验证系统的设计应具有对被测元器件单独进行验证试验分析的能力。

④ 验证系统的设计应具备自检和自校准功能。

⑤ 验证系统的设计应安全可靠，不会对被验证和操作人员造成伤害。

⑥ 验证系统的设计应尽可能兼顾同类元器件不同规格的验证测试或试验。

⑦ 验证试验或测试场地可根据具体情况选择无电磁或其他干扰的场地，场地选址应考虑被测试元器件的干扰电平。考虑到元器件对环境的净化要求，一般不选用全开放场地。

⑧ 验证试验或测试过程中，被测或被试验系统所放置的环境条件，如温度、相对湿度、洁净度等应满足被测试系统对环境条件的要求。

(2) 设计依据。

① 验证系统设计任务书。

② 应用验证的需求。

③ 有关标准。

④ 有关经费投入和计划进度要求等。

(3) 设计内容。

① 需求分析与验证项目的定义。

② 验证方案设计。

③ 验证系统设计(包括验证系统不确定度分析)。

④ 验证场地设计和选择。

⑤ 通用仪器采购和专用设备的研制。

⑥ 验证测试或试验软件方案设计和软件编程。

⑦ 仪器设备的安装、组装和调试。

⑧ 系统总调试。

⑨ 文件归档。

(4) 设计程序。

验证系统通用设计流程如图 1.15 所示。

(5) 设计方法。

① 需求分析及验证项目定义。根据验证系统研制任务书(技术要求或合同书)规定，应明确如下要求。

a. 对验证系统的功能、性能及工作范围的要求。

b. 测试项目及各项目的具体要求或定义。

c. 设计工作的任务和目标，形成论证报告。

② 验证测试或试验的方案设计。

a. 输入条件。验证测试或试验方案设计时应充分考虑如下输入条件：应用验证方案中明确的工作任务和目标；规定的周期、经费等约束条件；电磁环境及现有的工艺技术水平等自然条件。

b. 确定验证系统构架及技术指标。在满足以上输入条件的情况下，确定完成验证测试或试验工作所采用的验证方案，提出验证系统从设计、建造、验证到测试或试验全过程的实现构想及框架结构，系统将要达到的技术指标，并将系统指标分配到各部分，明确各部分的指标要求。

c. 输出结果。验证测试或试验方案设计后，输出结果如下：各项指标测试或

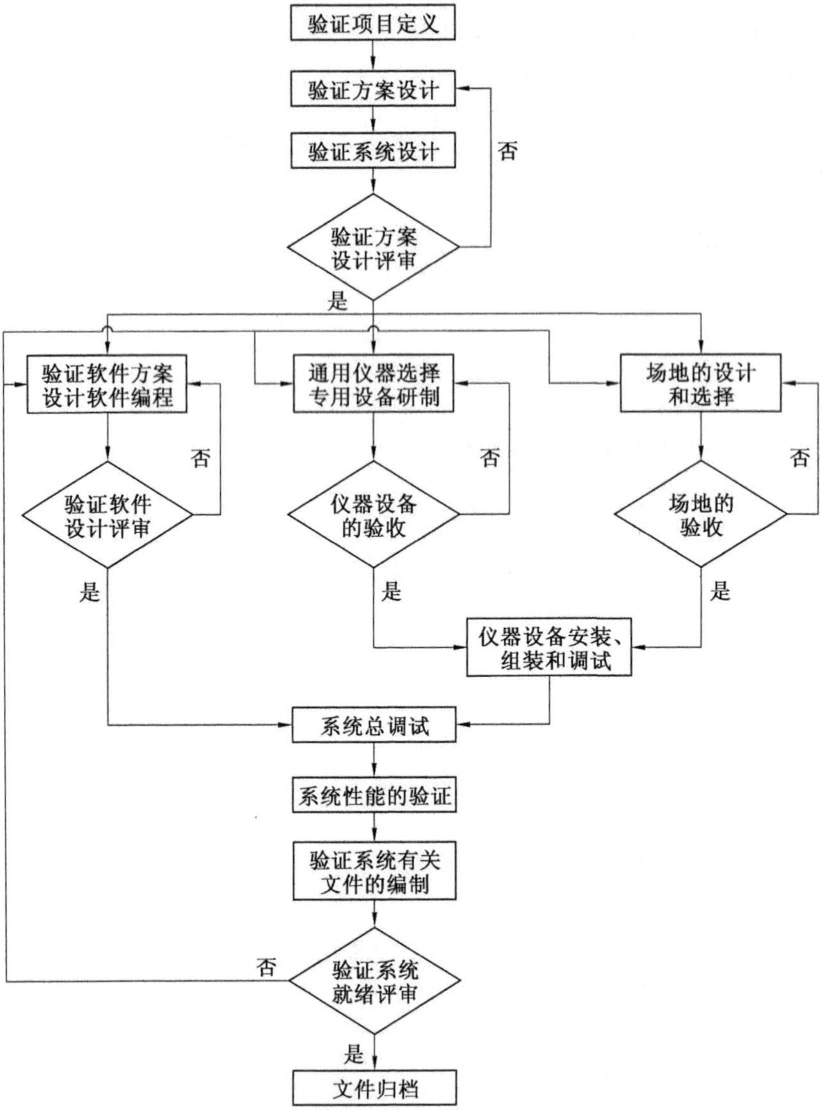

图 1.15　验证系统通用设计流程图

试验所选用的方法;测试或试验方法的实现及验证系统的构成;测试或试验的实现,如元器件如何进入测试或试验环境,如何停放、测试、试验,测试或试验完成后如何撤离以及与之相关联的安全方面的考虑;验证系统的技术指标与分配;系统稳定性分析与保证方案;系统不确定度分析与分配;测试或试验系统验证及测试精度保证;系统的安全性设计及要求。

③ 测试或试验环境的设计。

a. 测试或试验环境应满足被测试元器件对温度、相对湿度、洁净度的要求。

b. 测试或试验环境的供电系统能为验证系统和被测试元器件供电。

c. 测试或试验环境中应有专门的接地系统。

d. 测试或试验环境具有从被测试元器件进入测试或试验环境进行测试或试验到离开测试或试验环境全过程的安全保障措施。

④ 测试或试验场地的设计和选择。

a. 测试或试验场地的设计。测试或试验场地的设计包括测试或试验场地的距离、范围,场地的屏蔽性,测试或试验场地的精度保证等,测试或试验场地以满足应用验证测试或试验的要求为原则。

b. 测试或试验场地的选择。应根据预期测试或试验时段内的需要和场地可供选择的情况选择合适的测试或试验场地。

c. 测试或试验场地的配置。对可选场地及测试或试验要求进行分析,设计时包括并不限于如下要求:测试或试验位置的设置;仪器设备的架设方法及辅助设备;场地范围等环境的要求。

⑤ 通用仪器选择和专用设备研制。

a. 仪器设备设计选型。仪器设备设计选型应遵循如下原则:设计与选型应在经过充分调研的基础上进行;设计与选型的依据为应用验证方案明确的技术指标,以及成本、加工或供货周期等因素;供应商应尽量集中,应选择通用性强的仪器设备;用于系统校准和系统验证的仪器设备、附件、工装应与用于测试或试验的仪器设备、附件、工装等同时考虑;自制的与采购的仪器设备、附件、工装等应进行同样考核与验证;在经费允许的情况下,关键的、常用易损的仪器设备及附件应考虑有备份,以免这些部分出现故障时,影响测试或试验验证系统的正常工作。

b. 制订验收与验证计划。验证系统的各部分应制订对采购或自制仪器设备、附件、工装等的验收要求和计划。同时,应选取对仪器设备、附件、工装或功能单元的功能及性能的验证方法。验证方法应优化考虑,仪器设备、附件、工装或功能单元自身验证比较复杂或比较困难,而在系统级进行验证又比较简单容易时,可以系统级进行;系统级指标通过分析论证后可由仪器设备、附件、工装或功能单元的指标代替时,可以设备级验证。

⑥ 测试或试验软件方案设计和软件编程。

a. 软件设计考虑。在考虑仪器设备设计选型的同时，应考虑软件开发环境、编程语言、软件模块的输入和输出关系。软件设计应符合 QJ 3128—2001《航天型号软件开发规范》的规定。

b. 软件要求。软件编程所使用的操作系统和开发平台应全部采用市场可提供的通用产品，测试软件可自行编制或委托编制或随系统一同采购。测试或试验软件要求如下。

(a) 采用模块化结构，模块之间有明确的输入输出接口，可方便地调用和被调用，并考虑模块的可重用性。

(b) 数据采集后形成数据文件加以保存，或提供与通用测试数据库的接口。

(c) 数据处理、分析软件以原始数据形成的数据文件为输入进行处理分析，以便与其他测试或试验系统交换数据，或数据采集与处理分时进行。

⑦ 仪器设备的安装、组装和调试。仪器设备的安装、组装和调试应该完成的工作如下。

a. 仪器设备与安装环境之间的机械接口、供电接口、接地设施等的配装。

b. 自制、采购或不同生产厂家的仪器设备之间的配装。

c. 测试或试验工装与相应的仪器设备的配装。

d. 安全性的验证。

⑧ 系统总调试。验证系统总调试过程中，测试或试验软件与硬件设备应协调工作，使验证系统应能按应用验证方案要求正常运行，其功能应符合技术指标要求。

⑨ 系统性能验证。对组成的仪器设备及功能单元进行单独的验收过程中未得到验证的指标和功能，应在整个验证系统联试阶段进行验证，并应根据应用验证方案的要求对验证系统指标和功能进行验证。

(6) 文档管理。

① 验证系统的配套文件。

a. 验证系统方案设计、系统不确定分析、精度分析等文件。

b. 验证系统自检、标校及系统各阶段的测试或试验数据包。

c. 验证系统的准备工作，包括系统内部电缆连接、供电和接地等文件。

d. 验证系统与被测试元器件的机械、电气连接方法等文件。

e. 验证系统中仪器设备的程控功能的验证文件。

f. 验证系统软件硬件可能发生故障的处理文件。

g. 测试或试验软件的运行环境和软件的安装文件。

h. 测试或试验软件的使用，包括软件的启动和各人机对话界面的使用方法等文件。

i. 测试或试验软件应具有的“帮助”功能文件。

j. 功能数的测试验证及判别标准文件。

k. 其他文件。

② 归档。验证系统研制各阶段形成的已通过评审会签的所有文件，以及测试或试验软件的拷贝均应进行归档保存。

4. 典型验证系统示例

(1) 典型存储器应用验证系统。

存储器应用验证系统主要完成电气环境适应性验证，由上位机软件、验证检测控制系统、仪器仪表、被测器件(DUT)试验板组成。各部分功能和作用如下。

① 上位机软件用于试验程序调度、试验过程控制、仪器仪表控制、测试试验数据记录和处理及结果的显示等。

② 验证检测控制系统提供上位机与仪器仪表、DUT 试验板之间的各种接口，包括与仪器仪表之间的以太网控制接口、与 DUT 试验板之间的数字输入输出(IO) 控制接口和温度测量接口，同时验证检测控制系统也作为试验数据的缓存，将试验数据暂存在主控板的 TF 卡上。

③ 仪器仪表包括信号发生器、可调电源和示波器等。可调电源为 DUT 试验板提供供电电源，并且完成供电电流和功耗测试；信号发生器为 DUT 试验板上的待测芯片提供输入的模拟和数字信号，通过 BNC－SMA 同轴电缆连接到 DUT 试验板；示波器用于测试 DUT 试验板上待测芯片输出信号，也通过 BNC－SMA 同轴电缆连接到 DUT 试验板。

④DUT 试验板为待测芯片提供外围电路和各种接口，通过外围电路的不同选择和设置，实现待测芯片的不同功能的验证。

存储器 SRAM 应用验证系统实物如图 1.16 所示。

存储器 SRAM 应用验证系统的可扩展能力主要体现在以下几个方面。

① 通过元器件选取、结构设计、热设计和可靠性设计提高平台的承受力及可靠性，保证平台能够适应较宽的热环境和力学环境。

② 为不同容量存储器构建了应用验证架构和基本的外部条件，能够实现验证应力的生成、激励条件的输入和响应的监测，应用验证系统的设计原理和研制技术可扩展覆盖同类不同规格 SRAM 存储器的验证，检测控制系统及主控板具有通用性，对不同规格或不同封装的存储器器件，只需开发相应验证子板即可。

(2) 典型现场可编程门阵列(FPGA) 应用验证系统。

FPGA 应用验证系统由 DUT 试验板、主控机组成，典型 FPGA 应用验证系统如图 1.17 所示。

DUT 板设计以通用的宇航应用为设计基础，可通过 DUT 板进行 FPGA 的各

图 1.16　存储器 SRAM 应用验证系统实物图

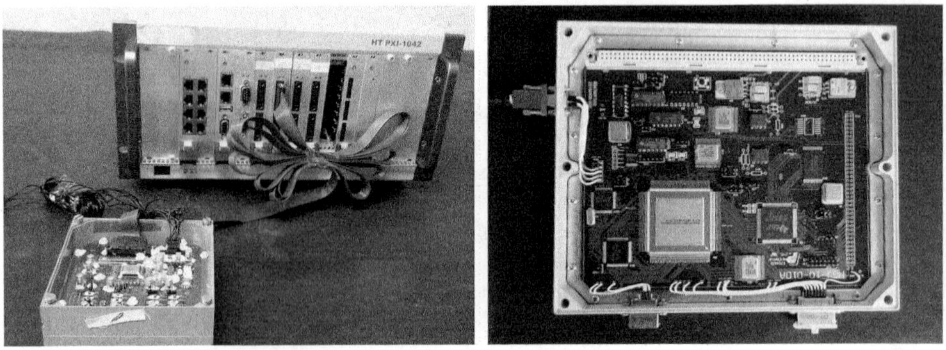

图 1.17　典型 FPGA 应用验证系统

种功能、性能测试，包括 FPGA 的配置方式测试、IO 测试、随机存储器（RAM）测试、可配置逻辑模块（CLB）测试、内部资源测试、板级工作稳定性测试、电源噪声测试等。

主控机提供上位机与仪器仪表、DUT 试验板之间的各种接口，包括与仪器仪表之间的以太网控制接口、与 DUT 试验板之间的数字 IO 控制接口和温度测量接口，同时主控机也作为试验数据的缓存，将试验数据暂存在主控板的 TF 卡上。

该验证系统完成的功能或主要技术指标如下。

① 系统电源。输入直流电压 90 ～ 264 V(AC)，频率 47 ～ 63 Hz，输入电流小于1 A，输出功率最大 35 W，支持输出过流保护和短路保护，符合UL60950－1标准。

② 以太网交换机功能。交换机板上有 8 个 10 M/100 M 自适应以太网口，可以实现每个接口间的以太网交换功能。

③ 仪表控制。系统最多可以连接6台仪器仪表，实现对6台仪器仪表的控制和协同工作，如可编程电源、信号发生器、示波器、电子负载等。

④RS232异步串口。主控板上有2个RS232异步串口：一个是公口DB9，可以用于连接仪器仪表，实现对仪器仪表的控制；另一个是母口DB9，用于连接PC机，实现对系统主控板的调试。

⑤ 数字IO接口。

a. IO数量。每个IO板有2个高密度的高速IO接口以及100个通用数字IO接口，5个IO板最多支持100×5=500个数字IO接口。

b. IO电平。根据IO板种类不同，IO口支持的电平类型不同。支持的IO口电平类型包括1.8～3.6 V的LVTTL/LVCMOS(低压晶体管－晶体管逻辑/低压互补金属氧化物半导体)单端信号、3.3～5.5 V的TTL/CMOS单端信号、LVDS/LVPECL(低压差分信号/低压正射极耦合逻辑)差分信号等。

c. IO速率。IO口使用的外部信号线缆理论上1 m长度上支持的信号翻转速率能够达到1 GHz以上，实际的信号翻转速率受IO电平、排线长度限制。目前的系统上使用2 m长度的信号线缆，在3.3 V LVTTL电平下实测的最大IO信号翻转速率为60 MHz。

d. FPGA在线加载。数字IO口的功能根据IO板的种类可以实现不同的功能，使用STM32－IO－CARD的IO板可以实现被测FPGA芯片的在线加载，加载方式为selectMAP方式。

e. FPGA回读刷新。数字IO口连接到被测FPGA的selectMAP接口，配合软件实现被测FPGA程序的回读和刷新功能。

f. IO口电压拉偏。通过软件设置可以实现IO输出接口电压的拉偏功能，电压拉偏范围与IO板的种类相关，拉偏的电压范围为1.8～3.6 V或3.3～5 V。

g. IO口脉冲信号发生。通过IO板上的软件设置，可以实现在IO口上输出窄脉冲信号，用于输入端抗干扰能力测试。支持的最小脉冲宽度可以达到ns级。

⑥ 温度测量。系统最多支持12路的温度测量，温度测量系统采用A+级的PT100温度传感器和10位精度的模数转换器(ADC)，能够达到0.1 ℃的温度测量精度。测温线采用电磁屏蔽的高温线，长度大于2.5 m。

FPGA应用验证系统的可扩展能力见表1.1。

(3) 典型DC/DC转换器应用验证系统。

系统由启动特性及浪涌电流测试板、音频信号抑制特性及步进电压(瞬态)响应特性测试板、负载电流瞬态响应测试板、过载和短路功耗及短路恢复特性测试板等组成。DC/DC转换器应用验证系统如图1.18所示，该系统支持的验证测试试验内容如下。

表 1.1　FPGA 应用验证系统的可扩展能力表

序号	指标	现有能力	可扩展能力	扩展方法
1	人机接口	适合各种 FPGA 的验证	验证同类器件通用	
2	上位机软件	30 万、60 万、100 万门	300 万、550 万门、600 万门等千万门级	增加对应的显示界面及数据存储空间
3	FPGA 容量	30 万,60 万、100 万门	300 万、550 万门、600 万门等千万门级	修改测试用例程序，如 IP 核等
4	可验证功能模块	CLB、输入/输出模块(IOB)、MATRIX、数字时钟管理单元(DCM)、配置方式、乘法器、嵌入式存储器	其他嵌入式模块，如 DSP、嵌入式微处理器等	根据嵌入式模块特点增加相应的测试用例
5	电源	BANK 电源 8 路，电压范围：3.3 V、2.5 V、1.5 V	BANK 电源 16 路，电压范围：1.2 V、1.8 V、2.5 V、3.3 V	增加外部电源模块，接入系统
6	验证测试频率	100 MHz	400 MHz	修改测试用例程序中的频率设置
7	开发环境	兼容 XILINX 开发环境	研制单位自研软件	依据研制单位用户手册编制测试用例
8	不同封装	QFP228	CQFP228、CBGA575、CCGA717、CCGA1140 等不同的封装	根据封装形式及引脚的定义，开发验证子板

① 启动特性，包括启动过冲、启动延迟等。

② 浪涌电流。

③ 输入输出传输特性，即音频抑制比。

④ 输入共模和差模电流。

⑤ 输入阻抗特性。

⑥ 输入步进电压(瞬态)响应，测试输出电压变化峰值。

⑦ 输出负载电流瞬变响应，包括输出负载电流改变时输出电压变化峰值、输出电压恢复时间等。

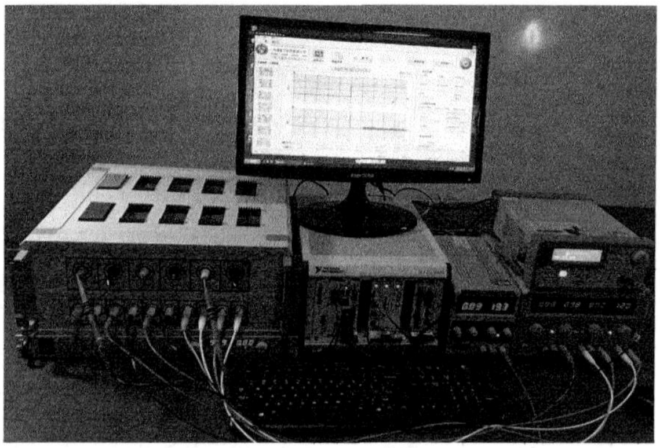

图 1.18　DC/DC 转换器应用验证系统图

⑧ 过载、短路功耗及短路恢复时间，包括过载功耗、短路功耗、短路恢复时间等。

⑨EMC 特性，包括 CE102、CS101 等电磁兼容特性。

该系统的可扩展能力如下。

① 输入电压范围。0～130 V，支持 28 V、50 V、100 V 规格变换器验证试验，可覆盖目前航天器输入母线电压范围。

② 输出功率范围。0～100 W，可支持输出 100 W 变换器开展验证，功率测试范围可扩展到 200 W。

③ 支持 DC/DC 输出路数。1～3 路，可支持单路、双路、三路输出变换器验证，满足 DC/DC 多路(最多为 3 路)同时测试的需求。

④ 支持最大拉偏电压 130 V。可支持高压 DC/DC 开展 130 V 拉偏试验，满足高压 DC/DC(最高 100 V)最高拉偏试验需求。

5. 试验环境设备要求

宇航用元器件应用验证环境试验主要包括电气环境适应性验证试验、力学环境适应性验证试验、热学环境适应性验证试验及空间辐射环境验证试验等，试验环境设备需分别满足相应的环境条件要求。

(1) 电气环境适应性验证试验设备要求。

电气环境适应性验证项目主要是电磁兼容试验。电磁兼容试验主要关注元器件的电磁干扰(EMI)特性试验和电磁敏感(EMS)特性试验，不同元器件根据其特点具体可参照 GJB 151A—1997《军用设备和分系统电磁发射和敏感度要求》、GJB 152A—1997《军用设备和分系统电磁发射和敏感度测量》、GJB 3590—1999《航天系统电磁兼容性要求》中的具体要求开展。

(2) 力学环境适应性验证试验设备要求。

应用验证通用力学环境适应性验证项目主要包括正弦振动、随机振动和冲击试验。

力学环境适应性验证的试验应力需要按照器件各应用背景型号鉴定级力学试验条件、GJB 1027A—2005《运载器、上面级和航天器试验要求》，选取宇航单机组件级最严格的力学环境试验条件开展。

① 正弦振动试验条件。按照最严格的鉴定级正弦扫描振动试验条件进行，鉴定级正弦扫描振动试验条件表见表 1.2。

表 1.2　鉴定级正弦扫描振动试验条件表

振动条件	频率范围 /Hz	振动幅值 0 ~ P
	5 ~ 20	22 mm（峰峰幅值）
	20 ~ 100	20g（加速度）
加载扫描率	2 oct/min	
加载方向	三个主轴方向	
加载控制点位置	设备背面设备支架与振动台面界面，横向加载时固定 L 形支架	

② 随机振动试验条件。按照最严格的鉴定级随机振动试验条件进行，鉴定级随机振动试验条件表见表 1.3。

表 1.3　鉴定级随机振动试验条件表

频域 /Hz	功率谱密度	总均方根加速度值	试验持续时间	加载方向
20	0.04 g^2/Hz	18.89g(rms)	120 s/ 向	三个主轴方向
20 ~ 50	+6 dB/oct			
50 ~ 100	0.25 g^2/Hz			
100 ~ 400	0.4 g^2/Hz			
400 ~ 800	0.25 g^2/Hz			
800 ~ 2 000	−6 dB/oct			

③ 冲击试验试验条件。按照最严格的鉴定级冲击试验条件进行，鉴定级冲击试验条件表见表 1.4。

表 1.4　鉴定级冲击试验条件表

频率 /Hz	冲击谱值	试验方向	试验次数
100 ~ 1 500	6 dB/oct	三个主轴方向	每轴三次
1 500 ~ 3 000	1 600g		

(3) 热学环境适应性验证试验设备要求。

应用验证通用热学环境适应性验证项目主要包括热循环试验、热真空试验和热平衡试验。

依据器件各应用背景型号鉴定级热学试验条件、GJB 1027A—2005《运载器、上面级和航天器试验要求》，选取宇航单机组件级最严格的力学环境试验条件开展相关验证。

① 热循环试验的试验条件。

a. 环境压力：正常环境压力。

b. 试验温度：$-35 \sim +70$ ℃。

c. 循环次数:25.5 次。

d. 变温速率:3 ～ 5 ℃/min。

e. 停留时间:每次循环最高和最低温度端稳定后各连续工作 4 h。

② 热真空试验条件。

a. 试验压力：$\leqslant 1.3 \times 10^{-3}$ Pa。

b. 试验温度：$-35 \sim +70$ ℃。

c. 变温速率：$\geqslant 1$ ℃/min。

d. 循环次数:6.5 次。

③ 热平衡试验条件。

a. 试验压力：$\leqslant 1.3 \times 10^{-3}$ Pa。

b. 试验温度：-35 ℃、$+70$ ℃。

c. 循环次数:高温和低温工况各一次。

(4) 空间辐射环境适应性验证试验设备要求。

① 空间环境电离总剂量试验。设备应包括辐射源、电测试装置、试验电路板、电缆、接线板或开关系统、合适的剂量测定系统及恒温箱(若需要进行时变效应测量或提升温度辐射时)。应遵循适当的预防措施,使电测量系统具有足够的绝缘、完好的屏蔽、良好的接地及适当低的噪声特性。试验所用的辐射源一般使用钴 60γ 源,辐照场应是均匀场。除另有规定外,在器件被辐射的范围内用剂量测定系统测得的辐射场均匀性应为 10%。钴 60 源的 γ 射线场强度大小的变化不超过 ±5%,器件与辐射源之间位置的变化以及辐射吸收和散射材料的存在会影响场的均匀性和强度。剂量测定系统应提供合适的剂量测定方法,满足试验测量要求。电测试装置应具有精确测量电参数所需要的稳定性、准确性和分辨率。在辐射环境下工作的装置应予以适当屏蔽,待辐射的器件及其偏置电路所需的元器件或有关的电路一起安装在试验电路板上或与电路板连在一起。除另有规定外,在辐射期间器件引出端及其他可能影响辐射效应的引线皆应电连接,不得浮置。整个试验电路板的几何形状和材料应能使被试器件得到均匀辐射,并采用良好的设计和结构以防止振荡,把漏电流减到最小,防止电损坏,并得到精确的测量。器件插座应具有一定的抗辐射能力,并且没有显著漏电(相对于被试器件而言)。在辐射场中反复使用的设备应定期检查其物理或电性能的衰退。辐射试验电路板使用的辅助元器件应具备一定的抗辐射能力,必要时采用合适的辐射屏蔽措施。试验夹具所用的材料应对受试器件处的辐射场强度均匀性不产生影响。应在辐射场外测量夹具的漏电流,其测试方法为:在插座中不插装器件,将试验电路板与试验系统连在一起,使所有可能起作用的噪声和干扰源处于工作状态,施加器件试验时的最大偏置,任意两个引出端之间的漏电流不应

超过辐射前器件规范中电流最小极限值的10%。加速退火试验中对器件施加偏量的试验电路板必须能够经受加速退火试验中的温度要求，并在试验前和试验后均应检查其物理和电学性能的退化情况。

② 空间环境单粒子效应模拟试验。试验设备包括辐射源、束流测量系统、单粒子效应测试系统、试验板和电缆、温度测量系统(必要时)等。辐射源应能输出重离子，重离子的LET值、注量率应满足试验要求。重离子在硅中的射程能够覆盖器件的敏感区。照射到被试器件敏感区表面的束流非均匀性小于10%。重离子单粒子效应模拟试验常用的辐射源有回旋加速器、串列静电(Van de Graaff)加速器、锎源等。根据被试器件的单粒子敏感性、试验目的、试验时间和费用等权衡选择合适的辐射源。回旋加速器可加速能量可调的多种离子，且注量率在$10^2 \sim 10^8$粒子/($cm^2 \cdot s$)连续可调，在硅中的射程不少于30 μm。加速器配有放置试板的真空室，真空室有密封插座，电缆可通过密封插座与外部试验系统连接。回旋加速器的特点是可将离子加速到很高的能量，加速离子的最大能量可超过1 GeV，加速离子的射程可达100 μm以上，其LET值可达到90 $MeV \cdot cm^2/mg$，对某些离子可以在大气环境进行试验。和串列静电加速器比，回旋加速器改变离子种类所需时间较长。串列静电加速器也可加速能量连续可变的离子，注量率在$10^2 \sim 10^8$粒子/($cm^2 \cdot s$)连续可调，加速器具有放置试验板的真空室，真空室有密封插座，电缆可通过密封插座与外部试验系统连接。串列静电加速器的特点是可以相对快速地改变离子的种类和能量，较快地测量出敏感器件的单粒子事件阈值。相比回旋加速器，串列静电加速器提供的离子能量较低，射程一般也较短，更难以提供射程满足元器件试验要求的高原子序数的重离子。束流测量系统包括束流强度测量系统、束流均匀性测量系统和束流能量测量系统。束流强度测量系统可以是闪烁探测器、位置灵敏探测器、电离室或次级粒子探测器等，应具有优于±10%的测量精度，能连续、实时监测的离子注量。束流均匀性测量系统由可移动闪烁体探测器或位置灵敏探测器等组成，应具有优于±10%的测量精度。束流能量测量系统由锂漂移探测器等组成，测量精度应满足要求。单粒子效应测试系统的结构由被试器件的类型和功能决定，基本要求如下。

a. 至少能够对器件实际使用的功能进行测试。

b. 能够对被试器件进行初始化设置。

c. 具有单粒子效应事件的诊断和记录功能。

d. 具有数据的实时处理、存储和检索功能。

e. 具有自动复位或手动复位功能。

f. 具有良好的抗电磁干扰能力。

被试器件放在试验板上，试验板放置在试验环境中的合适位置，使束流粒子正好入射到被试器件的测试区域。如在真空室内测试，需通过电缆和真空密封插头，与外部的测试系统连接。试验板和电缆必须具备以下几个要求。

a. 试验板和电缆的尺寸、质量满足真空室设备的要求。

b. 试验板连接电缆满足真空室硬件接口的要求。

c. 试验板和电缆不含吸附气体严重的材料。

d. 如被试器件为开帽状态，应确保芯片在线路板上的安全性。

e. 试验板上的安装孔位符合真空室设备要求。

f. 如果辐照试验板上采用了除被试器件外的其他元器件，应保证其他元器件的性能不受试验环境的影响。

g. 试验板应具有良好的机械稳定性、可移动性和抗振动能力。

h. 试验板和电缆应具有良好的抗电磁干扰能力，温度测量系统应能对被试器件在辐照期间的壳温进行实时测量、记录，温度测量系统通常由满足测量要求的热电偶等测量仪器组成。

空间环境试验设备总剂量试验钴 60γ 射线辐射源设备如图 1.19 所示，单粒子效应试验粒子辐射设备（串列加速器、回旋加速器）如图 1.20 和图 1.21 所示。

图 1.19 总剂量试验钴 60γ 射线辐射源设备

图 1.20 单粒子效应试验粒子串列加速器

图 1.21 单粒子效应试验粒子回旋加速器

1.4.2 标准规范平台

应用验证标准规范平台是指开展应用验证所需要的各种指导性文件资料的总称，主要包括元器件产品规范、试验方法指南及应用验证指导书。

1. 元器件产品规范

元器件产品规范是元器件生产制造和应用的基线，也是应用验证工作的出发点和落脚点。一方面，元器件应用验证需要以元器件产品规范的要求为重要参考依据进行设计；另一方面，通过应用验证获得元器件产品功能、性能、质量可靠性和对宇航应用满足程度的相关数据后，进一步优化完善元器件产品定义，并固化表征到元器件的产品规范中，更有效地指导元器件的研制和应用。

2. 试验方法指南

试验方法指南是指开展应用验证过程中的一系列与测试、试验方法相关的指南标准等，如下所示。

(1)《宇航元器件应用验证测试要求指南》。

(2)Q/QJA 20048—2012《宇航元器件极限评估试验指南》。

(3)《宇航元器件空间环境敏感性指南》。

(4)Q/QJA 20054—2012《宇航元器件空间辐射环境适应性评价指南》。

(5)Q/QJA 20052—2012《宇航元器件力学环境适应性评价方法指南》。

(6)《宇航元器件系统适应性 —EMC 评估指南》。

(7)《宇航元器件系统适应性 — 容差评估指南》。

(8)《宇航元器件系统适应性 — 电噪声评估指南》。

(9)Q/QJA 20009—2012《宇航用光电器件位移损伤试验方法》。

3. 应用验证指导书

应用验证指导书主要用于指导应用验证工程的一系列实施要求，包括元器件应用验证通用性方法指南及各类元器件的应用验证指导书等指导性文件，如下所示。

(1)Q/QJA 20036—2012《宇航用元器件应用验证通用要求指南》。

(2)Q/QJA 20035—2012《宇航元器件应用验证流程建立指南》。

(3)《宇航元器件应用验证方法与判据应用指南》。

(4)《应用验证评价方法指南》。

(5)《百万门级抗辐照 SRAM 型 FPGA 应用验证指导书》。

(6)《抗辐照大容量存储器应用验证指导书》。

(7)《抗辐照高性能数字信号处理器(DSP) 应用验证指导书》。

(8)《抗辐照高速高精度转换器应用验证指导书》。

(9)《抗辐照直接数字频率合成器(DDS) 应用验证指导书》。

(10)《高可靠通用计算机 SiP 模块应用验证指导书》。

(11)《宇航用高压抗辐照 DC/DC 转换器应用验证指导书》。

(12)《红外焦平面组件探测器组件应用验证指导书》。

(13)《抗辐照 CCD 器件应用验证指导书》。

(14)《空间行波管放大器应用验证指导书》。

(15)《宇航用大功率 GaAs 固态微波器件及放大器应用验证指导书》。

(16)《宇航用 GaN 功率器件及 MMIC 应用验证指导书》。

(17)《空间用砷化镓太阳电池应用验证指导书》。

(18)《星用长寿命半球谐振陀螺应用验证指导书》。

1.4.3 组织管理平台

为了规范应用验证工作，使元器件应用验证的技术研究、工程实施和成果应用得到科学管理、有效开展，需要建立应用验证组织管理平台。应用验证组织管理平台包括组织管理、技术管理和信息管理等相关支撑机构和信息系统。为了使应用验证工作顺利开展，需要建立全国性、行业性工程项目管理平台，以支撑不同层次的应用验证任务实施及成果推广应用。

组织管理由国家宇航企业或组织等相关管理支撑机构实施，负责对全行业的应用验证工作进行统一管理，包括应用验证机构设置、验证队伍建设、验证资源管理、验证项目管理以及验证信息的统一管理和应用验证结果的权威发布等；技术管理主要由各层级的宇航元器件应用验证中心等技术支撑机构实施，负责元器件应用验证的技术研究、应用验证相关标准制定、应用验证工作的具体实施；信息管理系统是指对应用验证过程中的相关数据信息进行管理，并对验证结果进行统一收集、统一分析、统一评价、统一传递和统一发布的系统，其作用是有效支撑应用验证项目实施、元器件的发展和宇航工程任务的实施。

1.5　应用验证技术发展情况

宇航元器件应用验证是为适应航天型号和宇航元器件发展的需求而形成的新领域，国际上航天技术比较发达的国家都非常重视这项工作，建立了专门的研究和组织机构，开展了大量研究和实践工作。

美国非常重视新型元器件应用前的保证工作，美国国家航空航天局（NASA）设置了专门的组织机构——NASA 元器件和封装项目组（NEPP），电子、电气和机电元器件保证组（NEPAG）。这两个组织机构负责元器件的评估和应用研究工作，此外还有提供基础技术支撑的很多研究机构和团体。NEPP 主要由 NASA 的各中心组成，其领导单位为 NASA 元器件的主管部门——安全与任务保证办公室。NEPAG 是由政府支持的国际性研究机构，由 NASA 安全与任务保证办公室发起建立，以宇航新型元器件验证和评价方法为主要研究内容。NASA 通过研究来降低新型元器件空间应用风险，确定新工艺元器件应用前的保证工作流程及实现验证信息交换、结果分析交流和发布。NASA 对一些核心器件进行了针对性研究。例如对新型拟用于宇航的 FPGA，NASA 要求必须进行器件级、系统级和空间级的应用前评价工作，并且与器件的设计和研制过程协同进行，NASA 宇航用 FPGA 的设计和评价流程如图 1.22 所示。

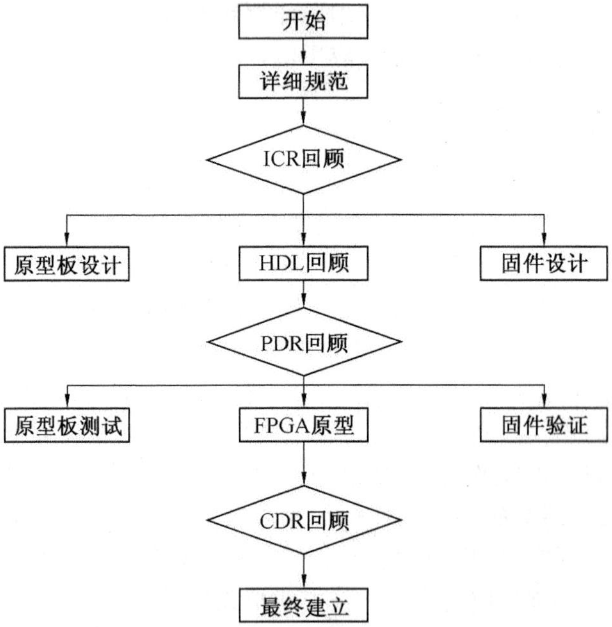

图 1.22　NASA 宇航用 FPGA 的设计和评价流程图

ICR— 初始批准评审；PDR— 初期设计评审；CDR— 关键设计评审

欧洲航天局(ESA)也非常重视宇航元器件的评估、准入和应用研究工作,设立了专门的组织机构和研究机构,建立并维护包括欧洲宇航元器件保证要求、鉴定合格元器件清单和优选元器件清单等标准在内的欧洲空间标准化合作组织(ECSS)和欧洲空间元器件协作组织(ESCC)规范体系。目前,元器件的空间应用研究是在宇航元器件指导委员会(SCSB)的赞助,以及政策与标准工作组(PSWG)和元器件技术委员会(CTB)的支持下进行的,形成了完整的技术方法体系。该体系中包括识别元器件在空间应用中的缺陷并提出改进建议、改进技术,以适应测试和工程评价要求,采用评估和审核方式对产品规范和保证要求符合性进行确认,最终进行试验并评估宇航应用适应性。

我国航天元器件使用单位在实际工程中针对新型元器件开展了保证技术活动。这些工作主要是按照实际工作需求开展的有针对性的评价和保证活动,尚未形成系统的验证。同时,国内航天元器件使用单位针对具体元器件也开始进行一些针对性研究,并逐步地开展一些实践活动。但是前期的研究和工程实践尚缺乏技术体系的完整性和系统性。2008 年起,在国家支持下,航天科技集团有限公司在国内首次对宇航元器件应用验证进行了系统和较深入的研究,取得了丰富和重要的创新性成果。其成果和创新性主要表现在以下三个方面:提出了应用验证系统工程的方法,并设计了一套完整的应用验证流程、方法、判据体系;开发了体系化的应用验证基础技术;提出了应用验证工程管理方法。

1.5.1　应用验证研究主要成果

(1) 提出了应用验证系统工程的方法,并设计了一套完整的应用验证流程、方法和判据体系。

以系统工程方法论为指导思想,建立了软、硬系统工程相结合的宇航元器件应用验证综合评价方法论,形成了一套适用于宇航元器件应用验证综合评价的完整步骤、方法、工具和技术。

① 提出了成熟度 — 适用度 — 可用度综合评价框架及以其为核心的应用验证工程实施路线。开展了应用验证总体技术和基础技术方面的研究,设计了一套完整的应用验证流程、方法、判据体系,为应用验证的工程实践打下了坚实的基础。

② 设计了一套完整的应用验证指标体系。将隐含和散布的元器件产品质量特性指标进行系统归纳,形成可量化的应用验证指标体系,并建立了主客观相结合的评价模型和判据体系。建立了主客观相结合的应用验证指标赋权方法,构建基于元器件的阶梯型、双路径应用验证综合评价模型和方法,初步形成基于映射理论的双要素判据体系,并确定了以"成熟度、适用度、可用度"为核心的综合评价体系。

③ 提出了应用验证的流程、组织方式和工作阶段。提出应用验证的三阶段和四方式，建立了与元器件研制、元器件质保和宇航型号研制三个相关流程具有切入、反馈关系的应用验证关联流程，开发了关联流程整体优化的应用验证优化技术。在确定应用验证评价准则的基础上，对应用验证的属性和特征进行了探讨，提出了应用验证特有的三阶段和四方式，并建立了应用验证与元器件研制、元器件质量保证和宇航型号研制三个相关流程具有切入、反馈关系的关联结构。在此基础上，提出了应用验证流程建立的过程，为应用验证流程建立提供依据。创造性地提出了适应于应用验证的方法，以指导工程实践。

(2) 开发了体系化的应用验证基础技术。

应用验证基础技术研究包括应用验证测试要求、极限评估技术、结构分析技术、空间环境适应性评估技术、力热环境适应性评估技术、系统适应性评估技术等。基础技术研究突破性的进展为后续应用验证的顺利开展提供了技术支持。如通过结构分析研究，建立并掌握了结构分析技术，并提出了适用于宇航元器件结构分析的工作流程、技术流程，流程具有可操作性，便于结构分析技术在应用验证工程实践中推广应用。极限评估技术在可靠性工程中是崭新的领域，对相关理论的适用性研究和模型的建立，保证了极限评估技术运用的科学性。

(3) 提出了应用验证工程管理方法。

运用系统工程的方法，提出了一套有创造性的、符合验证工作特点、有效指导工程实践的管理体系。形成了架构清晰、接口明确、组织完善的应用验证工程项目矩阵式管理体系。将质量管理理论引入应用验证工程中，针对应用验证过程，整合知识管理理论，建立面向应用验证过程、基于知识管理与信息集成的质量改进模式和方法体系。主要创新点如下。

① 构建了宇航元器件应用验证项目集成管理的框架和体系，建立了应用验证工程项目矩阵式组织结构和管理体系。

② 提出“三个覆盖”的验证要求，建立了应用验证质量管理体系。

③ 提出应用验证实施的平台构成要素，设计了平台规划和布局。

1.5.2　应用验证成果的科学和工程价值

应用验证研究工作的开展对元器件产品、生产、认证等体系的发展具有重大的意义。对元器件产品体系，应用验证相关理论的深入研究，能很好地解决元器件“不好用”“不敢用”“用不好”的问题，促进宇航元器件产品体系的发展；对生产体系，应用验证基础技术的研究可以指导工程实践及元器件生产，使生产流程更加顺畅、产品更加成熟，促进产品研制和生产；对认证体系，验证工作对目前的认证工作补充完善，使元器件产品更好地满足使用要求。应用验证工作的开展能够促进元器件得到更多用户的认可，使其可用度得到提升。该项研究具有丰富的科学和工程价值，具体表现在以下方面。

(1) 丰富了宇航元器件工程相关领域的理论方法和技术体系。

在理论方法方面，在整合元器件可靠性、元器件设计等研究的基础上，提出应用验证这一研究领域，并对其进行深入的探讨，建立了一整套完整的流程、技术、方法、系统。应用验证研究不断地深入，丰富了相关领域的理论与方法。基于系统工程的理念，从总体技术和基础技术两个维度对应用验证的相关研究工作进行了分解。总体技术的研究为应用验证提供了系统的管理支撑，而基础技术的研究提供了应用验证的试验技术和实施方案。值得一提的是，研究中提出的一些基础技术极大地推动了该技术领域的发展，具有较大的理论价值，如结构分析技术、极限评估技术、系统适应性技术等。

在技术体系方面，创建了宇航元器件应用验证技术体系，同时也丰富了我国宇航元器件的技术体系，在原有的(四个体系) 基础之上，增加了应用验证体系，使宇航元器件技术体系丰富发展为五大体系，使我国具备开展宇航元器件应用验证工程的能力，提升我国国产元器件的研制和应用水平，推动了国产元器件在宇航和高可靠工程型号中的广泛应用。

(2) 促进了宇航元器件工程与相关学科领域的交叉与融合。

基于应用验证需求导向而综合集成了工程技术和现代管理等多学科的相关领域，促进了宇航元器件工程领域与相关学科领域的交叉与融合。应用验证研究过程中存在着大量学科交叉的情况，在调研和充分研究各相关技术和方法的基础上，促进宇航元器件工程相关学科领域包括管理学、系统工程、理学等学科相互间的交叉和融合。

① 将系统工程的理论和方法应用于宇航元器件应用验证方法和判据研究工作中。系统工程理论的系统分析、系统评价和系统决策技术能够解决宇航元器件应用验证方法和判据研究中的指标体系构建、综合评价、应用验证结论等关键点和难点；结合 WSR 方法论具有“先整体认识，再分层研究，后综合解决”的特点，构建“从定性到定量，主客观结合综合集成”的系统方法，解决了宇航元器件应用验证方法和判据的科学性、合理性和有效性，促进了系统工程理论和东方哲学评价方法体系的融合和发展。

② 在应用验证工作流程中，融合流程设计技术和综合评价技术建立了应用验证项目的指标体系，促进了应用验证流程研究和应用验证方法判据研究的有机结合。

③ 将风险管理方法创造性地运用到宇航元器件应用验证的过程中，应用验证项目管理中明确了应用验证项目风险识别及应对策略，将项目管理中的风险管理与应用验证工程进行了有机结合。

(3) 奠定了发展应用验证工程科学新的研究领域的重要基础。

在总体技术和基础技术研究的过程中，综合各学科相关知识，结合应用验证实际深入研究，能够进一步发掘和探讨一些研究中发现的新的理论成果和技术方向，从而对各学科的发展起到积极的促进作用，完全有可能逐渐形成一个全新的学科 —— 应用验证工程科学学科，以及相应的应用验证工程技术学科。应用验证这一新领域的系统研究为建立应用验证工程科学新的研究领域奠定了重要基础。

(4) 为实施我国应用验证工程提供了理论指导和技术方法工具。

通过研究，建立了应用验证方法和判据体系、应用验证流程、基础技术和管理体系，以及设计开发的大量指南、手册、标准和软硬件系统，为我国应用验证工程实施提供了有效的理论指导和技术方法工具。形成了一整套工具，包括标准、指导手册、技术指南、综合评价及专家遴选软件系统等，为应用验证工程实施方案的制定提供了科学依据，可指导应用验证工程的顺利开展。创建了一整套由应用验证技术和管理体系组成的应用验证体系，为应用验证工程的实施提供了管理和技术方法的支撑。建立了一套主客观相结合，对元器件成熟度、适用度及综合分析评价给出可用度的评价方法，为应用验证工程得出可靠结论提供了方法上的保障。

(5) 为我国宇航元器件推广应用提供了技术支撑。

应用验证为用户和研制单位之间建立了有效的沟通渠道，为加快我国宇航元器件推广应用提供了可行的技术路径。应用验证工程紧密结合元器件研制开展，能尽早地反映需求，促进元器件生产厂对元器件应用的理解，促进产品成熟度的提高。在应用验证实施的过程中，可以及时发现问题，将信息反馈给元器件生产厂，推动元器件的研制进程，进一步提高产品的质量、可靠性及元器件的应用水平。应用验证整个过程也是元器件固有可靠性和使用可靠性数据的积累过程，梳理相关数据形成元器件应用指南，可有效指导提高元器件的合理应用。

应用验证为加快我国宇航元器件的推广应用提供了可行的技术路径，从而也为提升我国宇航用元器件自主保障能力提供了有效支撑。应用验证实施需紧密依托航天型号。航天型号系统提供大量的板、系统应用环境和典型应用案例，有助于充分评价元器件的应用适用性，同时可以将元器件在系统环境中的表现信息及时反馈给型号单位，促进元器件的合理应用。应用验证建立了型号用户单位和元器件研制单位的沟通桥梁和纽带，能够切实解决产品“不好用”“不敢用”“用不好”的问题，对提升我国宇航元器件自主研发和自主保障能力具有重大的作用。

第2章

应用验证综合评价方法和判据

宇航元器件应用验证具有复杂性、关联性、整体性和工作匹配性等系统性特征，可以通过建立定量化的模型与方法对元器件开展综合评价。应用验证综合评价方法和模型、指标和判据是应用验证方法的重要组成部分。应用 WSR 方法论，采用关键因素识别法、层次分析法和冗余分析法等方法，将隐含和散布的元器件研制生产过程及产品质量等特性指标进行系统归纳，形成可量化评价的指标体系，同时建立主客观相结合的评价模型和判据体系，基于评价指标体系和验证资源构建验证工作项目，实施验证获取客观数据和分析结果后，结合专家知识系统，运用集成研讨模式最终给出综合评价结论。

2.1 概　　述

宇航元器件应用验证具有多阶段、多层次、多领域等特性，因此应用验证综合评价是一个复杂的系统工程，包括建立评价指标体系和判据体系、赋予指标权重、构建评价模型、设计评价流程、分析评价结论等诸多环节。通过建立包含多要素、多阶段的宇航元器件应用验证指标体系，并给每个指标赋合理的权重，构建客观与主观相结合的双路径综合评价模型，形成应用于宇航元器件应用验证特有的判据体系，最终开发出智能化的辅助决策支持系统。WSR（物理、事理、人理）方法论将所要解决的问题作为一个完整的系统进行处理，在充分考虑专家在系统里发挥作用的情况下，达到决策系统整体目标的综合最优化；可有效地将系统工程方法论中软系统工程方法论与硬系统工程方法论有机结合，弥补硬系统工程方法论中过分定量化的缺点，使元器件应用验证的综合评价更科学、更合理；基于 WSR 方法论，构建了一套以元器件试验验证数据和专家知识系统判断为依据，以提取数据特征规律为指导的宇航元器件应用验证综合评价方法。

综合评价模型和方法是科学获得宇航元器件应用验证结果的重要基础，宇航元器件应用验证综合评价系统是实现宇航元器件应用验证综合评价的工具，需要满足综合评价工作的所有需要，具有以下特点。

(1) 符合应用验证要求，功能实用、流程合理、界面友好，满足实际工作需要。

(2) 包含指标体系构建、指标赋权、评价模型、指标判据等功能，对各种数据实现信息化管理。

(3) 在信息化基础上，结合系统功能，设计智能化的应用验证评价操作流程，由系统自动进行评价计算和分析。

(4) 针对评价指标体系随元器件不同而变化的特点，综合评价系统具有良好的适应性与可扩展性。

(5) 具备易操作性、易维护性和可扩展性。

指标是反映系统要素或效益的数量概念和具体数字，它包括指标的名称和指标的数值两部分。指标体系是由多个相互联系、相互作用的评价指标，按照一定层次结构组成的有机整体，是联系评价专家与评价对象的纽带，也是联系评价方法与评价对象的桥梁。应用验证指标体系是指需要进行评价的应用验证指标集合，包括生产过程要素评价、元器件（产品）功能和性能评价、元器件（产品）可靠性评价、元器件（产品）应用适应性评价。对于定量评价指标，采用基于试验数据统计分布情况的方法进行综合评价。对于定性评价指标，采用模糊综合评价法进行综合评价。根据单一评价的结果，可以采用一定的组合评价方法，计算获得宇航元器件的综合评价值，使评价结果更客观、更准确。

根据宇航元器件应用验证工作的需要，所构建的宇航元器件应用验证评价指标体系具有以下特点。

(1) 覆盖主要的宇航元器件用户、主要的型号和主要类型元器件。

(2) 具有一定的层次性。

(3) 影响因素识别应从生产过程要素阶段、元器件阶段、地面整机阶段和飞行阶段四个阶段分别识别。

(4) 在识别这四个阶段应用验证影响因素的基础上，分别构建各阶段评价指标体系。

(5) 在构架生产过程要素阶段、元器件阶段、地面整机阶段和飞行阶段评价指标体系的基础上，提取各阶段主要指标，构建通用(普适)的宇航元器件应用验证评价指标体系。

(6) 针对具体应用验证项目，将通用(普适)的宇航元器件应用验证评价指标体系推广应用到具体宇航元器件评价指标体系的构建。

根据宇航元器件应用验证工作的需要，指标赋权具有以下特点。

(1) 建立在对专家大量调研的基础上。

(2) 指标的权重设置应科学合理，有效反映指标的重要程度。

(3) 赋权方法采用主客观相结合的方式，主观赋权应根据专家意见和建议形成指标权重，客观赋权应以元器件检测数据为基础形成指标权重。

(4) 最终形成的指标体系兼顾主客观权重，采用系统工程的方法获取主客观权重，形成应用验证指标的最终权重。

判据是指判断事物是否具有某种属性的根据。判据体系是由单指标判据和综合判据等按照一定的结构进行组合，以实现对相关评价结果进行判断并做出结论说明的一系列标准。应用验证判据体系是指对开展全面应用验证工作以后获取的数据进行综合分析，进而对元器件的成熟度、适用度和可用度进行评判的一系列判据标准和方法。判据体系既包括单指标判据，又包括综合判据。判据体系中最关键的三个问题是单指标判据的确定、综合判据(成熟度判据、适用度判据及可用度判据)的生成以及应用验证结论的确定。构建的判据体系具有以下特点。

(1) 宇航元器件的总体水平不断提高，对应的判据标准也在不断变化，因此，需要有一套动态判据以适应这种变化，需要提出切实有效的判据获取方法。

(2) 确定判据体系概念，并在此基础上得出系统的、普适的判据获取方法。

2.2　综合评价概念与方法

2.2.1　综合评价概念

综合评价指对以多属性体系结构描述的对象系统做出全局性、整体性的评价，即对评价对象的全体，根据所给的条件，采用一定的方法给每个评价对象赋予一个评价值（又称评价指数），再据此择优或排序。由于影响评价有效性的相关因素很多，而且综合评价的对象系统也常常是社会、经济、科技、教育、环境和管理等一些复杂系统，因此，综合评价是一件极为复杂的事情。综合评价问题是正确决策的前提条件，而正确的决策也源于科学的综合评价。随着社会经济及信息技术的迅猛发展，传统的个人经验决策模式越来越不能满足社会需要，于是出现了决策支持系统这种现代管理学中的重要方法，其应用也越来越广泛。同样，传统的评价模式也要在科学的管理下发展成现代的综合评价，综合评价支持系统也就应运而生，并具有巨大的理论价值和现实意义。

构成综合评价的基本要素有评价对象、评价指标体系、评价专家（群体）及其偏好结构、评价原则（评价的侧重点和出发点）、评价模型、评价环境（实现评价过程的设施），各基本要素有机组合构成综合评价系统。对某一特定的综合评价问题，在相应的综合评价系统确定之后，该综合评价问题就完全成为按某种评价原则进行的"测定"或"度量"问题。

鉴于综合评价应用的重要价值，其理论和方法一直是人们关注的焦点。但是综合评价问题不是单一学科可以解决的问题，其不仅涉及评价问题自身领域方面的专业知识，同时也包含统计、数学分析、系统分析等方法，因此，综合评价是一个多学科复杂交叉的边缘性科学，是一个复杂系统。构成评价问题的基本要素包括被评价对象、评价指标集、评价人（专家）集、评价原则、评价方法（模型）、评价环境（实现综合评价的设施），这些要素有机组合构成综合评价系统，掌握并合理运用这一系统的难度很大。因此，评价系统不仅要完成一个评价过程，还应具有对评价过程的支持性功能。而且，对于这样的知识性、经验性强的复杂问题，对评价者的评价知识方面的支持也是必不可少的。另外，为了得到更合理、更权威的评价结果，很多大型评价问题往往要由一个专家群体完成，综合多人意见，实现群评价。

2.2.2　综合评价方法

1. 头脑风暴法

头脑风暴法又称智力激励法，由现代创造学奠基人奥斯本提出，是一种创造能力的集体训练法。头脑风暴的特点是让与会者敞开思想，使各种设想在相互碰撞中激起脑海的创造性风暴，其可分为直接头脑风暴法和质疑头脑风暴法。前者是在专家群体决策基础上尽可能激发创造性，产生尽可能多的设想的方法；后者则是对前者提出的设想、方案逐一质疑，发现其切实可行的方法，这是一种集体开发创造性思维的方法。

2. 德尔菲法

德尔菲法又称专家意见法，是依据科学的程序，采用匿名发表意见的方式，反复填写问卷以集结问卷填写人的共识及搜集各方意见，应对复杂任务难题的管理技术。

3. 层次分析法

层次分析法是将与决策总是有关的元素分解成目标、准则、方案等层次，在此基础上进行定性和定量分析的决策方法。

4. 粗糙集法

粗糙集法是一种处理不准确、不确定和不完全数据的新的数学方法，它可以通过对数据的分析和推理来发现隐含的知识，揭示潜在的规律。

5. 冗余度分析法

冗余度分析法是一种以阈值为标准，通过对指标体系某一维度指标之间的统计相关性与阈值的比较确定指标体系冗余与否的方法。

6. 因子分析法

因子分析法是一种通过研究众多变量之间的内部依赖关系，探求观测数据中的基本结构，并用少数几个假想变量（因子）来表示基本结构的数据分析方法。

7. 主观赋权法

主观赋权法是一种以人的主观判断为依据确定指标权重的方法。

8. 客观赋权法

客观赋权法是一种以评价对象的客观数据信息为依据确定指标权重的方法。

9. 组合赋权法

组合赋权法是一种采用一定的方法集结不同单一赋权方法确定指标综合权重的赋权方法。

2.2.3　判据有关基本概念

1. 判据表达

判据表达是指各个判据的结果表现形式，其内容具体包括等级级别、等级范围和等级描述。

2. 单指标判据

单指标判据是指在相关标杆基础上得到的，作为判断元器件单指标是否满足要求的一系列标准。

3. 综合判据

综合判据是在综合评价等方法的基础上得到的，作为判断元器件综合评价值是否满足要求的标准。

4. "0－1" 型单指标判据

"0－1" 型单指标判据是单指标判据的一种，其结果表达只有两种形式，即符合条件或不符合条件，是筛选元器件的首要依据。

5. 成熟度判据

成熟度判据是对元器件在设计、生产和使用环节等全生命周期所有技术要素的合理性、完备性，以及一定功能、性能水平下质量稳定性的一种度量标准。

6. 适用度判据

适用度判据是指元器件的功能、性能、可靠性满足一定适用性要求的一种度量标准。

7. 可用度判据

可用度判据是具有一定成熟度的产品满足一定可用性要求的一种度量标准。

2.3　宇航元器件应用验证综合评价方法

2.3.1　宇航元器件应用验证综合评价方法理论基础

随着科学理论的不断发展，评价方法也不断涌现，国内外已经提出了数百种评价方法。归纳起来，大致可以分为三类：第一类是基于数理统计的评价方法，包括主成分分析法、因子分析法等方法，其优点是不依赖专家判断，可以排除评价中人为因素的干扰和影响，而且比较适用于评价指标间彼此相关程度较大的对象，主要缺点是过于依赖数据，要求评价对象的各因素须有具体的数据值；第二类是基于系统工程的评价方法，主要包括层次分析法、模糊综合评价方法、灰色关联综合评价方法等，其优点是该类方法相对成熟、方法简单、容易操作、可靠度比较高、误差比较小，缺点是难以实现评价的动态化；第三类是基于智能的评价方法，主要包括人工神经网络评价方法和案例推理评价方法，其主要优点是可以解决非线性映射、半结构化、非结构化的问题，缺点在于精度不高，需要大量的训练样本。

系统工程解决大规模复杂系统问题时，运用自然科学和社会科学的某些思想、方法、策略和手段，应用主观和客观、定量分析和定性分析相结合的方法和计算机等技术工具，充分考虑人在系统中的作用，对系统的构成要素、组织结构、信息交换和反馈控制等功能进行分析、设计、制造和服务，从而达到大规模复杂系统最优设计、最优控制和最优管理的目的。

宇航元器件应用验证具有需考虑因素多且跨度较大、验证所得结果既有定性又有定量成分等特点，所以宇航元器件应用验证综合评价作为一个大规模复杂系统，既有硬系统特征，也兼具软系统的特点，专家在应用验证过程中起到了不可替代的作用，所以在宇航元器件应用验证综合评价方法的构建中应将硬系统工程方法论与软系统工程方法论有机结合，充分考虑人（即专家）在系统中的作用。

1. 硬系统工程方法论

硬系统工程方法论是一种以整体优化为核心，以功能导向为基础的系统方法论，主要包括系统分析、系统评价、系统决策等方法。结合宇航元器件应用验证综合评价的特征，以硬系统工程方法论为指导，从系统分析、系统评价和系统决策三个过程对其进行总体研究。硬系统工程方法论处理宇航元器件应用验证评价这类综合评价问题的一般过程逻辑图如图 2.1 所示。

2. 软系统工程方法论

相对于硬系统工程方法论，软系统工程方法论重视人的参与，即更强调专家在系统中的作用，主要包括德尔菲法、头脑风暴法和专家经验法等方法。要保证宇航元器件应用验证综合评价的科学性与有效性，就需要依赖各型号、各学科、各领域内的专家、学者组成的专家群体，并将其所具有的有关科学理论、经验知识和专家判断力、智慧相结合，形成图 1.9 所示的宇航元器件应用验证专家知识系统。

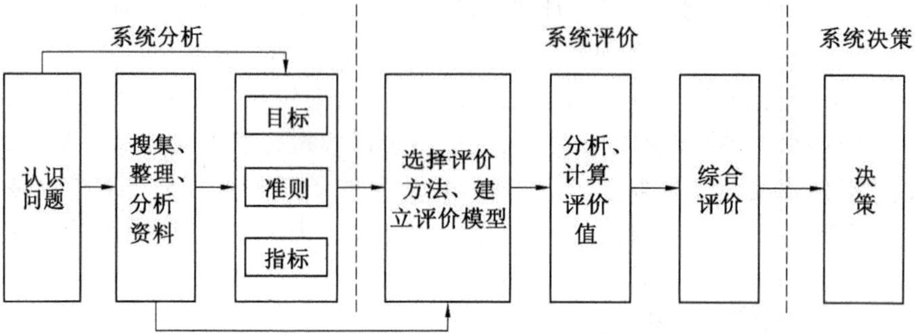

图 2.1　硬系统工程方法论处理综合评价问题的一般过程逻辑图

3. 基于系统工程方法论的宇航元器件应用验证综合评价框架

将系统工程方法论中硬系统工程方法论与软系统工程方法论有机结合，弥补硬系统工程方法论中过分强调定量化的缺点，使元器件的应用验证综合评价更科学、合理，建立一套以专家知识系统判断和宇航元器件试验验证数据为依据，以提取实际数据特征的客观理论为指导的宇航元器件应用验证综合评价框架。

2.3.2　宇航元器件应用验证专家遴选方法

宇航元器件应用验证专家遴选方法是宇航元器件应用验证综合评价系统的重要组成部分，应用该方法能够有效遴选出满足应用验证需要的专家，为宇航元器件应用验证指标体系构建、指标赋权、综合评价和判据等提供理论依据和工程指导。该方法主要有以下内容。

1. 构建面向宇航元器件应用验证评价的专家遴选指标体系

指标体系的构建从基础信息评价和动态业绩信息评价两方面展开，形成一套动态与静态相结合的综合评价指标体系。基础评价指标体系是针对专家静态基本信息的评价，一方面借鉴了工程领域和管理领域类似系统的评价指标，另一方面结合航天领域专家的特征和专家遴选系统的需求引入一些新的指标；业绩评价作为专家遴选方法研究的重要组成部分，是对专家基础评价的重要补充。经过实际调研和专家论证，最终确定用参与率、命中率、离散率反映专家业绩。宇航元器件应用验证专家遴选评价指标体系总体架构如图 2.2 所示。

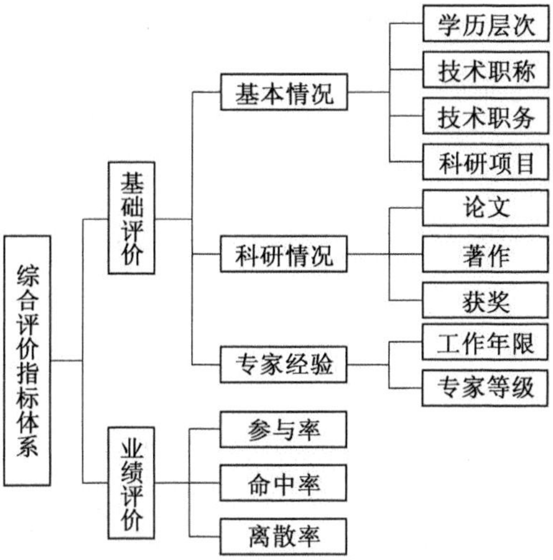

图 2.2　宇航元器件应用验证专家遴选评价指标体系总体架构图

2. 建立专家遴选系统综合评价模型

(1) 指标权重设计。

权重设计具体内容和技术如下。

① 采用改进的判断矩阵法和关键因素识别法分别设计两套不同的调查问卷。

② 在问卷的发放和回收问题上主要采用两种途径，即定点面投和通过其人事部门统一管理。

③ 在问卷回收的基础上进行问卷分析，基于基本数据统计分析和一致性检验的方法来判断两类问卷的信度和效度是否符合要求。

④ 在问卷分析的基础上，针对有效问卷的数据采用层次分析法的群决策方法获取两组指标权重。

⑤ 根据专家评审论证和小样本实证检验的结果比对两类调查问卷的分析结果，综合考量获得最终权重。

(2) 专家遴选系统综合评价模型。

专家遴选系统评价模型建立在指标体系构建、指标体系权重设计和打分表论证的基础上，其分别构成评价模型的构架和系数。系统评价模型具体如下。

① 基础评价模型。

$$\begin{aligned} A &= A_1 \times W_1 + A_2 \times W_2 + A_3 \times W_3 \\ &= (A_{11} \times W_{11} + A_{12} \times W_{12} + A_{13} \times W_{13}) \times W_1 + \\ &\quad (A_{21} \times W_{21} + A_{22} \times W_{22} + A_{23} \times W_{23} + A_{24} \times W_{24}) \times W_2 + \\ &\quad (A_{31} \times W_{31} + A_{32} \times W_{32}) \times W_3 \end{aligned}$$

式中，A_i 和 A_{ij} 代表相应指标得分，A_{ij} 的取值取决于最底层的指标得分 P_{ijk}，且 $\sum_{i=1}^{3} w_i = 1$，$\sum_{j=1}^{n} w_{ij} = 1$。

② 业绩评价模型。

$$B = B_1 \times M_1 + B_2 \times M_2 + B_3 \times M_3$$

式中，B_1、B_2 和 B_3 分别代表参与率、命中率和离散率的得分，相应的指标计算公式在 2.3.3 节中会详细解释；M_1、M_2 和 M_3 代表指标相应权重。

③ 综合评价模型。

$$S = A \times W_A + B \times W_B$$

式中，W_A 和 W_B 分别代表基础评价和业绩评价的权重，且满足 $W_A + W_B = 1$；S 代表系统评价模型的最终评价值。

3. 专家库动态管理机制设计

为了突出整个专家库系统结构层次性、动态性和便利性，使遴选出的专家与所评项目建立良好的匹配关系，设计了专家库动态管理机制，包括如下内容。

(1) 专家调整频率和幅度由专家库使用者根据实际情况灵活调整。

建立专家库信息补充机制及对专家库信息更新的频率和方式，对信息记录内容进行规定，以保证系统信息输入端的动态性。

(2) 专家层级的动态管理。

基础评价的动态机制表现为专家层级划分的动态性，这对于新入库专家的层级判断和专家库构建初期专家层次的划分影响显著，同时对于积累层级划分的经验判据具有重要意义；业绩评价的动态机制表现为专家业绩评价的动态性对专家层次的修正，并且专家对具体评价对象的评价值可作为同类项目评价的指标判据积累。

(3) 专家综合评价的动态管理，主要是基础评价与业绩评价的权重分配的动态性。

专家库系统是一个动态积累过程，综合评价动态管理机制表现为基础评价和业绩评价权重分配的动态性。综合评价的权重分配方法可采用德尔菲法，或者根据经验确定合适比例，随着业务信息的积累，逐步提高目标权重。例如，根据经验和实际操作情况，初步按照“基础评价：业绩评价”的 0.7：0.3 比例分配，随着业务信息的积累，逐步提高为 0.6：0.4 或 0.5：0.5，最终权重的确定和调整时间点可根据实际使用情况确定。

4. 专家型号关联度设计

专家型号关联度设计是专门针对航天领域专家遴选活动特征提出的，是对基础评价、业绩评价和综合评价功能模块的重要补充。

(1) 确定型号关联度评价的关键指标。

专家型号关联度评价指标体系分为三个层次和两个维度，其中三个层次指将专家型号工作经历按照时间划分为目前任职型号领域、参与过的相关型号领域和参与过的其他型号领域三个阶段，而每一阶段内又从任职年限和担任职务两个维度来考察专家型号工作的丰富度，如图 2.3 所示。

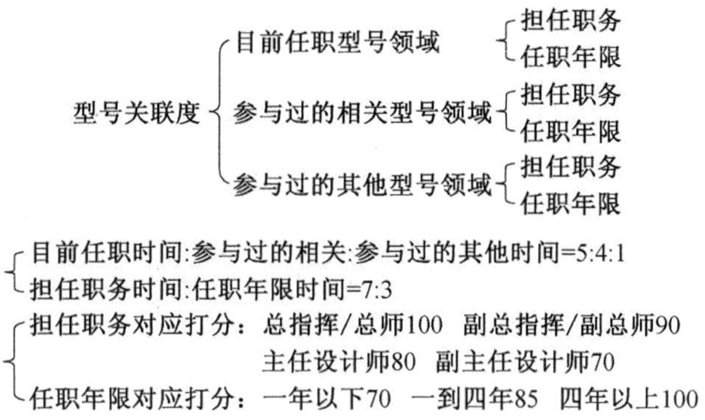

图 2.3　专家与航天型号关联度关系图

(2) 评价指标的权重与打分表设计。

通过专家评审会方式，综合运用德尔菲法和头脑风暴法的优点，经过多轮的专家打分和讨论确定了评价指标的权重分配和打分表设计。

(3) 构建型号关联度评价模型。

关联度评价模型将专家区分为强相关（目前在该型号担任职务）、相关（参与过同类相关型号）、弱相关（参与其他不同类型号）和不相关（无所选型号参与经历）四类。型号关联度综合评价 S 为

$$
\begin{aligned}
S &= a_1 \times A_1 + a_2 \times A_2 + a_3 \times A_3 \\
&= a_1 \times (b_1 \times A_{11} + b_2 \times A_{12}) + a_2 \times (b_1 \times A_{21} + b_2 \times A_{22}) + \\
&\quad a_3 \times (b_1 \times A_{31} + b_2 \times A_{32})
\end{aligned}
$$

式中，b_1 和 b_2 分别为担任职务和任职年限的权重值；a_1、a_2、a_3 和 A_1、A_2、A_3 分别为型号关联度评价中目前任职、参与过相关和参与其他三类信息的权重和评价值；A_{i1} 和 A_{i2} 为其对象的职务和年限打分。

5. 专家遴选分类

专家遴选的分类主要如下。

(1) 面向航天领域电子元器件的专家领域分类。

专家领域分为专业领域和型号领域两大类。前者以专业背景为依据将其划分为元器件设计与制造、元器件可靠性保证、电子设备系统与工程和质量管理四大类；后者依据航天领域型号项目将其分为运载、战略武器、战术武器、卫星、飞

船和其他六类。

(2) 专家层级分类。

将基础评价和业绩评价结果综合，评价确定相应专家的层级，可分优选专家、一般专家和候选专家，相应比例控制为优选专家约占 20%、一般专家约占 60%、候选专家约占 20%。专家动态管理时需保持各层级比例基本不变。

6. 专家遴选原则和标准

专家库应是一个具有二维结构特征（领域特征和层级特征）的专家管理系统，具有动态的信息输入和输出（含基础信息和业绩信息），配以科学的专家遴选原则为特定项目评审服务。在遴选专家时，应遵循以下基本原则。

(1) 奇数原则。

在选择专家进行评价时，专家组人数应为奇数，以便在专家所持相反观点持平时便于管理者做出决策。

(2) 回避原则。

与被评价方有利益关系或可能影响公正性的其他关系的评价专家不能参与评价。已遴选出的专家应主动申明并回避。由于某些特殊原因不能完全执行回避原则时，应主动申明并说明理由。

(3) 随机原则。

参与具体评价活动的评价专家一般应从评价专家库中依据要求和条件随机遴选。遴选组成的专家委员会或专家组应体现不同学科、不同专业技术、不同学术观点、不同单位和不同地区的代表性，并应当有一定比例的在一线从事实际研究与发展工作的专家参加。

(4) 更换原则。

如评价机构对某些评审项目有常设评价专家委员会或专家组，组建的常设评价专家委员会或专家组应实行定期换届，其成员连选连任一般不得超过两届，从而保持一定的更换比例。

满足以上原则后，遴选专家数量的确定通常要视具体评价活动而定，一般是评价指标数量的 5 ～ 10 倍，这样才能保证不同专家评价结果之间的相互修正作用，以此确保评价结果的正确性。遴选标准可有针对性地从基础评价、业绩评价、综合评价、专家层级和型号关联度五类中选择。

2.3.3　基于 WSR 方法论的宇航元器件应用验证综合评价方法

宇航元器件应用验证的最终目的是指导元器件的应用，即对宇航元器件进行综合评价，进而对宇航元器件的最终使用进行决策。要做出科学的决策就必须依赖系统可靠的科学决策方法和领域专家。WSR 方法论则是解决评价决策问题的基础理论方法，它将所要解决的问题作为一个完整的系统进行处理，在充分考虑专家在系统里发挥作用的情况下，达到决策系统整体目标的综合最优化。基于 WSR 方法论的宇航元器件应用验证综合评价体系三维结构图如图 2.4 所示。

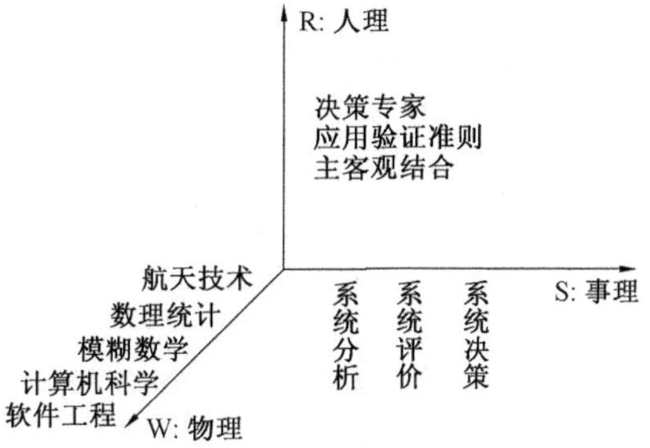

图 2.4　基于 WSR 方法论的宇航元器件应用验证综合评价体系三维结构图

1. 物理(W)

要达到对宇航元器件应用验证进行科学、有效的综合评价，就需要在综合评价的每一个过程有科学的方法、技术和理论支撑。宇航元器件应用验证综合评价体系中的物理主要是指在宇航元器件进行应用验证研究中所需的人类对物质世界规律认识所得到的科学知识，如数学中的定理、物理中的定律和构成系统的客观存在等，主要包括软件工程、计算机科学、模糊数学、数理统计、航天技术等。

2. 事理(S)

宇航元器件应用验证综合评价属于典型的复杂系统评价问题，在事理方面，需要从系统分析、系统评价和系统决策三个过程对宇航元器件应用验证综合评价展开事理方面的研究。系统分析来源于对复杂事物的认识，事物处在比自身高一级的系统中，而事物本身也是一个系统，形成对事物的全面认识必须把其看成一个整体，运用系统分析的观点做出整体性的认识。系统是多属性的，因此，系统评价的方法也就是多属性综合评价方法。系统评价最终结果则为系统决策提供依据。系统分析、系统评价和系统决策都需要数学建模方法和定量分析方法等。

3. 人理(R)

宇航元器件应用验证具有需要考虑因素多且跨度较大、验证所得结果既有定性又有定量成分、主观判断的模糊性等特点，所以应将主观和客观角度相结合，进行宇航元器件应用验证的研究，建立一套以专家经验判断和试验验证数据为依据，以提取实际数据特征的理论为指导的宇航元器件应用验证体系。宇航元器件应用验证综合评价指标体系怎样选取、不同形式的指标和权重信息如何集结、决策步骤怎么进行、群专家权重信息考虑与否、如何给出不同群专家的权重等，都会影响到宇航元器件应用验证的结果，所以应充分考虑专家的知识、经验和智慧在宇航元器件应用验证综合评价中的作用。

基于 WSR 方法论的应用验证综合评价过程就是从“物理”角度对评价过程中指标选取、指标体系建立、指标赋值的方法进行系统研究，从“事理”角度对权重确定的方法、综合评价方法进行选择和集成，从“人理”角度分析评价机理，充分考虑评价专家的因素。基于 WSR 方法论的宇航元器件应用验证评价过程逻辑图如图 2.5 所示。

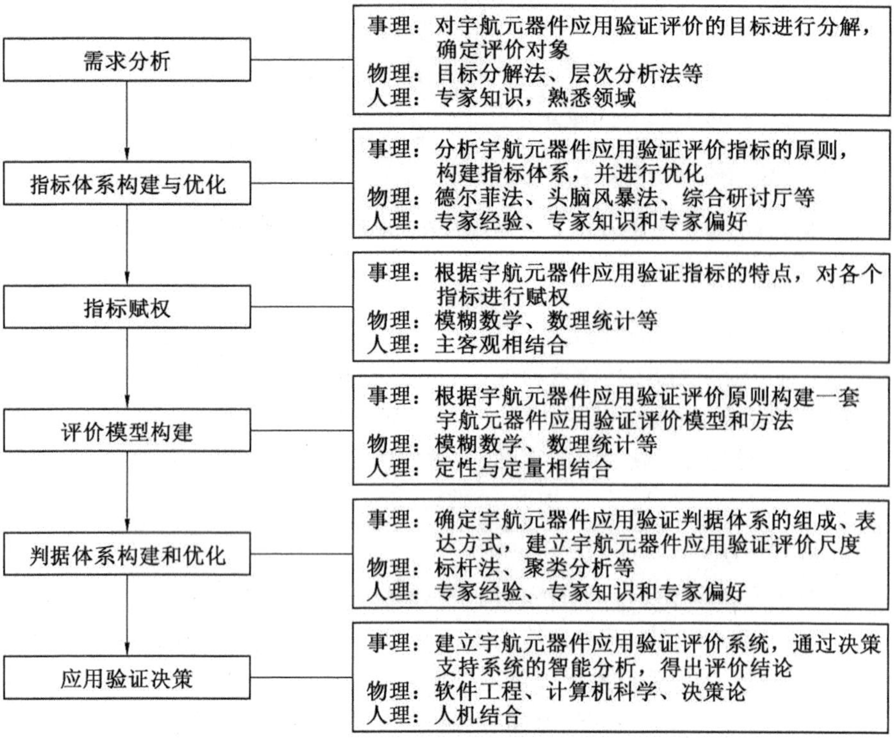

图 2.5　基于 WSR 方法论的宇航元器件应用验证评价过程逻辑图

基于 WSR 的宇航元器件应用验证综合评价过程可以表示为

$$I=\{A,B,W,G,U\} \tag{2.1}$$

式中，A 为宇航元器件应用验证评价对象，$A=\{a_i\,|\,i=1,2,\cdots,n\}$；$B$ 为宇航元器件应用验证评价指标集，$B=\{b'_j\,|\,j=1,2,\cdots,m\}$；$W$ 为评价指标权重集，$W=\{w_j\,|\,j=1,2,\cdots,m\}$；$G$ 为宇航元器件评价方法函数集，$G=\{g_i\,|\,j=1,2,\cdots,m\}$，对于 $\forall a\subset K$，$g_j(a)$ 为方案 a 在评价指标 c_j 下的评价值；U 为决策者的偏好结构集，$U=\{u_l\,|\,l=1,2,\cdots,h\}$，$h$ 为决策者的个数。

宇航元器件应用验证的总目标是 a_0，通过需求分析确定的评价对象集为 $\{a_i\,|\,i=1,2,\cdots,n\}$，$n$ 为评价对象的数目。$a_i=g_1(a_0)$，g_1 为评价对象生成函数。

对总目标进行分解，通过评价指标集生成函数 g_2，可得到初步的评价指标集

$\{b_j \mid j=1,2,\cdots,m\}$，$b_j=g_2(a_0)$，$m$ 为评价指标的数目。对初步的指标体系进行分析，通过评价指标优化函数 f_3，可得到宇航元器件应用验证评价指标体系 $\{b'_t \mid t=1,2,\cdots,x\}$，$x$ 为优化后的指标个数，其中 $b'_t=g_3(b_j)$。

由于各个指标在应用验证中的重要性不同，需通过指标权重函数 f_4 进行刻画，可得到评价指标权重集 $\{w_t \mid t=1,2,\cdots,x\}$，$w_j=g_4(b'_t)$，$x$ 为评价指标的数目。

用指标体系 b'_t 对评价对象 a_i 进行测度，得到评价指标数据集 $\{c_{i,t} \mid i=1,2,\cdots,n; t=1,2,\cdots,x\}$，其中 $c_{i,t}=g_4(a_i,b'_t)$。综合各单指标及其权重，可得各评价指标对象 a_i 的评价值 $z_i=g_5(c_{i,t},w_t)$，g_5 为基于综合评价值的评价函数，又称评价模型。

根据指标体系 b'_t，构建出宇航元器件应用验证判据体系 $\{p_t \mid t=1,2,\cdots,x\}$，判据生成函数为 $p_t=g_6(b'_t)$，并根据评价值与判据比对结果，判断宇航元器件的成熟度、适用度和可用度，得出评价结论，最终指导宇航元器件的应用。

2.4　应用验证指标体系构建和优化

宇航元器件应用验证指标体系的构建以应用验证指标体系特点分析为基础，提出指标体系构建方法及模型，形成应用验证指标赋权的一般方法，并以一般通用元器件应用验证评价指标体系构建为对象，按照应用验证指标体系构建的流程，从元器件生产过程要素评价和元器件(产品) 评价两方面示范方法应用过程。

2.4.1　应用验证指标体系构建

1. 应用验证指标体系特点分析

宇航元器件应用验证的特点决定了构建的评价指标体系应满足以下要求。

(1) 指标体系的开放性。

应用验证指标体系与元器件产品特点、应用特点以及评价技术和试验能力的发展均有关系，并非受单一因素的影响和制约，因此，在构建时应充分考虑其开放性的特点。

(2) 指标层次的结构性。

应用验证指标需考虑基于元器件研制和生产过程以及基于元器件产品等两大类、多个级别。例如，一级指标包括研制生产过程要素、功能、性能、可靠性和应用适应性，其中应用适应性包括空间环境适应性、力学环境适应性、热学环境适应性和系统适应性等二级指标，系统适应性包括装联适应能力、电磁兼容适应能力、容差能力等三级指标。因此，构建的指标体系应该具有一定的层次性，通过层级的不断细化，全面反映器件的特点以满足应用验证的要求。

针对宇航元器件应用验证工作的目标和指标体系的特点，构建的宇航元器件应用验证指标体系突破了以下三个主要难点。

(1) 建立一套专家遴选方法，遴选出满足指标体系构建需求的专家群体，从而为应用验证影响因素的识别和指标体系的构建提供有效的智力支持。

(2) 有效识别出影响应用验证的诸多要素。

(3) 在识别出影响要素的基础上，构建出层次清晰、结构简练的应用验证综合评价指标体系。

2. 应用验证指标体系构建方法

在指标体系的构建过程中，需要充分考虑影响宇航元器件功能、性能和可靠性等关键指标因素，按照一定的构建原则，抓住主要因素，忽略次要因素，使其在评估决策过程中具有良好的可操作性。因此，在构建宇航元器件应用验证综合评价指标体系时，应该遵循系统性思想、客观性思想、定性定量相结合的思想、层次性与逻辑性相结合的思想，合理应用专家遴选方法、头脑风暴法和德尔菲法等方法。宇航元器件应用验证指标体系构建的研究过程、理论依据和阶段成果对应关系示意图如图 2.6 所示。

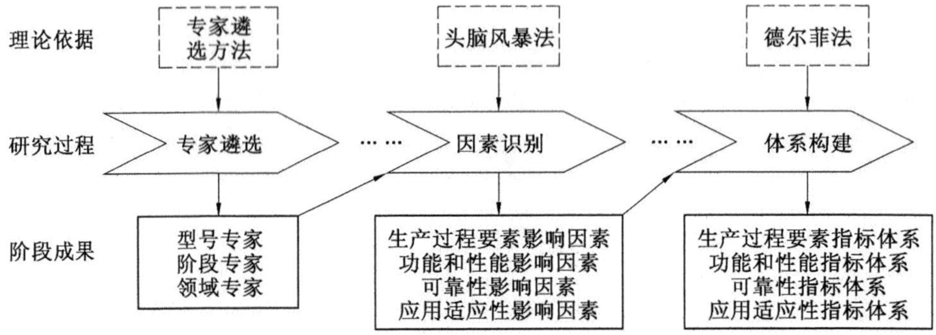

图 2.6　宇航元器件应用验证指标体系构建的研究过程、理论依据和阶段成果对应关系示意图

为了有效遴选专家，要从基础信息评价和动态业绩信息评价两方面展开遴选，形成一套动态与静态相结合的综合评价指标体系，建立指标赋权模型和综合评价模型，并以上述方法论为基础开发一套“宇航元器件应用验证专家遴选系统软件”，从而形成专家遴选的技术体系和管理体系。关于“宇航元器件应用验证专家遴选系统软件”的介绍可以参见本书第 4 章。

影响因素识别可以采用头脑风暴法开展。头脑风暴法的优点主要体现在：极易操作执行，具有很强的实用价值；非常具体地体现了集思广益，体现团队合作的智慧；每一个人的思维都能得到最大限度的开拓，能有效开阔思路，激发灵感；创造良好的平台，提供了一个能激发灵感、开阔思路的环境；可以提高工作效率，更快更高效地解决问题。

德尔菲法的优点主要体现在：吸收专家参与预测，充分利用专家的经验和知识；采用匿名或背靠背的方式，每一位专家独立自由地做出自己的判断；预测过程几轮反馈，使专家的意见逐渐趋同。

3. 应用验证指标体系的构建流程

(1) 专家遴选。

专家的知识和经验贯穿于宇航元器件应用验证的全过程，为宇航元器件应用验证提供高效的智力支持。专家遴选工作主要以宇航元器件应用验证方法为理论依据，以开发的专家遴选系统为工具，遴选出满足应用验证要求的专家群体。遴选出的专家群体覆盖型号、元器件领域和应用验证各阶段的技术管理。

(2) 因素识别。

宇航元器件应用验证影响因素的识别与系统分析，是构建宇航元器件应用验证评价指标体系的基础。因素识别工作主要以头脑风暴法为理论依据，通过对专家的调研，全面识别出影响宇航元器件应用验证的因素。识别出的影响因素作为提炼、构建指标体系的基础。应用过程如下。

① 确定议题。考虑到宇航元器件应用验证工作的多阶段特性，每次影响因素识别的议题不应过多，一般按每阶段(元器件阶段、地面整机阶段和飞行阶段)一个议题的形式开展。

② 会前准备。为了使头脑风暴畅谈会的效率更高、效果更好，在会前应该大量收集与一般通用元器件应用验证影响因素相关的资料预先给专家参考，以便与会者了解与议题有关的背景材料、研究与应用动态。

③ 确定人选。参会人选由专家遴选系统遴选出与本次会议议题密切相关的专家，每次会议参会人数控制在 8 ～ 12 人。

④ 资料整理。根据专家意见整理相关资料，总结出一般通用元器件应用验证的影响因素。

(3) 指标体系构建。

指标体系是宇航元器件应用验证的逻辑起点，指标体系的科学性、有效性直接决定了应用验证工作的有效性。指标体系构建工作主要以德尔菲法为理论依据，通过对专家的调研、反馈、修正与再调研，不断修正专家意见，从而构建出具有明晰性、层次性的应用验证初步指标体系。应用过程如下。

① 组成专家小组。聘请通过专家遴选系统遴选出的专家群体构成专家小组，每组由 15 ～ 20 人构成。

② 向专家小组内所有专家提出宇航元器件应用验证的问题及有关要求，并附上宇航元器件应用验证的所有背景材料和识别出的影响因素，同时请专家提出还需要补充什么材料。然后，由专家对指标体系的基本结构(准则层 1 和准则层 2)和指标层的具体指标做书面答复。

③ 各个专家根据他们所收到的材料提出自己的意见。

④ 将各位专家第一次判断意见汇总，进行比对，再分发给各位专家。让专家比较自己同他人的不同意见，修改自己的意见和判断。然后把这些意见再分送给各位专家，以便他们参考后再修改自己的意见。

⑤ 逐轮收集意见并为专家反馈信息是德尔菲法的主要环节。将所有专家的修改意见收集起来，汇总后再次分发给各位专家，以便做第二次修改。在向专家进行反馈时，只给出各种意见，但并不说明发表各种意见的专家的具体姓名。这一过程重复进行，直到每一个专家不再改变自己的意见为止。一般通过五轮循环后，专家的意见会基本达成一致。

⑥ 对专家的意见进行综合处理，得到宇航元器件应用验证综合评价初步的指标体系。

2.4.2　应用验证指标体系优化

1. 应用验证指标体系优化的必要性分析

宇航元器件应用验证的全过程性和层次结构性决定了指标体系的复杂性，过于复杂的指标体系往往容易造成指标之间的高度相关性，带来指标的信息重叠。如考虑器件的设计特性时，需要考虑器件的设计完善性和设计可靠性，而器件的设计可靠性通常由其设计完善性决定，这就容易造成两个指标之间的高度相关性。过度相关的指标体系不仅增加了应用验证的工作量，而且无形中放大了某些指标的重要性，忽视或弱化了其他指标。因此，在构建指标体系时，需要在满足全面性的基础上，尽可能降低指标的相关性(即指标体系的冗余度)，所以需要从定量化的角度对初步构建的宇航元器件应用验证评价指标体系进行优化。

2. 应用验证指标体系优化方法

指标体系的建立是一个逐步优化的过程，经分析、论证初步确立的指标体系具有一定的结构层次，但其中一些指标重复反映某些因素，若全部使用将过于偏重某些方面。同时，指标过多也将加大评价工作量，降低专家的辨识度和评价结果的区分度。因此，需要对指标进行筛选简化，即对指标体系进行优化。常用的指标体系优化方法包括层次分析法、粗糙集方法、冗余分析法和因子分析法等。

(1) 层次分析法。

层次分析法适用于目标结构复杂且缺乏统计数据的指标体系。用层次分析法进行指标体系优化的基本思想是：将指标体系中的每个指标通过两两比较的方式确定各个指标的相对重要性，最后综合专家的判断确定出各个指标的相对重要性的总的排列顺序，计算出各个指标的权重。将权重与指定权数进行比较，剔除小于指定权数的指标，从而达到优化指标体系的目的。层次分析法在对指标体系优化的过程中同时考虑了定性因素和定量因素，使优化过程具有较强的条理性和科学性。

(2) 粗糙集方法。

粗糙集方法适用于定量指标和定性指标并存的指标体系，其原理是基于数据驱动和数据挖掘，根据粗糙集属性约简原理，将冗余的指标剔除，从有限的指标数据中挖掘其核心指标。粗糙集方法具有约简功能，能从大量指标中提取出核心指标，得到优化的指标体系。而且，粗糙集方法能够有效处理不确定、不精确、需要主观判断的问题，能同时兼顾定量指标的客观性和定性指标的主观性。但粗糙集方法只能处理离散化的数据，所以在使用粗糙集方法对指标体系优化之前，必须对指标数据进行离散化处理。而且应用粗糙集方法进行指标体系优化时，要求各指标既要有条件属性又要有决策属性。

(3) 冗余分析法。

冗余分析法是评价指标体系冗余度的有效方法。该方法通过测度指标体系某一维度指标之间的统计相关性，并设定一定的阈值，在阈值范围内认为指标体系的冗余度可以接受，超过阈值则认为指标体系冗余度较高，需要进一步优化。

(4) 因子分析法。

因子分析法是根据相关性大小把变量分组，使得同组内的变量之间的相关关系较高，但不同组的变量之间相关关系较低的一种指标优化方法。对于所研究的问题，因子分析法可以在尽量减少信息丢失的前提下从一些错综复杂的指标中提炼出少数主要的几个因子，每一个主要因子反映指标间相互依赖的一种作用，从而做到用最少个数的公共因子来描述观测的每一个分量。因子分析法利用定量分析的方法进行指标体系优化，可以弥补单纯定性分析的不足，通过定性与定量相结合的方法可以建立相对理想的综合评价指标体系。

一般来说，运用层次分析法进行优化时，是把指标体系看成一个系统，综合各个指标之间的相互关系而进行的决策。但层次分析法仍摆脱不了优化过程中的随机性和评价专家主观上的不确定性及认识上的模糊性。另外，当指标之间的重要性程度较为接近(即指标权重较为平均）时，层次分析法难以确定指标删减的阈值；粗糙集方法进行指标体系优化时要求各指标既有条件属性又要有决策属性，该应用条件不适用于宇航元器件应用验证指标体系优化；冗余分析法能够有效确定指标体系整体或指标体系某一模块是否存在冗余，即是否存在进一步优化的必要性；因子分析法进行指标体系优化时，对数据的要求较低，相比于层次分析法和粗糙集方法，该方法具有更高的适用性。

3. 应用验证指标体系优化模型构建

宇航元器件应用验证影响因素识别，主要应用头脑风暴法，从元器件阶段、地面整机阶段和飞行阶段识别一般通用元器件影响因素，通过应用上述方法识别出的宇航元器件应用验证指标体系优化方法包括以下几种。

(1) 李克特量表设计法。

对初步构建的指标体系进行优化，需要将指标重要性程度的定性描述转化成定量表述。李克特量表是评分量表最常用的一种。该量表由一组陈述组成，每一陈述有“非常同意”“同意”“不一定”“不同意”“非常不同意”五种回答，可说明回答者的态度强弱或他在这一量表上的不同状态。

应用李克特量表法设计调查问卷，应针对指标体系的各个维度，分别设计每一指标对其上一级指标的重要性程度，其中重要性程度分为一般重要、稍微重要、明显重要、强烈重要和极端重要五个级别。数据处理时，将上述五个定性描述分别转化为1、2、3、4、5的重要性程度定量描述，以进行进一步的定量化分析。

(2) 冗余分析法。

指标体系的冗余度用于衡量指标体系的指标独立性强弱及冗余状况。

设指标体系某一维度共有 N 个指标，其相关系数矩阵表示为

$$\boldsymbol{R}=\begin{bmatrix} 1 & r_{12} & r_{13} & \cdots & r_{1N} \\ r_{21} & 1 & r_{23} & \cdots & r_{2N} \\ r_{31} & r_{32} & 1 & \cdots & r_{3N} \\ \vdots & \vdots & \vdots & & \vdots \\ r_{N1} & r_{N2} & r_{N3} & \cdots & 1 \end{bmatrix} \tag{2.2}$$

用 R 的平均相关系数来衡量所评价指标体系的冗余性，冗余度为

$$\mathrm{RD}=\frac{\sum_{i=1}^{N}\sum_{j=1}^{N}|r_{ij}|-N}{N(N-1)} \tag{2.3}$$

显然，$0\leqslant \mathrm{RD}\leqslant 1$，RD 值越小表明指标体系的冗余信息越少。一般认为当 $\mathrm{RD}\leqslant 0.7$ 时，指标体系在指标冗余方面是可以接受的。由于自然系统和社会系统的复杂性，衡量社会和经济发展态势的指标不可能完全独立，只要指标之间的平均相关性为低相关就可认为指标体系的冗余性是可以接受的。一般认为指标体系的平均相关度低于 0.7 时，可以接受该指标体系的冗余度。

(3) 因子分析法。

因子分析法的基本目的就是用少数几个因子去描述许多指标或因素之间的联系，即将相比对较密切的几个变量归在同一类中，每一类变量就成为一个因子。因子分析法应用的主要步骤如下。

① 原始数据标准化。由于研究中所选取的指标单位可能不同，为了消除不同变量之间由量纲和数值大小差异造成的误差，使指标数据之间具有可比较性，减小研究结果的误差，需要首先对原始数据进行标准化处理。

② 相关性检验。由于因子分析的主要任务之一是对原有变量进行浓缩，即将原有变量中的信息重叠部分提取并综合成因子，进而最终实现减少变量个数的目的，因此，假定原有变量之间存在较强的相关关系，否则，如果原有变量相互独立，也就无法将其进行浓缩，更无须进行因子分析。该方法希望通过各种方法分析原有变量是否存在相关关系，是否适合进行因子分析。通常可以采用计算

简单相关系数矩阵、巴特利特球型检验和 KMO 检验等方法对原有变量之间相关性进行研究。

③ 因子提取。将原有变量综合成少数几个因子是因子分析的核心内容。该方法是研究如何在样本数据的基础上提取和综合因子。提取因子的关键是通过样本数据求解因子载荷矩阵，主要方法有基于主成分模型的主成分分析法、基于因子模型的主轴因子法、极大似然法、最小二乘法、α 因子提取法、映像分析法等。其中，在因子分析中占有主要地位且使用最为广泛的是主成分分析法。设 $F_1, F_2, \cdots, F_p$ 为 p 个因子，其中前 m 个因子包含的数据信息总量（即其累积贡献率）不低于 70% 时，可取前 m 个因子来反映原评价指标。

④ 因子命名。将原有变量综合为少数几个因子后，如果因子的实际含义不清，则极不利于进一步的分析。该方法通过各种方法使提取出的因子实际含义清晰，使因子具有命名可解释性。

经研究，构建的宇航元器件应用验证指标体系优化模型如图 2.7 所示。

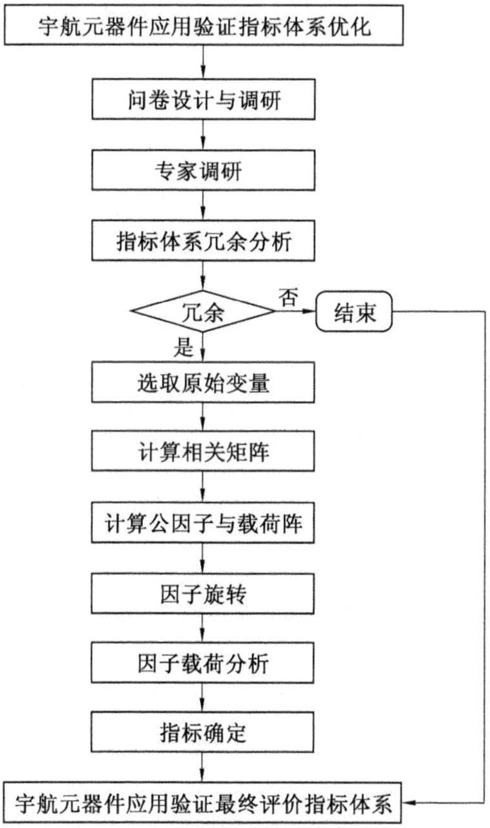

图 2.7　宇航元器件应用验证指标体系优化模型图

2.4.3　应用验证指标赋权

1. 应用验证指标赋权方法

指标赋权方法主要包括主观赋权、客观赋权和组合赋权。

① 应用基于序关系的指标赋权方法对指标进行主观赋权。

② 以宇航元器件检测数据或专家评分为基础数据，对基础数据进行规范化、标准化等处理，通过计算熵值和差异系数，求得指标的客观权重进行客观赋权。

③ 以主观赋权和客观赋权得出的指标权重为基础数据，运用相对熵方法集结主观和客观权重的优势，通过综合赋权得到指标的综合权重。宇航元器件应用验证指标权重计算的方法如图 2.8 所示。

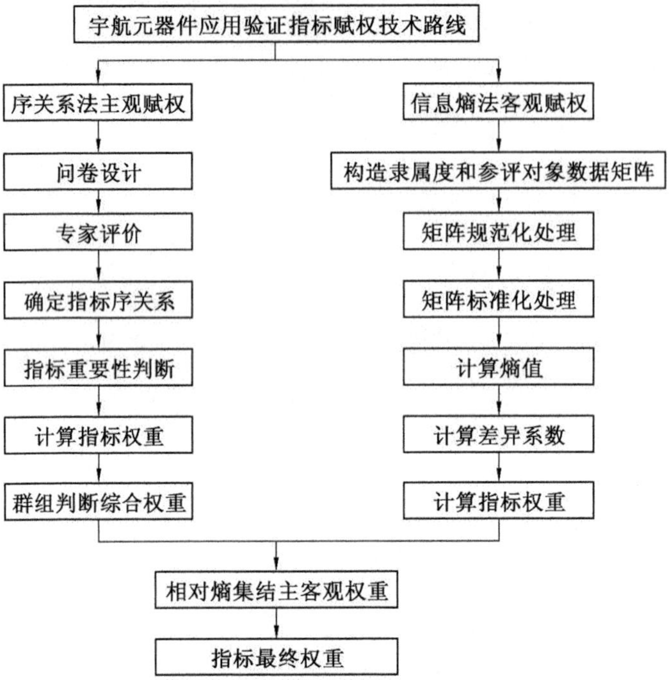

图 2.8　宇航元器件应用验证指标权重计算的方法图

2. 应用验证指标赋权流程

指标赋权的一般流程可以分解为专家遴选、数据采集、数据处理、单一赋权和组合赋权五个过程，宇航元器件应用验证指标权重计算的流程如图 2.9 所示。

(1) 专家遴选。

主观赋权需要专家参与和支持，需要利用专家经验和智慧，通过问卷调查等形式，确定指标间的序关系。通常需要航天型号专家、元器件专家和技术管理专家，可以通过专家遴选系统进行选择。

(2) 数据采集。

获取指标数据是对指标进行赋权的基础。针对宇航元器件应用验证指标体系的特点,对于定性指标数据,应用李克特量表法采集指标数据;对于定量指标,通过试验数据采集方法采集指标数据。采集的数据作为数据处理工作的基础数据。

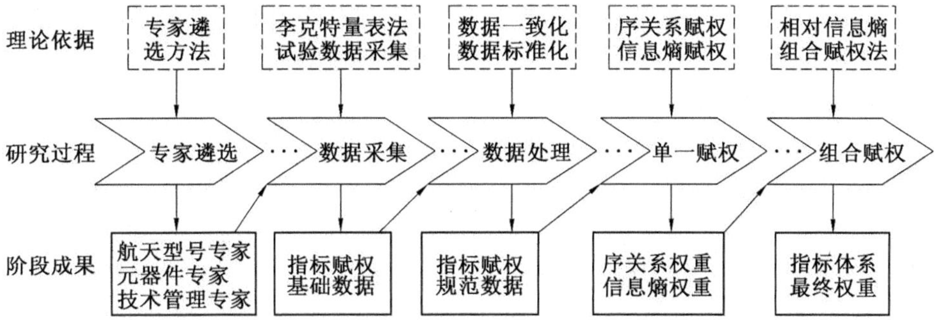

图 2.9　宇航元器件应用验证指标权重计算的流程图

(3) 数据处理。

为了保证数据之间的可比性,需要对采集到的数据进行一致化和标准化处理。一致化处理用于将指标统一处理成同种类型(极大型、极小型或居中型等),标准化处理用于消除指标之间由于各自量纲及量级的不同而存在的不可公度性。经过处理后的数据用于计算指标权重并综合评价。

(4) 单一赋权。

单一赋权是计算获取指标综合权重、综合评价的基础。主观赋权法可以采用基于序关系的指标赋权方法,客观赋权法可以采用基于信息熵的指标赋权方法。计算获得的指标主观和客观权重作为组合赋权的基础数据。

(5) 组合赋权。

主观赋权和客观赋权法各有其优点,组合赋权法能够有效集结主客观赋权法的优点,避免单一赋权方法的片面性,最大限度地将专家的经验和知识与试验获取的客观数据相结合。组合赋权结果作为宇航元器件应用验证指标体系的最终权重结果。

2.4.4　应用验证指标体系构建和优化的典型案例

以一般通用元器件应用验证评价指标体系构建为对象,按照应用验证指标体系构建的流程,从生产过程要素评价和元器件评价两方面示范应用过程。

1. 专家遴选

利用专家遴选系统,共选择 110 位专家,专业领域涉及元器件设计与制造、可靠性保证、电子设备系统与工程、质量管理 4 个方面。专家专业领域表见表 2.1。

表 2.1　专家专业领域表

领域	元器件设计与制造	可靠性保证	电子设备系统与工程	质量管理
数量／位	30	20	45	15

综上，可以认为专家遴选过程科学有效，遴选出的专家群体结构合理、代表性强，覆盖了宇航元器件应用验证的全型号、全阶段和全领域。

2. 影响因素识别

宇航元器件应用验证影响因素识别，主要应用头脑风暴法，从生产过程阶段、元器件阶段、地面整机阶段和飞行阶段识别一般通用元器件影响因素。通过应用上述方法，识别出的宇航元器件应用验证主要影响因素包括如下几方面。

(1) 生产过程阶段主要影响因素。

元器件生产过程中，影响可靠性的要素可从人、机、料、法、环等几方面来分析。每方面考虑的主要影响因素如下。

① 原材料。是否有严格控制程序、到货情况如何，是否出现过因原材料控制方向导致的质量事故等。

② 人员素质及培训情况。基本情况、培训和考核结果、在近年来质量问题的原因中人员操作因素所占的比例等。

③ 生产线情况。关键指标裕度、产量和产能比等。

④ 生产环境。洁净度、温度、湿度、防静电等。

⑤ 质量体系运行情况。内审记录、外审记录。

宇航元器件应用验证生产过程因素识别的典型案例如图 2.10 所示。

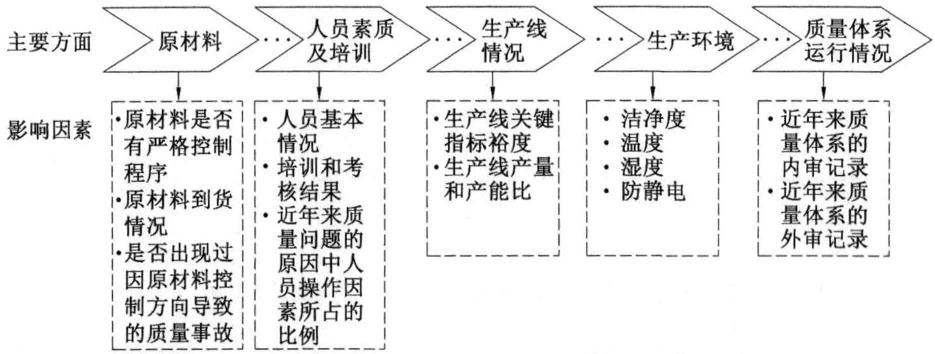

图 2.10　宇航元器件应用验证生产过程因素识别的典型案例图

(2) 元器件阶段主要影响因素。

元器件阶段识别出的主要影响因素包括如下几方面。

① 电性能。功能、关键电参数、功耗、抗静电能力、锁定等。

② 几何尺寸和质量。尺寸、质量等。

③ 封装可靠性。封装类型、密封性、引线涂覆、封装环境等。

④ 可靠性试验。筛选试验、寿命试验、质量一致性试验、DPA、极限评估试验、失效分析、测试、结构分析等。

(3) 地面整机阶段主要影响因素。

地面整机阶段识别出的主要因素包括如下几方面。

① 电性能。容差分析、EMC 等。

② 力和热环境适应性。离心加速度、正弦振动、随机振动、冲击、温度循环、热平衡、热真空、温度冲击等。

③ 系统适应性。电源拉偏、信号容差能力、输入特性、输出特性、频率特性、参数一致性、主要参数变化、主要参数一致性、失效分析、软硬件匹配性等。

④ 抗辐射效应。总剂量效应、单粒子翻转、单粒子锁定、单粒子功能中断、单粒子烧毁、单粒子瞬态现象等。

(4) 飞行阶段主要影响因素。

包括关键参数变化、关键参数一致性和失效率三方面。

3. 指标体系构建

应用德尔菲方法，构建宇航元器件应用验证评价指标体系，本书构建的宇航元器件应用验证综合评价指标体系基本结构如图 2.11 所示。该指标体系以宇航元器件应用验证可用度评价为核心，旨在对元器件的可用程度给出定量描述。

可用度评价综合了元器件成熟度评价和适用度评价的结果，是对具有一定成熟度的宇航元器件满足一定使用要求程度的评价。

成熟度评价是对元器件在设计、生产环节所有技术要素的合理性、完备性，以及一定功能、性能水平下质量稳定性进行的评价，包括元器件生产过程要素、功能和性能、可靠性几个方面。

适用度评价是对元器件在使用环节所有技术要素的合理性、完备性及一定功能、性能水平下质量稳定性进行的评价，包括应用适应性要素。

成熟度评价解决元器件固有属性评价问题，适用度评价解决元器件应用适用性问题，可用度评价建立了成熟度和适用度之间的一种匹配关系，解决了元器件固有属性评价以及应用适应性评价难以兼顾的问题。

4. 问卷调研

调查问卷应用李克特量表法进行设计，评价每一指标对其上一级指标的重要性程度，其中重要性程度分为一般重要、稍微重要、明显重要、强烈重要和极端重要五个级别。生产过程要素评价、器件级验证阶段、地面验证阶段和飞行验证阶段一级指标重要程度调查表见表 2.2、表 2.3、表 2.4 和表 2.5。

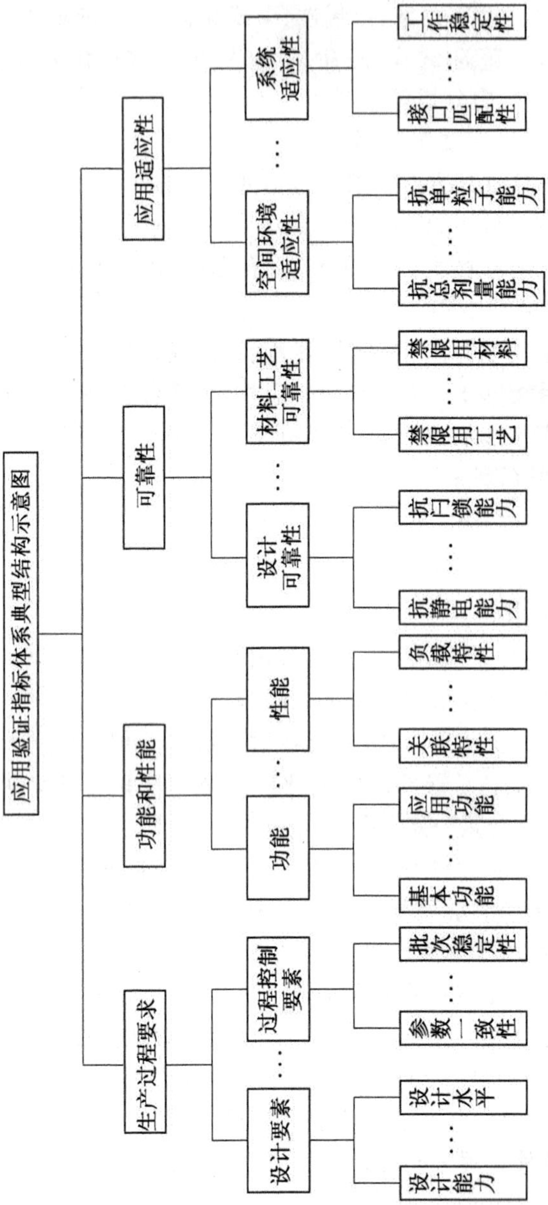

图2.11　宇航元器件应用验证综合评价指标体系基本结构

表 2.2　生产过程要素评价一级指标重要程度调查表

一级影响因素	极端重要	强烈重要	明显重要	稍微重要	一般重要
设计能力对生产过程要素评价的重要程度					
生产水平和能力对生产过程要素评价的重要程度					
质量保证能力对生产过程要素评价的重要程度					

表 2.3　器件级验证阶段一级指标重要程度调查表

一级影响因素	极端重要	强烈重要	明显重要	稍微重要	一般重要
设计评估对器件级验证的重要程度					
器件特性对器件级验证的重要程度					
器件可靠性对器件级验证的重要程度					
结构分析对器件级验证的重要程度					
空间环境适应性对器件级验证的重要程度					

表 2.4　地面验证阶段一级指标重要程度调查表

一级影响因素	极端重要	强烈重要	明显重要	稍微重要	一般重要
力和热环境适应性对地面验证的重要程度					
系统适应性对地面验证的重要程度					

表 2.5　飞行验证阶段一级指标重要程度调查表

一级影响因素	极端重要	强烈重要	明显重要	稍微重要	一般重要
关键参数对飞行验证的重要程度					
功能对飞行验证的重要程度					

5. 指标体系优化

依据调研数据，选取重要程度在“明显重要”以上的 17 个指标，通过广泛的专家咨询，从中选取温度极限、电应力极限、机械极限、工艺、材料、结构、系统适应性和力学试验等8个具有典型代表性指标作为探索性因子分析的基础数据，进行要素维指标体系基本结构研究。

(1) 因子分析适用性检验。

应用KMO检验和BARTLETT检验，验证样本数据是否适宜进行探索性因子分析。检验结果表明，KMO值超过0.5，BARTLETT检验的相关概率小于0.05，说明适宜进行探索性因子分析。

(2) 因子数量确定。

根据计算出的特征值、贡献率和累积贡献率，以75%为信息保留量阈值，确定因子数量。计算结果表明，第1、2、3个因子的特征值累积贡献率达到75.447%，其余成分对方差影响较小，因此，提取三个因子即可满足要求。

(3) 因子命名。

根据方差最大化旋转的因子载荷矩阵，对三个因子分别进行命名，旋转的因子载荷矩阵见表2.6。

表2.6　旋转的因子载荷矩阵

指标	载荷		
	因子1	因子2	因子3
温度极限	0.756	0.305	−0.089
电应力极限	0.750	0.429	−0.116
机械极限	0.795	0.334	−0.040
工艺	0.149	0.804	−0.121
材料	0.284	0.918	0.136
结构	0.450	0.764	0.163
系统适应性	0.004	0.042	0.967
力学试验	0.743	0.002	0.865

因子1在温度极限、电应力极限、机械极限三个指标的载荷均较高，且上述指标主要反映宇航元器件功能和性能等方面的特性，因此，可以将因子1命名为“功能和性能”。

因子2在工艺、材料、结构三个指标的载荷均较高，且上述指标主要反映宇航元器件可靠性方面的特性，因此，可以将因子2命名为“可靠性”。

因子3在系统适应性和力学试验两个指标的载荷均较高，且上述指标主要反映宇航元器件应用适应性方面的特性，因此，可以将因子3命名为“应用适应性”。

因此，宇航元器件应用验证要素维通用指标体系可以从“功能和性能”“可靠性”“应用适应性”三个维度构建。

宇航元器件应用验证指标体系构建与优化方法如图2.12所示。

6. 指标赋权

以生产过程要素评价一级指标设计能力、生产水平和能力、质量保证能力三

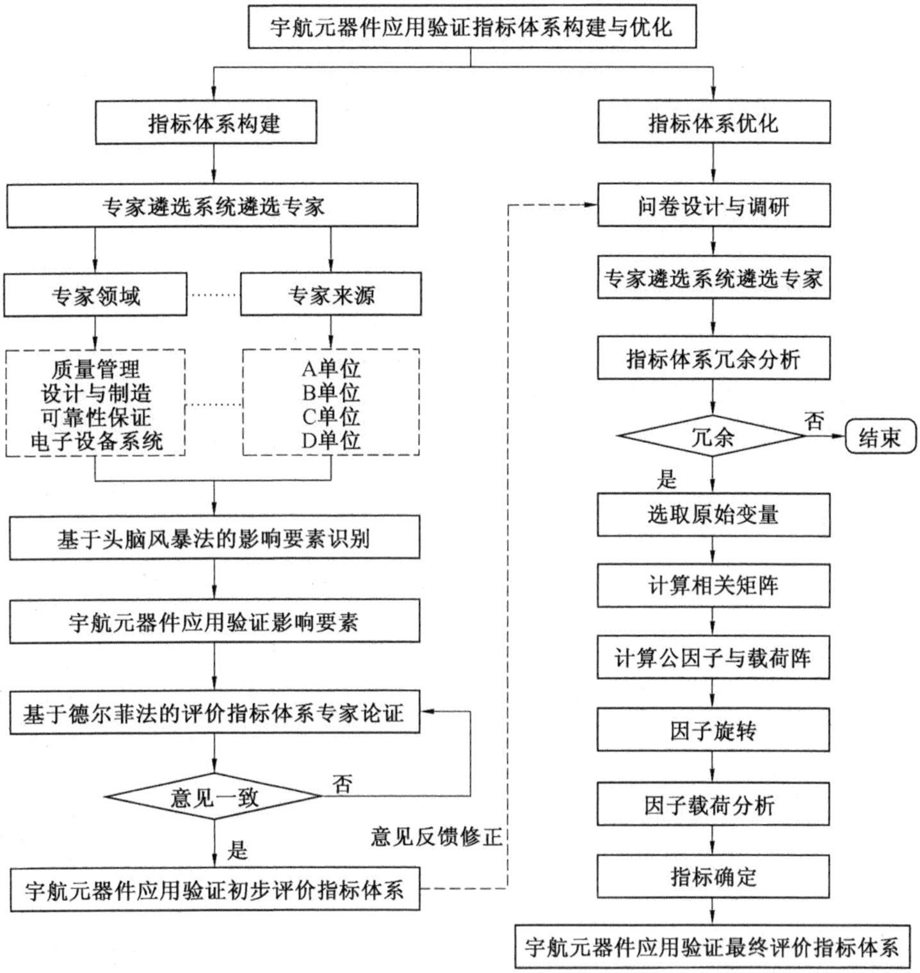

图 2.12　宇航元器件应用验证指标体系构建与优化方法图

个指标的赋权过程为例，详细描述基于序关系的指标赋权方法的计算过程。

第一份问卷的原始数据见表 2.7。

表 2.7　第一份问卷原始数据

专家编号	设计能力	生产水平和能力	质量保证能力
1	4	5	5

根据第一位专家的问卷数据可知，设计能力、生产水平和能力、质量保证能力的重要性排序依次为

$$生产水平和能力 = 质量保证能力 > 设计能力$$

因此，有

$$\gamma_2=\frac{\omega_1}{\omega_2}=1,\quad \gamma_3=\frac{\omega_2}{\omega_3}=1.3$$

$$\gamma_2\gamma_3=1.3,\quad \gamma_3=1.3$$

可得出设计能力、生产水平和能力及质量保证能力的权重分别为 0.286、0.357 和 0.357。

同理,可得其他专家的赋权结果,最后对维度指标取平均值,得到各维度指标的最终权重。

以设计能力准则下的四个指标组合赋权过程为例,详细说明指标组合赋权过程,指标主客观权重原始数据见表 2.8。

表 2.8　指标主客观权重原始数据

指标名称	主观权重	客观权重
设计团队	0.280	0.254
设计单元库	0.248	0.246
设计规范文件	0.250	0.237
设计工具	0.222	0.263

设计团队指标的权重为

$$\omega_1=\frac{\sqrt{0.280\times0.254}}{\sqrt{0.280\times0.254}+\sqrt{0.248\times0.246}+\sqrt{0.250\times0.237}+\sqrt{0.222\times0.263}}=0.267$$

设计单元库的权重为

$$\omega_2=\frac{\sqrt{0.248\times0.246}}{\sqrt{0.280\times0.254}+\sqrt{0.248\times0.246}+\sqrt{0.250\times0.237}+\sqrt{0.222\times0.263}}=0.247$$

设计规范文件的权重为

$$\omega_3=\frac{\sqrt{0.250\times0.237}}{\sqrt{0.280\times0.254}+\sqrt{0.248\times0.246}+\sqrt{0.250\times0.237}+\sqrt{0.222\times0.263}}=0.244$$

设计工具的权重为

$$\omega_4=\frac{\sqrt{0.222\times0.263}}{\sqrt{0.280\times0.254}+\sqrt{0.248\times0.246}+\sqrt{0.250\times0.237}+\sqrt{0.222\times0.263}}=0.242$$

2.5　应用验证综合评价模型与方法

宇航元器件应用验证数据不仅有专家经验的主观数据,同时还有能用精密仪器测量的精确数据，仅用单一的主观评价法或客观评价法都会使评价结果片面化，所以需要对其进行综合考虑。在分析研究对象特征和建立遴选方法原则的基础上，遴选出模糊综合评价方法和信息熵评价法；充分考虑了评价问题内部因素和模型与方法的需求者、评价所需专家、软件开发者及使用者等评价问题外部因素后，确定采用“基于综合评价值的组合评价法”；在全面分析应用验证综合评价特点基础上，构造了一套适用于宇航元器件应用验证的主客观相结合的双路径组合评价模型。

2.5.1　应用验证综合评价方法理论依据

1. 基于综合评价值的组合评价法的选用

评价方法的选取主要取决于评价者本身的目的和被评价事物的特点。具体到宇航元器件应用验证综合评价上，考虑到宇航元器件应用验证具有需考虑因素多、指标多且跨度较大、验证所得结果既有定性成分又有定量成分、主观判断的模糊性等特点，使用单一的综合评价方法显然无法满足需求，因为其无论从所依据的理论还是遴选主观影响方面，都具有很大的局限性。因此，有必要遴选多种方法进行评价，然后将几种评价结果进行组合，以实现各方法优势互补，即“组合评价法”。

同时，考虑到被评价对象情况的不确定性，可按以下角度分为多个种类。

① 按被评价宇航元器件的个数，分为单一对象评价和成组对象评价。

② 按被评价宇航元器件的应用范围，分为原有应用评价和新式应用评价。

③ 按被评价宇航元器件的存在情况，分为已有宇航元器件评价和新型宇航元器件评价。

对此，可进一步将其分为两个综合评价模式：一是面向单一对象的综合评价（仅包括一种情况：单一新元器件新用途评价），仅能采用基于综合评价值的综合评价法；二是面向多个对象的综合评价（包括八种情况：单一新元器件新用途、单一新元器件老用途、单一老元器件新用途、单一老元器件老用途、成组新元器件新用途、成组新元器件老用途、成组老元器件新用途、成组老元器件老用途），适于采用基于评价排序的综合评价法。

其中，基于评价排序的综合评价法既可直接将各个被评价对象进行比较排序，也可先采用适当方法获得各个被评价对象在同一量纲基础上的综合评价值，再按其进行排序。因此，基于综合评价值的综合评价法可以解决两种综合评价模式，也即适用于上述所有八种电子元器件应用验证综合评价类型。结合上述分析，为简化应用验证工作，确定采用基于综合评价值的综合评价法作为唯一评价模式。

2. 模糊综合评价法和信息熵评价法的选用

根据宇航元器件应用验证目标及特点，结合组合评价法的理论要求，为获取更为合理、科学的综合评价结果，需要从主观评价法和客观评价法中至少各选一种进行组合。从评价对象来看，用模糊综合评价法和信息熵评价方法来评价宇航元器件应用验证是可行的。

首先，宇航元器件应用验证是一个复杂的系统工程，对其进行综合评价涉及的评价要素众多，其中既有技术又有组织管理和战略，既有外部因素又有内部因素等，而且许多方面是相互制约、权重各异的。利用信息熵综合评价法可对定量化数据做出比较准确的评判，而模糊综合评价法有利于对无法用定量化工具得出的模糊信息进行处理，继而得出比较准确的评判。

其次，对一些评价要素的评价是具有模糊性的。如组织管理中的评价很难量化，一般只能用"好""一般""差"等等级概念来描述，具有较强的模糊性。而且一些评价要素受外界环境的影响较大，具有不确定性，如人为失误等，其偶然性较大，难以准确评价。对于这些模糊的、不确定性的问题，通常采用模糊数学来研究，模糊综合评价方法就是在对多种因素影响的事物或现象进行总的评价过程中涉及模糊因素或模糊概念的一种评估方式。它通过运用模糊集合中隶属度和隶属度函数的理论来刻画这种模糊性，以达到定量精确的目的。

最后，信息熵评价法可以把多目标决策评价中各个评价对象的固有信息和决策者主观判断的信息进行量化与综合，在对不同方案的相对重要性进行比较的基础上，计算出各评价对象基于熵的相对优异性量化评价指数，从而依此做出对各评价对象的评价。这一方法的优点是可以排除人为因素、风险因素等因素的干扰，反映评价对象的客观信息。

综上所述，最终确定选择用模糊综合评价法和信息熵评价法组成可比方法集，以构建一种新的基于综合评价值的组合评价法，分别从主观评价和客观评价方面对宇航元器件进行应用验证综合评价，并在将其结果进行标准化处理的基础上，通过算术平均值法进行各评价结果的组合和修正，进行双路径组合评价，以得到更为科学、合理的评价结果。

2.5.2 应用验证综合评价模型和方法

1. 面向宇航元器件应用验证的双路径组合评价模型

根据适用性理论的比较和分析，构建面向宇航元器件应用验证的双路径组合综合评价模型，如图 2.13 所示。

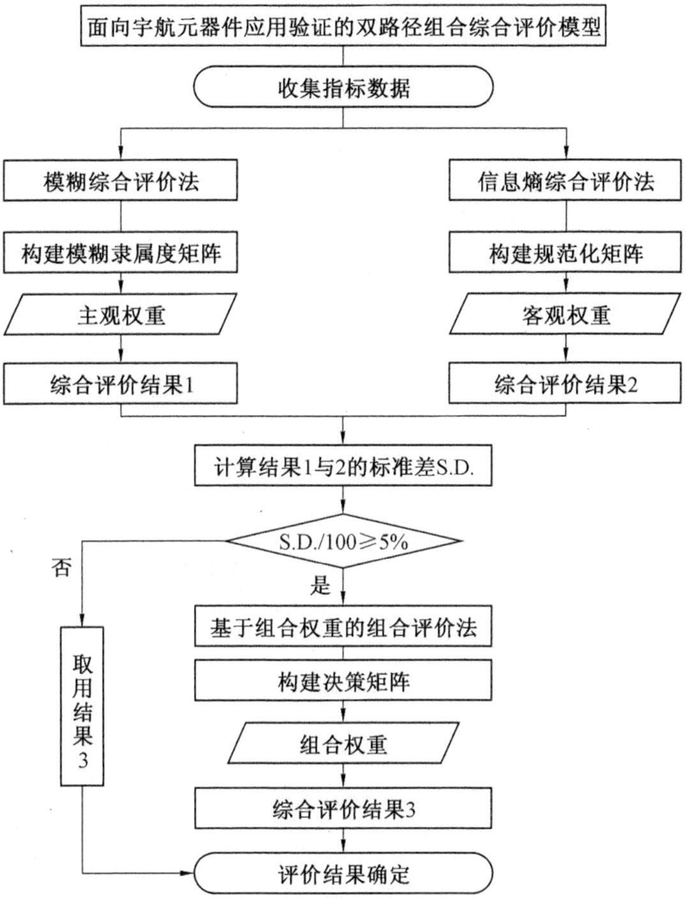

图 2.13　面向宇航元器件应用验证的双路径组合综合评价模型图

2. 面向宇航元器件应用验证的双路径组合评价方法

双路径组合评价方法具体计算步骤如下。

(1) 综合评价结果集的获取。

在获取指标数据的基础上，分别采用面向宇航元器件应用验证的多指标半结构性模糊综合评价法和层次结构性信息熵评价法来获得被评价对象的综合评价结果(综合评价结果 1 和综合评价结果 2)。

(2) 综合评价结果集的标准化处理。

考虑到所选两种单一评价方法所得评价结果量纲不同、可组合性较弱，必须对其评价结果进行同一量纲化处理。

由于在面向宇航元器件应用验证的层次结构性信息熵评价法得出的综合评价结果为一个比值，故将其评价结果通过以下公式进行处理，使各评价结果对应

百分值。令

$$T = Z \times 100$$

式中，T 代表最终被评价的宇航元器件在面向宇航元器件应用验证的层次结构性信息熵评价法得出的综合评价分值。

(3) 评价结果的组合与修正。

对于某单一被评价对象，设经标准化处理后，其模糊综合评价值为 a，信息熵评价值为 b，待求的组合评价值为 x，根据评价值方差 $H(x)$ 最小化原则，有如下函数关系：

$$\min H(x) = (x-a)^2 + (x-b)^2$$

而有

$$\begin{aligned}(x-a)^2 + (x-b)^2 &= 2x^2 - 2(a+b)x + a^2 + b^2 \\ &= 2\left(x - \frac{a+b}{2}\right)^2 + a^2 + b^2 - \left(\frac{a+b}{2}\right)^2\end{aligned}$$

由上式不难得出，当 $x = \dfrac{a+b}{2}$ 时，$H(x)$（即评价值方差）最小，则基于评价值方差最小化的组合评价方法的组合评价值为

$$x = \frac{a+b}{2}$$

3. 相关具体评价方法

(1) 面向宇航元器件应用验证的多指标半结构性模糊综合评价法。

模糊综合评价法，主要步骤如下。

① 建立评价对象因素集 $U = \{U_1, U_2, \cdots, U_n\}$，并满足 $U_i \cap U_j = \varnothing (i \neq j)$。

② 建立评价集 $V = \{V_1, V_2, \cdots, V_n\}$。

③ 建立单因素评判，得到单因素评判矩阵 $\boldsymbol{R}$。

④ 进行综合评判，计算综合评判模型 $B = \boldsymbol{W} \cdot \boldsymbol{R}$。

⑤ 计算第 i 个评价对象的模糊综合评价值，$P_i^1 = B_i \cdot V^t$。

(2) 面向宇航元器件应用验证的层次结构性信息熵综合评价法。

利用面向宇航元器件应用验证的信息熵综合评价法计算客观评价值的主要步骤如下。

① 利用指标赋权部分计算得出的客观权重，计算第 i 个评价对象的信息熵综合评价值 Z_i，$Z_i = \sum_{j=1}^{n} x_{ij} w_j$。

② 将第 i 个评价对象的评价结果转化为对应的百分值 P_i^2，即 $P_i^2 = Z_i \times 100$。

(3) 面向宇航元器件应用验证的基于组合权重的组合评价法。

面向宇航元器件应用验证的基于组合权重的组合评价法的具体计算步骤

如下。

① 引入指标 $x_i(1 \leqslant i \leqslant n)$ 的组合权重向量 $\boldsymbol{W}=(w_1, w_2, \cdots, w_n)^{\mathrm{T}}$。

② 结合第 i 个被评价对象的各底层指标取值情况与评分说明，通过专家给出各指标数据值并将之汇总取其平均值以得到各指标的标准化分值 $y_i(1 \leqslant i \leqslant n)$，其取值范围是[0,100]。

③ 求出第 i 个被评价对象的综合评价值 $P_i^3=\sum_{i=1}^{n} w_i \times y_i(1 \leqslant i \leqslant n)$。

2.6　应用验证判据体系构建和优化

宇航元器件应用验证的判据体系以单指标评价结果和综合评价结果为起点，通过系统分析等方法，提出具体的体系建立方案，并给出判据指标、判据构成、判据表达和判据获取的构建及优化的原则和方法。

2.6.1　应用验证判据体系构建准则

根据应用验证工作的目标和要求，应用验证判据体系建立需要满足以下准则。

1. 科学性准则

宇航元器件应用验证方法与判据的研究所建立出的流程和方法应具有科学内涵，应符合客观实际，能够反映出宇航元器件应用验证的本质和客观规律。宇航元器件应用验证方法与判据的研究应有成熟的方法论为指导，同时需发挥专家的经验与智慧，结合实际探索出一套科学而适用的决策方法、技术和手段，使其能够有效开展宇航元器件应用验证工作，满足工程应用的要求。

2. 易操作准则

宇航元器件应用验证工作是一项具体工程实践，具有很强的面向对象特征，具有多阶段、多层次、多领域等特性，其验证的内容、方法和过程具有多样性和复杂性，这就要求所建立的应用验证方法与判据应该具有较强的可操作性，从而便于工程应用。因此，为了保证宇航元器件应用验证的有效性、可靠性和经济性，应构建直观的、便于操作的宇航元器件应用验证方法与判据体系。

3. 全面性准则

宇航元器件应用验证的方法与判据应具有全面性准则，这种全面性既要覆盖新型元器件的研发、生产等全过程，又要兼顾元器件的保证和应用，涉及多个阶段，横跨多个领域。这就要求所构建出的宇航元器件应用验证方法与判据能够从生产过程、功能和性能、可靠性及应用适用性几个角度出发，涵盖宇航元器件应用验证环节的所有方面。

4. 主客观相结合准则

宇航元器件应用验证具有需考虑因素多且跨度较大、验证所得结果既有定性成分又有定量成分、主观判断的模糊性等特点，所以应将主观和客观角度相结合，进行宇航元器件应用验证方法与判据的研究，建立一套以专家经验判断和宇航元器件实验验证数据为依据，以提取实际数据特征的科学理论为指导的宇航元器件应用验证方法与判据体系。

5. 针对性准则

宇航元器件应用验证是航天工程的基础，对宇航元器件应用验证与方法的研究属于航天领域的研究内容。宇航元器件应用验证是一种非检验缺陷的手段，是以应用为目的的验证，是对宇航元器件是否满足特定的工程应用问题给出科学的、客观的评价结果，因此，所构建出的宇航元器件应用验证方法与判据体系必须要体现出其针对性。

6. 集成性准则

宇航元器件的特殊性决定其应用验证过程的复杂和多样性，需要验证的结果具有高可靠性和准确性，单一的方法是不足以完成这样一个复杂的、高要求的验证过程，这就要求在进行宇航元器件验证时需要综合运用多学科、多领域的方法，并将这些方法的优势互补，构建出一套集成化的宇航元器件应用验证方法与判据体系。

7. 层次性准则

在对宇航元器件应用验证方法和判据的性质和功能进行研究时，首先必须确定宇航元器件应用验证的层次等级，其次是分析其在直接联系的层次等级上的性质和功能，最后将分析的结果加以综合，获得整体的认识。既不能把高级层面的性质和功能归结为低级层面的性质和功能，也不能用高级层面的性质和功能来代替低级层面的性质和功能。同时，在注意到各级不同层次的联系时，又要严格地把它们区别开。

8. 动态性准则

宇航元器件应用领域的不同、宇航元器件应用验证阶段的不同和宇航元器件应用验证对象的不同，使宇航元器件应用验证的因素不断变化。并且，宇航元器件的很多数据往往是通过试验或经验等手段得到的，这实质上是与外部信息进行交换的过程，随着数据的积累，其应用验证标准也会不断变化。因此，必须建立一套动态性的宇航元器件应用验证方法与判据体系。

9. 有限覆盖准则

宇航元器件应用验证是针对宇航等高可靠工程应用要求而进行的验证，应覆盖型号。宇航元器件应用验证是考虑元器件实际工艺、材料、结构和性能能否满足现实和潜在应用需求，应覆盖元器件。宇航元器件应用验证是由多方参与的，以验证总体单位牵头，研制单位、用户、第三方机构等多方参与，其责任主体是以验证总体单位为核心的整个验证工作系统，应覆盖用户。

2.6.2　应用验证判据体系构建和优化方法

判据体系可以看作一个复杂的系统，它包括比较多的要素，而且各要素之间也有着比较复杂的联系。判据体系构建的总体过程如图 2.14 所示。

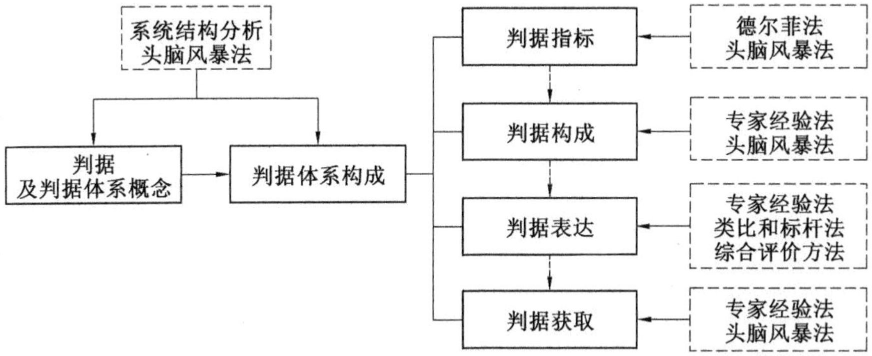

图 2.14　判据体系构建的总体过程图

2.6.3　应用验证判据体系构建和优化

判据体系构建的流程主要在于判据体系各构成要素的获取，判据体系各构成要素获取示意图如图 2.15 所示。

1. 判据指标

应用验证判据构成中包括两类判据，即包括单指标判据和综合判据（可用度判据、成熟度判据和适用度判据），每一种判据都有特定的判据指标与之对应。单指标判据对应的判据指标来源于指标层指标，但又不完全与指标层指标一致，根据指标层指标表现实现和重要程度，将其分为了 0－1 型单指标（一票否决）和关键单指标，其对应的单指标判据也有两种类型：0－1 型判据和关键单指标判据。综合判据主要与准则层指标相对应，成熟度判据指标与准则层一中的生产过程要素指标、功能和性能指标、可靠性指标对应，适用度判据指标与准则层一中应用适应性指标对应，可用度判据指标来源于整个指标体系，四种判据对应指标示意图如图2.16 所示。

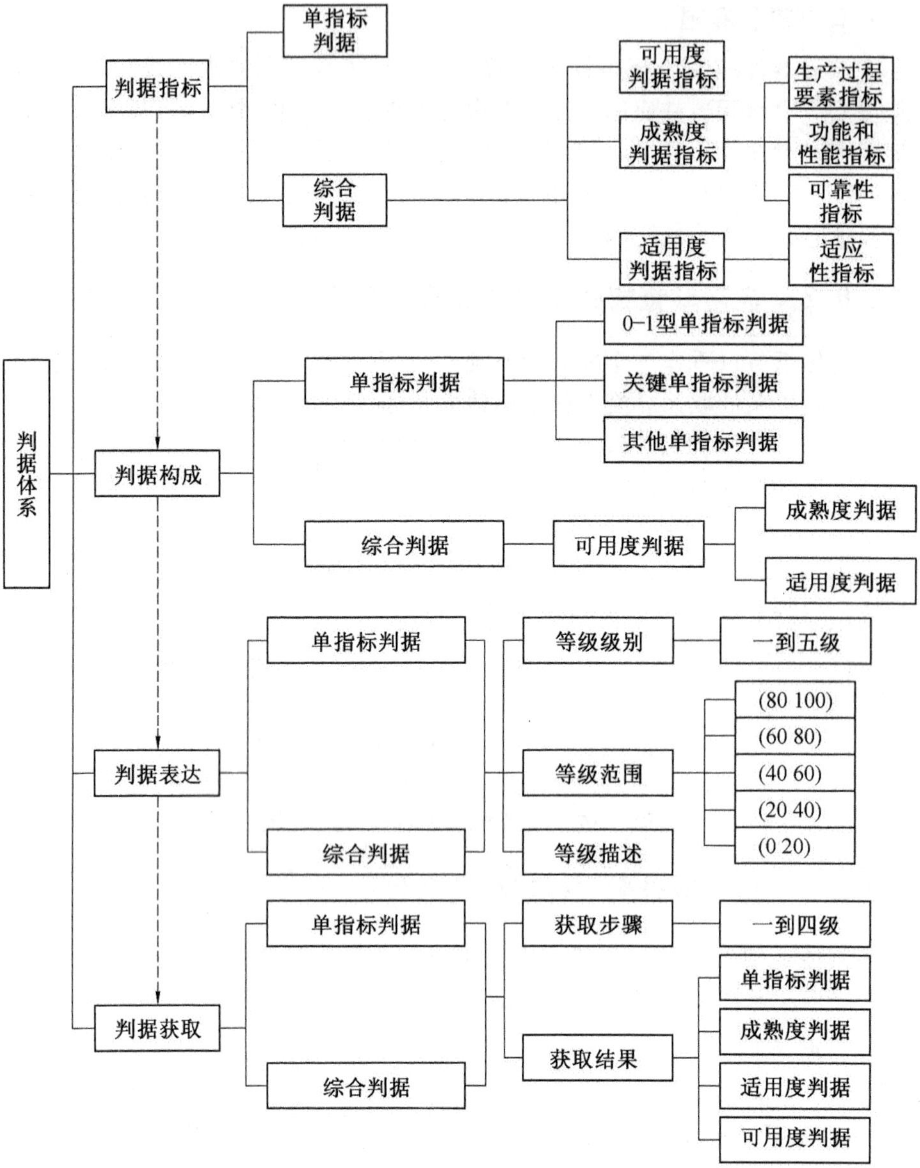

图 2.15　判据体系各构成要素获取示意图

判据指标是进行判据研究的首要步骤，在具体研究中主要解决每一种判据与具体指标的对应问题。在具体应用中还应注意以下问题。

(1) 在解决具体判据应由哪些指标来反映时，需要专家的介入。

(2) 专家在该环节应做的主要工作。判据与指标的对应问题，可用度判据的获取问题。

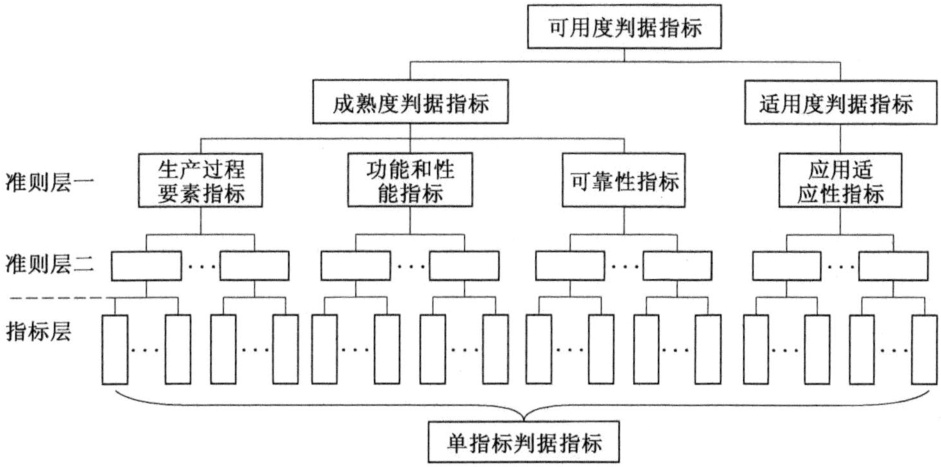

图 2.16　四种判据对应指标示意图

(3) 专家介入应取得的成果。解决了判据与指标的对应问题,可用度判据应由指标层全部指标重新生成,而不应由成熟度判据和适用度判据加权得到。

(4) 专家群体规模。要解决判据指标的相关问题,需要专家根据经验和应用需要进行综合考虑,解决这些问题所涉及的专家至少为 15 人。

(5) 参与的轮次。参与的轮次应至少为 5 次。

2. 判据构成

判据构成是指判据体系所包括的具体判据类型,是由应用验证结论决定的,有怎样的应用验证结论就需要有怎样的评价过程和判据与之对应,本书的应用验证结论主要包括四部分:得失分说明、成熟度结论、适用度结论和可用度结论。与之对应的判据构成也包括四种类型:单指标判据、成熟度判据、适用度判据和可用度判据。其中单指标判据包括 0－1 型判据、关键单指标判据和其他单指标判据,综合判据包括可用度判据、成熟度判据和适用度判据。

判据主要包括两类,即单指标判据和综合判据。对于判据构成的研究还应注意以下问题。

(1) 在解决具体判据构成问题上,需要专家根据应用需要和经验给出相关建议。

(2) 专家在该环节应做的主要工作。判据的构成问题,各种判据的概念、各种判据之间的关系。

(3) 专家介入应取得的成果。提出判据应由两类四种判据构成,给出各种判据的概念,对几种判据之间关系进行梳理与说明。

(4) 专家群体规模。要解决判据构成的相关问题,需要专家根据经验和应用需要进行综合考虑,解决这些问题所涉及的专家至少为 15 人。

(5) 参与的轮次。参与的轮次应至少为 5 次。

3. 判据表达

判据表达是指各个判据的结果表现形式，其表达内容具体包括等级级别、等级范围和等级描述。

(1) 等级级别。

关于判据等级级别，当前基本上都是建立在应用需要的基础之上，在不同的应用领域有不同的分级形式。如 1995 年 NASA 出台的《TRL 白皮书》将 TRL 分为 9 级，并制定了具体应用规范和程序。此后这种分级不但在包括航空航天领域在内的军工装备型号技术管理、风险评估中起到了显著作用，而且在其他技术领域也得到了广泛应用。又如 1998 年 5 月，中国人民银行参照国际惯例，结合中国国情，制定了《贷款分类指导原则》，要求商业银行依据借款人的实际还款能力进行贷款质量的五级分类，即按风险程度将贷款划分为五类：正常、关注、次级、可疑、损失，后三种为不良贷款。又如著名的巴氏五级分类法，根据临床经验，结合肿瘤的恶性程度将检验结果分为五级。其他比较有代表性的分级方式如：5 级 MF－PMMM(美国 Micro Frame Technologies, Inc. 和 PM Technologies, Inc. 开发)、5 级 PMS－PMMM(美国 Project Management Solutions, Inc. 开发)、4 级 KM－PMMM(澳大利亚 Knapp&Moore Pty Limited 开发)、5 级 K－PMMM(美国 Harold Kerzner 开发)，以及 OPM3、4 级认证体系 IPMA(美国项目管理学会开发) 等。

根据以上"分级"的一些案例可以得出，绝大多数行业在考虑"分级级别"时多采用三级、五级、七级、九级四种形式，结合宇航元器件全寿命周期的特点，即宇航元器件的整个寿命过程，可将宇航元器件分为预研产品阶段、工程产品阶段、飞行产品阶段、成熟产品阶段和定型产品阶段五个阶段，相应对象的分级一般采用五级分级形式，判据等级级别获取形式图如图 2.17 所示。

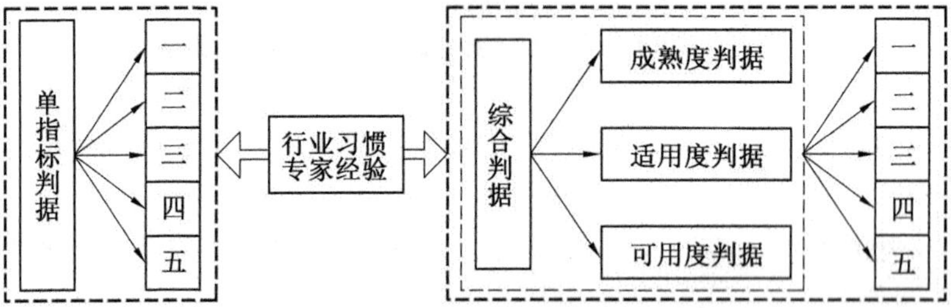

图 2.17　判据等级级别获取形式图

此种等级分级形式只是理论研究结果，在具体应用中还可根据需要进行必要的调整。

（2）等级范围。

等级范围主要是指每一等级的范围标准。单指标判据、成熟度判据、适用度判据和可用度判据等级范围的获取方法如图 2.18 所示。

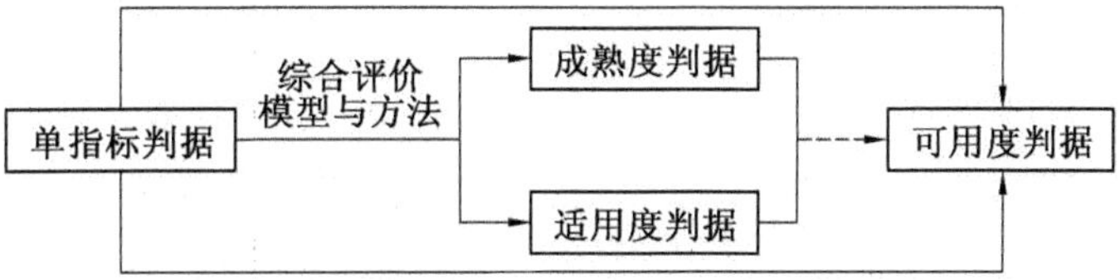

图 2.18 判据等级范围的获取方法示意图

① 单指标判据等级范围的获取。单指标判据的获取主要有三种渠道：对有标准可参考的单指标，可采用行业标准和历史数据，主要通过查询国内外相关资料以及国内宇航型号的相关要求，确定每个单指标的判据；对没有标准可参考的单指标，可以通过寻求其他行业的一些标准作为标杆，以此来确定相应的单指标判据；对没有标准可参考的单指标，还可以通过向元器件研制方和宇航用户等有实际工程经验的专家咨询，也可以采用测试法（实证方法）、数据积累、推断等方法，结合必要的数据分析来确定单指标判据。

② 综合判据等级范围的获取。成熟度判据、适用度判据和可用度判据可统称为综合判据，这三种判据等级范围的获取可以采用同一种方法。本研究关于综合判据的获取中主要采用综合评价模型与方法，结合专家经验和数据分布规律等获取。

综合评价方法是以模糊交换原理为依据，基于既定评价集，将经典集合中单指标判据的绝对隶属关系灵活化或模糊化而得到模糊集，并对其等级数据进行采集和分析，再将之与最大隶属度原则相结合，从而实现这类判据的生成（与既定评价集相对应），以便按元器件综合评价得分进行评判。

（3）等级描述。

等级描述是在以上分级级别和分级范围的基础上，结合元器件的实际运行效果和专家经验等，对所给出的每一级别的具体说明。

4. 判据获取

该部分主要涉及两类判据的具体获取过程和判据的最终结果。

关于获取过程，单指标判据和综合判据基本类似，具体过程可以分为以下几个步骤。

① 确定相关评价指标。

② 确定判据的分级级别。

③ 确定各等级的范围。

④ 确定每一等级的分级描述。

在获得单指标判据后还应根据具体应用将单指标判据进行分类，可以将其分为0－1型指标判据和关键单指标判据。0－1型指标判据的表达结果只有0和1两种，分别代表相关评价对象是否通过了该判据的检验，因此，这种形式的判据就不需要进行等级范围的确定。

5. 判据体系的优化

通过以上的方法和步骤可以获得应用验证初始判据。随着应用验证管理水平和技术水平的提高，宇航元器件技术标准也会逐步完善和提高，需要对判据体系进行优化。优化内容主要包括三个方面：判据等级表达、等级范围和等级描述的重新确定。这往往是一个循环过程。

2.7　综合集成研讨厅在综合评价中的应用

在对宇航元器件应用验证综合评价特点分析的基础上，以应用为导向，提出了宇航元器件应用验证综合评价综合集成研讨厅，强调螺旋式推进和其质变过程，可有助于对宇航元器件是否满足特定的工程应用问题给出科学、客观的评价结果。将综合集成研讨厅应用于宇航元器件应用验证综合评价工作具有很强的理论和应用价值。

2.7.1　宇航元器件应用验证综合评价系统特征

宇航元器件应用验证综合评价具有明显的大规模复杂系统特征，主要体现在以下五个方面。

(1) 宇航元器件应用验证综合评价系统是开放的。

宇航元器件应用验证综合评价过程涉及与外界发生物质、能量及信息的交换，如为了得到宇航元器件的某一指标数据，必须送到相关部门经相关检验人员测算出这一数据。评价人员通过与外界交换物质、能量及信息获得知识，然后再将其用于评价工作。此外，评价人员还会在评价工作过程中不断积累经验和知识，促使宇航元器件应用验证综合评价更加科学、合理。

(2) 宇航元器件应用验证综合评价系统是“巨”的。

这里“巨”指的不是空间范围上的巨大，而是指宇航元器件应用验证综合评价系统包含若干子系统，评价要素繁多，牵涉的知识面广。虽然各个子系统都服务于宇航元器件应用验证综合评价的整体目标，在时间和空间上表现出一定的有序性和协调性，但各子系统之间却存在着动态的信息流和物质流。

(3) 宇航元器件应用验证综合评价系统是复杂的。

首先，由于宇航元器件可应用于不同的航天型号，其关注的指标侧重点也各有不同，这就增加了宇航元器件应用验证综合评价要素的复杂性。其次，它由许多子系统组成，结构复杂，且关系难以线性化，这就要求在完成整体功能的基础上展开各个要素以及其相互之间的研究论证，形成整体的有机行为，从而构成宇航元器件应用验证综合评价研究的系统性。只有各个子系统关系协调，宇航元器件应用验证综合评价才能获得理想的评价结果，因此，在宇航元器件应用验证综合评价中必须要强调系统分析，强调系统整体的评价。最后，以指导宇航元器件在整个宇航型号中应用为目的，要求构建的宇航元器件应用验证综合评价能同时适用于多个领域，并且能精确地体现不同被应用验证综合评价对象的差别，这使得对应用验证综合评价效果的度量更加复杂。

(4) 宇航元器件应用验证综合评价是一个半结构化问题。

宇航元器件应用验证综合评价指标体系中既存在可以量化的因素，又有不能量化的因素。如生产过程要素评价环节的指标多为定性指标，难以定量化描述，只能通过专家经验获取指标数据；而元器件的功能和性能、可靠性、系统适应性等器件级、地面级和飞行级的指标多为定量指标，较容易通过试验或精密仪器测量的方式获得精确数据。因此，宇航元器件应用验证综合评价是一个以专家经验判断和元器件实验验证数据为依据的综合评价体系，需要综合考虑多种因素，在对宇航元器件应用验证过程进行分析并询问专家意见的基础上，将定量分析和定性分析相结合、主观与客观相结合才可能取得好的效果。

(5) 宇航元器件应用验证综合评价指标间的不可公度性是宇航元器件应用验证综合评价的又一特点。

指标的不可公度性是指指标间由于各自量纲及量级的不同而没有明显的、统一的度量标准，既有保障宇航元器件型号研制的生产过程要素指标，又有宇航元器件自身的可靠性指标，以及与航天产品的环境相适应等方面的指标。

2.7.2　宇航元器件应用验证综合评价集成研讨厅总体思路

为更好地解决复杂巨系统问题，钱学森在 1989 年提出了从定性到定量综合集成的方法，即将科学理论、经验知识和专家判断力相结合的半理论和半经验方法。具体而言，它是将专家群体、统计数据和各种信息资料同计算机技术有机地结合起来，把各种学科的理论和人的经验同知识结合起来，构成一个高度智能化的人机交互系统，发挥综合系统的整体优势去解决问题。该方法体系建立在还原论方法和整体论方法之上，弥补了它们各自的不足。1992 年，进一步提出了这一科学方法论的应用形式，集聚多方面成功经验，建设“从定性到定量综合集成的研讨厅”，即以综合集成方法论为指导、以研究“开放的复杂巨系统”和解决复杂问题为目的的决策支持系统，由专家体系、机器体系和知识体系三个部分构成。其基本工作原理是：“专家体系在信息技术的支持下，以人为主、人机结合，在讨论问题时互相启发、互相激活，并充分利用信息技术不受时空的限制，把大量的各种信息与知识（包括经验知识）及千百万人的聪明才智和古人的智慧（通过书本的记载或知识工程中的专家系统）综合集成起来，从而得到科学的认识与结论。”

应用综合集成法，将宇航元器件应用验证综合评价理论与宇航元器件验证技术的专家研讨厅相结合，按分布式交互结构，建立一个完整的“宇航元器件应用验证综合评价综合集成研讨厅”的总体思路是：在已有的评价模型、评价方法及指标数据的基础上，根据宇航元器件应用验证综合评价的需要和未来航天工程发展的需要，集中大量的元器件专家、航天工程专家，以及宇航元器件应用验证所涉及的各个领域内的专家组成研讨集体，协同工作，对宇航元器件应用验证综合评价的各项内容进行研讨，得出科学的验证结论。宇航元器件应用验证综合评价集成研讨厅旨在为航天工程的决策部门提供科学的理论依据与有效的技术手段，进一步提高航天系统工程的质量和可靠性水平，推进我国航天事业的进一步发展。

1. 专家体系

人机结合以“人”为主，这个“人”不是任意的个人，而是由宇航元器件应用验证综合评价相关各个方面的专家组成的整体，是具有优良综合素质的专家群体，是从定性到定量综合集成研讨厅的实施主体，包括元器件制造专家、元器件保证专家和元器件应用专家，既包括技术专家，也包括管理专家。专家库中记录每位专家的详细资料，包括年龄、性别、教育程度、专长等，供组建专家组时参考。

在宇航元器件应用验证综合评价工作中存在着大量人的活动，很大程度上都依赖于专家的参与，包括宇航元器件应用验证指标体系构建与优化研究、指标权重研究、综合评价模型构建、判据体系研究、综合评价系统开发等开展宇航元器件应用验证的研究工作。采用集体-团队的工作方式，而不是个体研究的方式，并且由知识与经验丰富、视野与思路开阔的专家来组织、领导。只有这样的专家群体，根据各自丰富的经验，经过充分研讨，甚至激烈争论，才能逐渐形成对宇航元器件应用验证综合评价具有创新价值的判断，这个过程是宇航元器件应用验证综合评价集成研讨厅的关键。

2. 知识体系

宇航元器件应用验证综合评价集成研讨厅研究涉及众多专业领域和部门，需要多方专家、技术人员、管理人员、制造人员和生产厂商的共同协作。这就需要把涉及的众多领域内相关人员的思维、思维的成果、经验、知识、智慧及各种情报、资料和信息综合起来，弥补各自信息与数据的不足，实现资源共享，促成共同讨论的基础。

宇航元器件应用验证综合评价集成研讨厅的知识体系主要是由宇航元器件应用验证涉及的相关领域内相关人员的经验知识与感性知识，相关应用技术、技术科学及基础科学，系统工程思想和智慧这三个层次的知识构成是多维、多层和多面的，并且是广泛分布和动态发展的，其中包括结构化和非结构化知识、显性和隐性知识，感性和理性知识。具体而言，宇航元器件应用验证综合评价知识体系由知识库、方法库、模型库、数据库和文档库组成，核心部分是知识库及其管理系统。模型库中包含系统评价方法、运筹学和其他数学方法，如德尔菲法、层次分析法、模糊综合评价法、数理统计法、信息熵评价法及某些模型的组合评价模型等。

3. 机器体系

这里的机器体系主要以构建宇航元器件应用验证综合评价决策支持系统为主，包括数据采集、信息加工、数据挖掘、综合评价等，提供指标优化选取、指标权重确立、相应模型建立、评价过程模拟，以及调用各种信息资源和分析工具，为宇航元器件应用验证综合评价提供应用平台和决策支持，是支撑不同领域的专家协同工作的支撑环境或"工作体"，也就是所谓的"厅"。

该机器体系支持宇航元器件应用验证综合评价系统所需要的各种资源基础，如指标数据和信息资源、知识资源、模型体系、方法与算法体系等。特别是在人机交互过程中，该机器体系应具有更强的动态支持能力和智能决策能力，如根据元器件的验证综合评价阶段不同，实时形成相应的指标体系，实时优化、建立评价模型和模型集成，同时还能结合评价数据最终给出评价结论的定性描述。"从定性到定量""综合集成"及"研讨"都是这个"厅"的功能。宇航元器件应用验证综合评价综合集成研讨厅的概念模型图如图 2.19 所示。

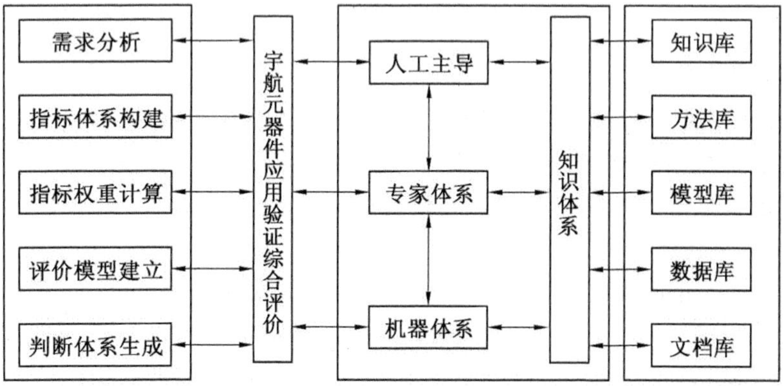

图 2.19 宇航元器件应用验证综合评价综合集成研讨厅的概念模型图

2.7.3　宇航元器件应用验证综合评价集成研讨厅实施途径

按照上述总体思路，宇航元器件应用验证综合评价综合集成研讨厅的具体实施途径如下。

1. 专家体系的构建

能否为特定元器件评估选择科学合理的专家委员会或专家组是影响元器件应用验证综合评价结果的重要因素，因此，有必要构建一个专家体系。由于宇航元器件应用验证综合评价方法研究课题是一个跨学科、跨领域的交叉性和综合性课题，因此，需要由不同学科、不同领域的专家组成专家体系，这个专家体系具有研究宇航元器件应用验证综合评价方法课题所需要的合理知识结构，同时构建的专家体系还要考虑到部门结构、年龄结构等问题。由于应用验证的宇航元器件不同，专家体系的结构也不一样，因此，专家体系的结构必须是动态变化的。

为了规范开展应用验证综合评价工作，要科学地进行专家遴选。专家遴选方法研究正是为构建专家体系而开展的一项科学研究工作。如何确定评估专家的遴选范围以构建专家库，如何从专家库中遴选评估专家以组成特定元器件应用验证综合评价课题的评估专家委员会或专家组，如何对评估专家的业绩进行评价和管理是专家遴选方法研究的重要任务。其中，如何为特定元器件应用验证综合评价课题通过科学、合理的方法遴选出权威、有效的评估专家是构建专家体系的重点和难点所在。专家遴选的总体研究思路表现为“专家入备选库 → 基础评价 → 层级划分 → 专家入库 → 项目专家遴选 → 参与项目 → 更新业绩信息 → 业绩评价 → 动态调整专家层级 → 更新专家库”，如第 1 章中的图 1.11 所示。

2. 知识体系的构建

知识体系的构建包括从定性综合集成提出经验性判断的定性描述，到定性定量相结合综合集成得到定量描述，再到从定性到定量综合集成获得定量的科学结论，实现从经验性的定性认识上升到科学的定量认识。

(1) 定性综合集成。

定性综合集成是专家意见交流和智慧碰撞的关键环节，主要表现为意见的综合集成、信息的综合集成、知识的综合集成、显性知识与隐性知识的综合集成及智慧的综合集成。宇航元器件应用验证综合评价方法研究是面向应用问题的，对宇航元器件应用验证综合评价过程中所需要的一些经验型判断、评价指标体系的确定、评价指标数据的采集、元器件评价结论的给定通常不是一个专家或一个领域的专家群体所能提出或给出的，它需要专家体系中不同学科、不同领域的专家，通过深入研究、反复研讨、不断梳理，逐步达成共识。

专家体系中的每位专家都有自己对宇航元器件掌握的科学理论、经验知识，这些知识依据每位专家所在领域、知识结构和所学学科不同而不同，把这些专家对宇航元器件掌握的科学理论、经验知识以至专家的智慧，通过结合、不断磨合和反复融合，从不同层次（自然的、社会的、人文的）、不同方面（功能、性能、可用性、适用性）和不同角度（飞行阶段、地面阶段、器件级阶段）去研究宇航元器件应用验证综合评价方法与过程，相互启发和激活，获得全面、准确的认识。

当需要交流观点、调解冲突和解决焦点问题时，通过同时同地或同时异地的头脑风暴法来实时交流；当需要对信息进行思考、调查、核实和给出解决方案时，通过异时同地或异时异地实现交流。同步异步互补就可以更好地克服时空的限制，对研讨信息进行交换和核实，专家群体研讨的正确性和一致性将被提高。通过研讨，形成初步的经验性指标体系和判据体系框架，包括指标体系中各个指标的名称、属性值和说明，判据体系中的主体、客体和构成要素。

(2) 定性定量综合集成。

定性综合集成所形成的初步经验性指标体系和判据体系方案只是处于定性描述，即使是一种共识，它仍然是经验性的，还不是科学结论，为了用严谨的科学方式去优化经验性指标体系和判据体系，需要定量化的精确论证，即把定性描述上升到系统整体的定量描述。这种定量描述包括指标的优化、指标权重的建立和判据的定量化给定。实现这一步的关键是定性定量相结合的综合集成，可利用机器体系中的丰富资源和定量处理信息的强大能力，通过建模和运算等方式来完成。同时，还需要专家的智慧对现有模型进行适用性改造，把数学模型和计算机模拟结合起来尽可能地逼近宇航元器件应用验证综合评价的实际问题，其逼近的程度取决于宇航元器件应用验证综合评价的精确要求。如果满足了宇航元器件应用验证综合评价的精确要求，那么这个系统模型是可以信赖的，就可以应用这个模型来研究宇航元器件应用验证综合评价问题。这个过程既需要理论方法又需要经验知识，还需要真实的统计数据和有关信息资料，同时还要紧密结合系统实际，是一个科学与经验相结合的过程。

(3) 定性到定量的综合集成。

定性综合集成形成对宇航元器件应用验证综合评价的初步经验性指标体系和判据体系的定性描述，通过机器体系的定量化分析，对初步经验性指标体系和判据体系给出定量描述。反复上述过程多次，把专家的经验，他们所能想到的各种因素都反映到指标体系和判据体系之中，从而观测到可能的定量结果，增强定量认识。

在定性定量相结合得出的定量描述基础之上再一次综合集成的过程当中，由于有了新的定量信息，经过研讨专家们可以从定量描述中获得对宇航元器件应用验证综合评价方法原有认识的证明，或者重新生成新的验证综合评价方案和对判据正确的定量结论，这也就完成了从定性到定量的综合集成。但这个过程通常不是一次能完成的，往往要反复多次，在一次又一次得到新的验证综合评价方案和判据的基础上，专家们会提出新的修正意见和决策方案，然后再把专家们的经验、知识和智慧融进到新的建议和方案之中。通过人机交互、反复比较、逐次逼近，直到专家们能从定量描述中证明和验证了评价方案、指标体系和判据体系的正确性，获得了满意的定量结论，这个过程才算结束。这时的结论已从定性和定量相结合上升到定性到定量的阶段，不再是经验性判断，而是经过严谨论证的科学结论。这个结论是最终对宇航元器件应用验证综合评价方法和判据的确定。如果定量描述否定了原来的经验性判断，则要提出新的经验性判断，再重复上述过程。

3. 机器体系的构建

从总体上来说，机器体系结构与功能的设计应结合所要研究的宇航元器件应用验证综合评价系统的实际，采用分布关联式的大系统体系结构，以多媒体技术、信息融合技术、综合集成技术、网络技术、数据库技术、评价模型方法库、知识库等为基础，以综合集成的思想和方法为指导来进行系统设计，并且要求有很好的可扩展性、可维护性、智能性、结构健壮性及通用性。

从具体技术角度上搭建机器体系要从以下方面进行：在微机环境建立 Windows 网络操作系统，能够灵活方便地使用 Windows 和 Dos 应用程序；软件开发以 Visual C、Visual B、C++和C语言为主，数据库采用 Oracle开发，既为用户直接查询、检索提供资源，同时也用于模型的直接调用；利用 PowerDesigner 工具构建后台数据库，实现数据库逻辑结构设计，将概念设计中的各种实体转化为 Oracle 数据库系统所支持的数据模型；使用可视化开发方法进行系统菜单设计和操作界面设计，实现人机交互；使用第三方插件美化界面，使系统界面友好，操作简单、舒适；以 Visual Studio 2008 为开发平台，综合运用各种开发方法和工具，编程实现各模块功能，达到系统的智能性、可扩展性等要求；采用 XML 技术使系统的开发变得更加灵活；使用面向对象软件开发方法中的 MVC 三层架构将系统的界面层、业务逻辑层、数据层分开，降低系统耦合度，提高代码可移植性和系统的可维护性；采用软件重用和组件连接的方法，将系统最终用户可能用到的一些常用工具集成到系统中，提高系统的可用性；最后得到系统初始版本，同时集成一些用户常用的辅助工具，例如集成统计分析软件 SPSS，帮助用户进行数据分析与处理。

第3章

应用验证流程

本章介绍了宇航元器件应用验证流程的建立准则和建立过程，从而明确了应用验证工作项目及其之间的逻辑流程，并给出了应用验证流程优化的方法。应用验证流程设计和建立属于宇航元器件应用验证系统工程的总体技术，是整个应用验证工作的基础性核心内容。

3.1 概　　述

应用验证要从根本上科学地、系统地解决元器件验证的理论和实际问题，才能为应用验证工程的开展提供理论科学依据。宇航用元器件种类多、应用环境复杂、对元器件应用验证工作内容确定的难度大，需要经过广泛的调研以及试验才能制定出科学合理的应用验证工作项目，从而解决应用验证做什么的问题。应用验证的工作内容归纳为元器件阶段应用验证、地面整机阶段应用验证和飞行阶段应用验证三个阶段。同时，每个阶段可以通过不同的方式来实现，可归纳出元器件验证、板验证、系统验证和专项飞行验证四种验证方式。同时，在应用验证开展过程中，针对不同元器件、不同的应用环境以及验证时间和资源等实际情况，对验证工作的安排也不同，应综合考虑工期、资源、成本等因素，因此，需设计科学合理的应用验证流程以规范验证过程，合理安排验证工作项目的顺序，同时对应用验证流程进行优化，以提高应用验证工作的效率。

3.2 元器件应用验证的相关流程

应用验证流程是一种具有关联结构的特殊流程，与元器件研制、质量保证等相关流程存在切入反馈关系，应用验证需要依赖元器件研制流程或质量保证流程提供不同状态的样品。应用验证流程的工期受到相关流程的制约并被其分割为具有不同起始时间的流程，因此，应用验证流程是一种具有离散时间的流程。与应用验证相关的流程主要包括元器件研制流程、型号研制流程和元器件质量保证流程，有必要对相关流程进行分析。

3.2.1 元器件研制流程

元器件研制流程主要是指针对新研制的器件开展的研制过程。元器件研制流程的主要阶段划分图如图3.1所示，一般分为研制需求确定、初样研制、标准确认、正样研制、鉴定检验、设计定型和验收。

图3.1　元器件研制流程的主要阶段划分图

3.2.2　型号研制流程

经过对航天型号任务的调研、分析，虽然面向的用户不同，但各型号总体单位对航天型号各研制阶段的定义基本一致，对各阶段应承担和完成的任务也没有明显差异。

以卫星型号为例，卫星型号研制流程一般可划分为概念性研究阶段、可行性论证阶段、方案设计阶段、初样阶段、正样阶段和在轨测试阶段。

1. 概念性研究阶段

概念性研究阶段主要对型号任务进行分析，拟定型号初步使用要求和战术技术指标（或技术要求），进行型号可行性方案的初步论证。这一阶段一般未对元器件提出具体要求。

2. 可行性论证阶段

可行性论证阶段在概念性研究阶段的基础上，主要完成对型号初步技术、对卫星初步使用要求和战术技术指标的合理性和指标之间的匹配性进行分析；对测控系统、发射场、地面应用系统提出初步技术要求；根据型号可靠性要求和寿命要求提出型号用元器件的等级要求。

3. 方案设计阶段

方案设计阶段提出了卫星任务概况、使用要求、主要技术指标、型号工程系统的组成及其功能；进行地面大型试验项目的论证，确定初样星的地面大型试验项目；明确提出型号用元器件等级要求及清单。

4. 初样阶段

初样阶段提出了型号系统和分系统的详细设计以及卫星系统和分系统及分系统之间的机、电、热和其他接口设计；分析、论证并确定了需要研制的初样星（电性星、结构星、热控星）；确定了电性星、结构星、热控星的技术状态和需要研制的其他整星模型；提出型号用元器件和原材料补充清单，完成元器件和原材料的齐套工作，进行元器件评审，确定正样星的技术状态，提出正样元器件清单。

5. 正样阶段

正样阶段主要编写正样阶段分系统的验收规范、各项试验的试验大纲测试细则、分系统、整星研制和质量总结报告；正样元器件齐套，原材料备料。

6. 在轨测试阶段

在轨测试阶段主要由用户组织对型号在轨测试，判断型号的工作情况；编写型号飞控文件，包括在轨测试细则、长期管理要求等型号平台在轨测试，完成型号在轨测试总结。

通过上述介绍，不难发现在型号可行性论证阶段就已经对元器件的等级提出了要求，在方案设计阶段明确了元器件的质量等级并提出了型号使用元器件清单。之后的初样阶段、正样阶段根据型号工作的空间环境、可靠性和寿命等具体要求，严格按照在方案设计中指定的元器件质量等级和型号用电气、电子和机电(EEE)元器件保证要求，对本阶段所用元器件质量等级进行控制，并进行元器件的专项评审，使元器件的使用得到有效控制，确保型号的顺利运行。

3.2.3　元器件质量保证流程

一般情况下元器件质量保证是对鉴定合格且满足应用要求，准备装机应用的元器件开展的一系列相对固定和明确的试验，主要包括监制、验收、到货检验和补充筛选，以及发放等工作，元器件质量保证流程图如图 3.2 所示。

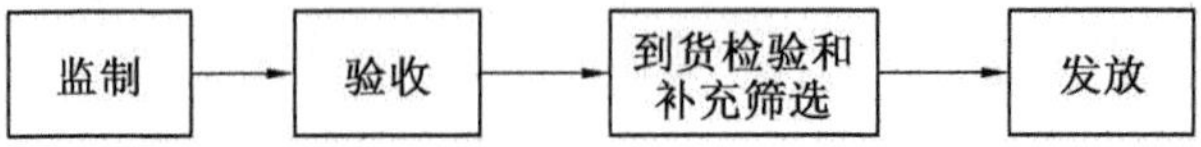

图 3.2　元器件质量保证流程图

监制与验收是指元器件使用方质量代表到元器件研制生产单位，根据采购合同规定的品种及技术条件，对制造中的元器件进行质量检验、控制和对提交的完成生产的合格品进行验收，并了解研制生产单位的质量管理情况。验收是核实与生产厂所签订的采购合同，确认双方一致，了解提交验收元器件生产全过程的质量管理和控制情况。

到货检验是由元器件保证机构对到货的元器件开展资料审查、外观检查、功能测试等工作，重点检查元器件与要求的符合性。

补充筛选指当元器件承制方进行的筛选不能满足航天应用要求时，由使用方或其委托单位在元器件承制方筛选基础之上进行的筛选，是对元器件承制方筛选工作的补充和验证。

发放是指对质量保证后的元器件开具质量证明文件并交付用户的过程。

3.2.4　应用验证流程的属性

宇航元器件具有复杂性、高风险性等突出特点，并有高可靠、高质量、小子样研制及“一次成功”等特殊要求。宇航元器件研制系统庞大、跨学科集成、跨行业协作，且发射后不可维护，局部问题可能导致整体失效。针对这些特点，应用验证侧重于对元器件在应用环境中的表现进行综合检测和评价。因此，应用验证流程除具备一般流程的属性之外，还有其自身的特点。

(1) 应用验证流程是一种与不同功能的独立流程有切入、反馈关系的关联结构。

应用验证不是一项孤立的工作，而是与元器件研制流程、质量保证流程和宇航型号研制流程关联进行的，三个相关流程也需要应用验证工作的反馈结果来对其是否进行下一步工作提供参考依据。元器件研制生产单位、质量保证单位和型号对应用验证有不同的需求。元器件研制生产单位需要在设计定型之前确定正样状态下的元器件是否满足宇航应用对功能和性能方面的要求，可以在评测及确认之后切入相关验证项目，在设计定型之前反馈相应的验证结论。为有效控制新研元器件给宇航型号带来的风险，宇航型号应使用验证通过的元器件，从型号研制流程看，应在鉴定件电装之前完成地面整机阶段验证，形成明确结论，为后续的飞行验证确定技术基线。

因此，应用验证流程的建立，必须在元器件研制流程、元器件质量保证流程、宇航型号研制流程所形成的关联流程中分析才具有实际意义。其中，应用验证流程是研究的主体，元器件研制流程和质量保证流程是重要的关联流程和应用验证的服务对象，而宇航型号研制流程是应用验证的主要应用对象，对应用验证流程的进度有限制作用。

(2) 应用验证流程是一种具有离散时间的流程。

应用验证流程是一种关联结构的特殊流程，应用验证的工期受到相关流程的制约并被其分割为具有不同起始时间的流程。

应用验证流程与其相关流程存在切入和反馈关系，应用验证需要依赖元器件研制流程或质量保证流程提供不同状态的样品。因此，应用验证流程的工期受到相关流程的制约并被其分割为具有不同起始时间的流程，所以应用验证流程是一种具有离散时间的流程。

(3) 应用验证流程是一种基本确定的流程。

在应用验证流程中，某些工作项目的实施因元器件和其应用环境以及验证过程不同而具有不确定性，但当具体元器件的实施方案确定后，应用验证的工作项目和工时均可确定。因此，应用验证流程是一种基本确定的流程。

3.3　应用验证指标体系的确定、阶段划分和工作方式

应用验证流程建立的关键环节是确定应用验证指标体系，同时在对流程需求分析和验证指标研究的基础之上，划分元器件应用验证阶段和方式，界定元器件应用验证的内容，也明确各个阶段应该采用的主要验证技术。

3.3.1　应用验证指标体系的确定

确定应用验证指标体系是应用验证流程建立的重要部分和关键环节，应用

验证工作内容是应用验证流程建立以及优化的输入，应用验证流程建立的目的是确定应用验证的工作项目及其先后关联关系。对应用验证需求进行分析，建立了验证指标的一般框架，如图 3.3 所示，为应用验证工作项目的确定提供依据。由于不同类型、不同应用范围的元器件，或者是同一类型但不同型号元器件的指标差异性很大，所以很难直接确定最终的详细验证指标。应结合元器件工艺和结构特点，针对应用需求，确定具体的应用验证指标体系。

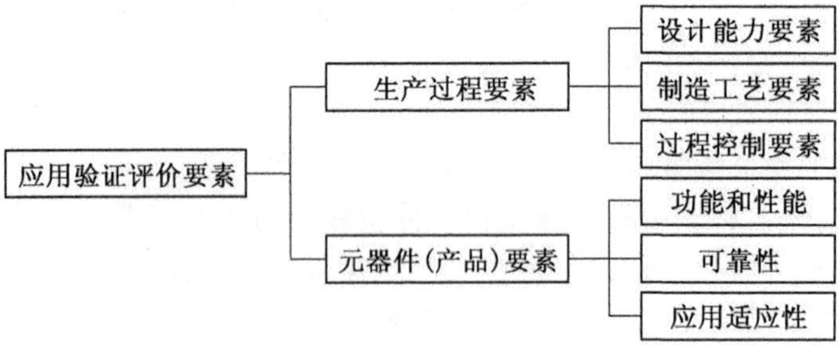

图 3.3　应用验证指标体系的一般框架

3.3.2　应用验证的阶段划分和工作方式

航天用户对元器件本身、对元器件应用于产品以及对元器件在空间环境中均有高可靠要求。因此，应用验证应对元器件本身进行验证，对元器件应用于产品进行验证，并对元器件在轨飞行和空间环境适应性进行验证。其中，对元器件本身的验证主要是针对元器件研制生产单位的研制情况而进行的，考虑到元器件宇航应用的特殊性(质量等级、状态要求等)，可以从研制生产单位、功能和性能、可靠性几方面来分解，得到可能需要进行的具体验证工作项目。对元器件应用于产品的验证主要是针对宇航型号的应用要求而进行的，因为型号研制的过程也有对元器件的试验和检测，只是重点关注其载体(板、系统)的功能，借鉴元器件在型号中所经历的试验，结合应用验证侧重点以及技术成熟度的思想，可以从功能和性能、可靠性、应用适应性几方面对验证内容进行分解。

对元器件在轨飞行和空间环境适应性的验证主要是验证元器件的空间承受能力是否满足宇航空间应用的要求。对于元器件满足空间应用要求的验证，一方面，可在地面上模拟空间环境来考核元器件的承受能力，例如对辐射敏感的元器件，需要验证其抗辐射能力，可以利用地面辐射源模拟空间辐射环境进行试验；另一方面，可在空间飞行的过程中采用搭载或备份的方式，通过检测来验证元器件特性是否发生了变化，如受到宇宙射线的影响发生了失效，不能正常工作。可以从功能和性能、可靠性、应用适应性进一步分解应用验证的工作内容。

在对流程需求分析和验证指标研究的基础之上，结合我国的元器件应用验证实际，将元器件应用验证工作分为元器件阶段应用验证、地面整机阶段应用验证和飞行阶段应用验证三个阶段。

元器件阶段是在元器件生产过程和验证过程对元器件本身进行的验证阶段，包括对功能和性能、可靠性以及在地面进行的空间环境等适应性验证。元器件阶段的验证结果可以作为地面整机阶段验证的参考，对可能出现的失效模式进行针对性的验证试验，保证元器件的使用可靠性。地面整机阶段是指利用地面应用条件，对元器件应用于产品的验证。地面整机阶段验证关注元器件的使用环境和使用状态下的可靠性和适应性问题，对元器件在单板中的性能、在演示系统中的性能进行全面的考核和评估，以获取元器件在试验状态下的可靠性数据。地面整机阶段的验证数据可以作为飞行验证和型号实际应用的参考。飞行阶段是指利用飞行条件，对元器件应用于宇航产品的空间环境适应性的验证。飞行阶段是应用验证的可选阶段，应综合考虑元器件的结构功能和飞行经历。

然而，阶段的划分只是界定了元器件应用验证的内容，并没有确定元器件验证内容实现的技术手段。因此，还需要在阶段划分的基础上，结合各阶段的验证重点以及元器件的功能和性能、可靠性及应用适应性，确定各个阶段应该采用的主要验证技术。

通过对应用验证基础技术的研究，建立了使应用验证流程顺利开展的验证技术。各阶段的验证工作可采取不同的方式进行。根据对元器件验证的载体不同，可归纳出应用验证的四种主要方式：元器件验证方式、板验证方式、系统验证方式和飞行验证方式。元器件验证方式是指只对元器件本身而不需用应用线路板即可进行验证的方式；板验证方式是指将元器件安装在特定的应用线路板，使元器件处于一定的工作状态而进行一系列验证的方式；系统验证方式是指将元器件安装在特定的应用系统，使元器件处于特定的工作状态而进行验证的方式；飞行验证方式是指使元器件处于在轨飞行工作状态来验证元器件的空间环境适应性的验证方式。

最后综合研究得出，应用验证的工作可划分为元器件阶段、地面整机阶段和飞行阶段，并且每个阶段可分别通过四种方式实现，即元器件验证方式、板验证方式、系统验证方式和飞行验证方式。以上简称为“三阶段、四方式”，覆盖了元器件验证的各方面，从元器件生产到元器件在轨飞行，贯穿整个元器件寿命周期内的经历。

其中，元器件阶段验证为基础，地面整机阶段验证方式为重点。根据具体验证对象以及需求的不同，制定针对性应用验证方案，对各阶段和步骤的具体验证项目进行裁剪。一般来说，元器件阶段的应用验证主要可采用元器件验证方式、板验证方式；地面整机阶段的应用验证主要可采用板验证方式和系统验证方式；飞行阶段的应用验证主要可以采用飞行验证方式和元器件验证方式。需求导向的验证工作内容设置及分类框架如图3.4所示。

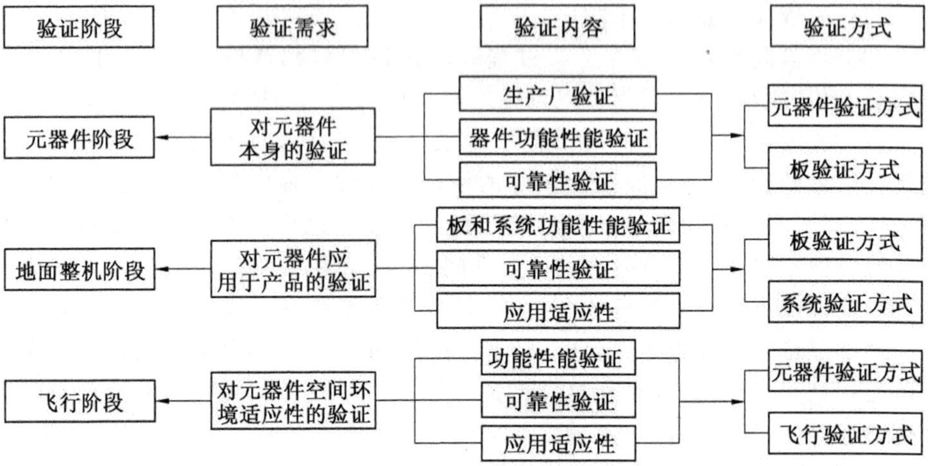

图 3.4　需求导向的验证工作内容设置及分类框架

3.4　应用验证流程的建立准则及建立过程

流程建立的第一准则是科学性和确保应用验证的工作质量，流程中的验证工作项目设置应科学、合理、完整，活动名称应准确、规范、简明，验证工作项目之间的逻辑关系应科学、合理、严谨，流程表达应清晰、简洁、直观。

流程建立的第二准则是经济性和以用户满意为导向，在保证应用验证质量的前提下进行时间和资源的优化，这也要求流程的表达要便于优化计算和调整。

应用验证流程建立的一般过程包括立项、应用验证工作内容的确定、流程逻辑结构建立、优化计算与调整、流程的复核与确定等。在流程建立过程的每一步，均应进行检查并对前面步骤的反馈进行分析，发现问题及时修改和再优化。流程建立的一般过程图如图 3.5 所示。

（1）立项。接受客户委托，明确需要验证的元器件和用户需求。

（2）应用验证工作分析。分析和确定应用验证的验证工作项目和子验证工作项目及其逻辑关系、所用资源和主要节点等。由于应用验证的实施需要考虑其他相关流程的计划进度，因此，要包括对这些相关流程及应用验证流程关系的分析。工作内容分析和确定的结果可用工作分解表表示。

（3）流程逻辑结构建立。基于工作分解表，将验证工作项目和子验证及其逻辑关系用单代号网络图表示，建立应用验证流程和相关流程的关联逻辑结构图以及应用验证自身的逻辑结构图。

(4) 流程的优化计算与调整。基于逻辑结构图和时间参数，采用关键路径法计算网络图的工期和关键线路，经分析和面向用户的资源(主要是工期和样品)调整，优化流程网络图。

(5) 流程的复核与确定。对优化后的网络图，依据建立准则进行复核，并聘请相关专家及用户进行评审，最终确定流程。

(6) 流程建立中的反馈。在流程建立过程的每一步，均应进行检查并对前面步骤的反馈进行分析，发现问题及时修改。

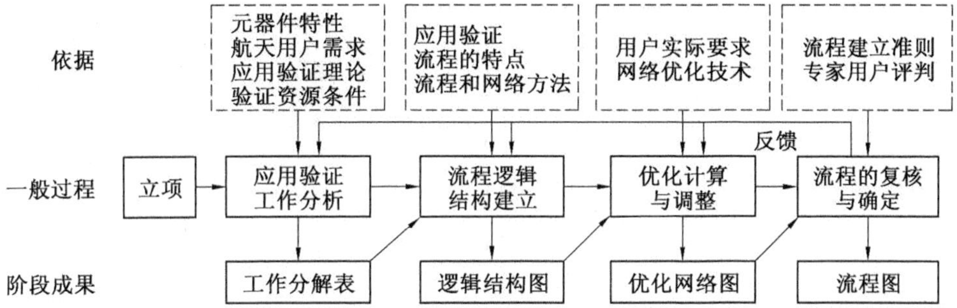

图 3.5　应用验证流程建立的一般过程图

3.5　应用验证工作内容的确定

在确定验证工作项目之前，需要结合应用验证三阶段四方式、元器件的指标体系，先期开展元器件应用验证工作项目分析。根据指标体系可以确定应用验证的工作项目，包括试验项目和评价要求等。

3.5.1　工作项目分析

应用验证工作项目分析主要包括验证工作项目及其子项目的分析。验证工作项目是根据应用验证指标体系引出的，得到的验证工作项目应满足验证方法的相对独立性，并且按照元器件寿命周期的过程进行。通过 3.4 节关于应用验证指标的先期研究，可以分析得出元器件的主要验证工作项目及其子项目。

1. 元器件方式的应用验证主要工作项目分析

从设计能力要素、制造工艺要素和过程控制要素指标引出生产过程要素评价，可以细分为设计能力要素评价、制造工艺要素评价和过程控制要素评价。这些验证工作项目主要以文件审阅和分析的方式进行。

从元器件的可靠性、功能性能和应用适应性，可以引出结构分析、设计可靠性验证试验、极限评估试验、抗辐射能力评估、抗原子氧能力评估、真空释气试验。其中，抗辐射能力评估、抗原子氧能力评估、真空释气试验需要根据元器件的具体结构和工艺适应性选择性进行，最终建立元器件方式的应用验证主要工作项目，见表3.1。

表3.1　元器件方式的应用验证主要工作项目

序号	验证工作项目		目的
1	生产过程验证	设计能力要素评价	对研制生产单位的设计能力要素、制造工艺要素、过程控制要素的综合评价
		制造工艺要素评价	
		过程控制要素评价	
2	结构分析		对元器件满足评价要求和相关项目运行要求的能力做出早期判断
3	极限评估试验		一般采用高加速应力和持续应力的方法，通过元器件在电、热、力等应力作用下特性的变化，获得元器件的失效模式、薄弱环节等信息，为确定鉴定试验的项目和条件提供依据
4	抗辐射能力评估(辐射敏感元器件)		通过辐照评估试验，作为确定鉴定试验的项目和条件的依据。在分析已有的元器件辐照试验数据有效性的基础上，针对性地开展抗电离总剂量试验、单粒子效应试验以及抗位移辐射损伤试验中的一种或多种。对于存在低剂量率增强效应机理的元器件，应通过相应的试验确定是否存在低剂量率增强效应
5	抗原子氧能力评估(必要时)		评估元器件在宇航环境中承受氧化效应的能力
6	真空释气试验(必要时)		评估元器件所用材料在真空中的释气特性

其中，结构分析的项目一般包括如下几项。

① 元器件标识信息和标识方式评价。

② 元器件封装分析评价。

③ 芯片设计和结构分析。

④ 元器件热分布分析。

⑤ 元器件力学强度分析。

⑥ 主要结构的工艺可靠性分析(工艺基线分析)。

⑦ 材料分析。

⑧ 应用于空间环境的设计结构可靠性分析(辐射、真空、高低温等)。

⑨ 失效模式分析。

极限评估试验一般采用高加速应力和持续应力的方法，评估在热、力、电等应力作用下可承受的应力极限值和失效模式，通过试验亦可发现元器件在设计、材料或工艺方面的潜在缺陷，获得元器件极限能力和元器件的失效模式、薄弱环节等信息，为确定元器件筛选和鉴定的项目和条件提供依据。步进应力试验一般包括步进电应力试验、步进温度应力试验、步进机械应力试验及必要的综合应力试验。极限评估试验应在结构分析结果的基础上，综合考虑元器件的设计、材料和工艺特点。极限评估试验前，应分析确定元器件采用的新技术，包括新材料、新设计和新工艺等，作为极限评估试验项目确定的基础；应对研制生产单位已有的试验数据进行分析，最大限度地利用已有数据和结果；应对实际应用需求进行充分调研，并对以往类似元器件质量保证的相关数据进行分析，同时考虑试验实施的可行性。

通过辐照评估试验，确定应用验证项目和条件。在分析已有的元器件辐照试验数据有效性的基础上，针对性地开展抗电离总剂量试验、单粒子效应试验以及抗位移辐射损伤试验中的一种或多种。对于存在低剂量率增强效应机理的元器件，应通过相应的试验确定是否存在低剂量率增强效应。

抗原子氧能力评估对于近地轨道航天器，尤其是长期工作的近地轨道航天器，必须对原子氧环境予以关注，根据航天任务的轨道，计算寿命期内原子氧的总通量，对敏感材料进行评估。

真空释气评估元器件使用材料在真空中的释气特性，主要试验内容为真空释气成分、真空释气失重。

2. 板方式的应用验证主要工作项目分析

根据元器件在板中的应用过程，装联是应用中的第一个环节和过程。从元器件使用和安全可靠应用的角度考虑，可以充分利用装配过程对元器件的装联开展验证工作，以便检验元器件的可装配性及装配后抵抗外界应力的能力。

元器件经焊装和装配检验后，就进入板上环境。在电路板上，元器件进入工作状态，首先需要确认元器件的工作状态是否正常，必须对其进行测试和验证。同时，虽然元器件在研制过程中进行了全面测试，但只是属于测试平台的仿真测试，与应用中的测试不同。另外，型号也没有对元器件进行专门的电测试。因此，为了满足用户需求，降低元器件应用风险，可设置功能、性能测试，对元器件的功能、性能进行全面的测试验证。

对于某些元器件，虽然经过测试系统的功能、性能测试，但测试系统并不能全面检测其在系统应用中的适应性。此时，就需要设置专门的测试项目，即专用特性验证。

经过上述验证工作项目之后，获得了有关元器件在常规环境下的功能和性能参数。结合元器件最终在航天器所经历的环境，元器件必然承受相应的环境应力，例如振动等力学环境，就有必要对元器件在试验中的重要参数进行测试和监测，验证元器件抗力学及适应能力，也就需要设置力学环境试验。

元器件在应用过程中，也必然经历外界高温、低温、热真空等外界环境。虽然质量保证单位和型号单位都对元器件开展过相应的试验和监测，但都不是针对元器件的应用情况。有必要对元器件在热试验全过程中对其功能、性能和重要性能进行监测。为此，需要设置热学环境试验。

为了验证元器件在应用电路中的长期工作状况，以满足航天器长寿命的需求，有必要对元器件在应用中的长期工作稳定性进行测试。虽然元器件在研制和质量保证流程中也有该方面的测试，但是并未考虑到实际的应用要求，不能很好地反映应用适应性。同时，型号研制流程对元器件的稳定性试验也只是关注单机或系统功能。由于板上元器件在实际应用电路中的环境与其他流程下的仿真测试有很大区别，因此，需要设置稳定性测试，以确保元器件安全可靠。

板方式应用验证主要工作项目见表 3.2。

表 3.2　板方式应用验证主要工作项目

序号	验证项目	目的
1	装联验证	验证元器件的装配和焊装特性
2	功能、性能测试	在实验室环境下，验证元器件的功能正确性、性能参数(静态、动态等)一致性
3	力试验	在力环境条件下，验证元器件性能参数的稳定性和一致性
4	热试验	在热环境条件下，验证元器件性能参数的稳定性和一致性
5	稳定性测试	在长时间工作条件下，验证元器件性能参数的一致性

其中，元器件装联验证需要进行的项目如下。

① 试验前焊点检查(目检、X 射线检验等)。

② 热试验。

③ 力试验。

④ 试验后焊点检查(目检、X 射线检验、染色检查、剖面分析等)。

功能、性能测试一般包括如下内容。

(1) 常规电性能测试。包括静态和动态参数，如功能、性能、电压、电流、热耗、信号、驱动等。

(2) 关重项目测试。包括重要应用特性验证，如时序、频率、延时、波形建立时间等直接影响产品性能的重要参数，以及元器件工作模式等。

(3) 与成熟元器件的可替代性。在元器件推荐应用系统和宇航典型应用系统中，待验证元器件与成熟元器件的比对测试。

(4) 拉偏测试。对元器件电源、频率、控制信号等进行拉偏，其中部分参数拉偏需在全温度范围内进行。

(5) 元器件应用开发过程中的匹配性、兼容性，如软硬件兼容性等。

(6) 专用特性验证。元器件的特有功能、性能验证，如总线芯片的三层协议试验；DC/DC 器件的过流过压保护、浪涌电流、启动特性；存储器的数据存储特性等。

(7) 力试验。恒定加速度试验、正弦振动和随机振动试验等试验的一种或多种。

(8) 热试验。热循环试验、热平衡试验、热冲击试验和热真空试验等试验的一种或多种。

(9) 稳定性测试。基于宇航型号应用需求，在常温、常压条件下，对元器件在长时间工作条件下的稳定性和关重参数的一致性进行监测和测试，验证元器件适宜长时间工作的能力，此项试验一般结合电源拉偏进行。

3. 系统方式的应用验证主要工作项目分析

元器件在系统中的验证与板方式的验证有较大区别。考虑到元器件在板上已经开展的测试工作，并且元器件在系统的可观测性有限制，因此在系统中可不重做，而是重点关注元器件功能完成情况以及重要性能表征，例如系统接口参数、总线协议等。类似于板验证，需要设置系统适应性测试。

型号研制针对单机或系统进行了全规范鉴定级试验，但是试验的侧重点在于系统的功能情况，并不关心元器件在该过程中的参数漂移情况，并且也不能通过专检检测出来。为了判别元器件在系统整机条件下的环境适应能力和系统适应能力，同时借鉴和利用型号的鉴定级实验条件，需要设置系统适应性试验。

为了检验元器件在系统环境中的长期工作能力稳定性和适应性，需要设置系统稳定性测试。虽然型号也有类似的工作，比如针对单机或系统的老炼试验（常温常压或者加速应力），但主要针对单机或系统的功能以及部分参数，并不关注所使用元器件的性能表征。

最终建立系统方式的应用验证主要工作项目，见表 3.3。

表 3.3　系统方式的应用验证主要工作项目

序号	验证项目	目的
1	系统适应性测试	验证元器件在应用系统环境中的功能、性能以及系统适应性、匹配性
2	系统适应性试验	验证元器件在应用系统中和试验模拟条件下的环境适应能力和系统适应能力
3	系统稳定性测试	验证元器件工作状态下长时间适应系统的能力

系统适应性测试对元器件的关重项目(尤其是系统接口参数)、插拔替换特性、专用特性以及拉偏特性等项目进行验证,同时模拟相对真实的应用环境,对其相关特性进行验证,如抗干扰特性、总线协议、接口芯片在多负载节点下的工作情况等。

基于航天运输系统、航天器以及不同应用分系统、单机,结合历史失效案例建立激励条件的适应性。

系统适应性试验主要包括如下几项。

① 热循环试验。

② 热真空试验。

③ 真空放电试验。

④ 正弦振动试验。

⑤ 随机振动试验。

⑥ 冲击试验。

⑦ 加速度试验。

⑧ 磁试验。

⑨EMC 试验。

此外,某些工程还要求进行综合应力试验。对于航天运输系统,其试验项目还包括盐雾试验、潮湿试验等。

系统稳定性测试基于宇航型号长期工作需求,在系统环境下对系统及元器件的长时间工作稳定性及匹配性进行测试,以及对元器件的关键参数进行测试及监测,判别其参数漂移及波动性。

4. 飞行方式的主要工作项目分析

为了确定已通过地面验证的元器件在宇航的可用性,必要时可以采取飞行的方式来验证元器件的功能完成状况。由于受到航天器的质量、体积等多方面的限制,不可能像地面验证一样对元器件进行全面的验证,只能有选择性地进行验证。

飞行验证通过搭载应用验证单机,验证元器件在寿命周期内的功能状况及重要参数的漂移、退化,以达到评估元器件的在轨可用性。专项飞行验证可以分解为功能、性能测试,主要的工作环节为按飞行试验程序进行在轨试验,地面注入进行专项在轨试验,试验数据译码、存储、处理、分析,试验数据与地面试验数据比对、分析。

最终建立了飞行方式的主要工作项目,见表 3.4。

表 3.4　飞行方式的主要工作项目

序号	验证项目	目的
1	功能、性能测试	验证元器件在轨工作状态和重要参数

其中，功能、性能测试的主要验证项目及参数如下。

① 元器件工作电压、电流。

② 元器件一般功能、性能。

③ 元器件辐照特性，特别是单粒子效应检测。

④ 元器件关重参数检测，特别是长期漂移和变化趋势。

⑤ 元器件热耗，主要是功率器件。

⑥ 有、无可靠性设计措施的元器件在轨可用性比较。

在实际参数选择时，应根据元器件自身的特点和设计上的可测性，选择空间敏感参数进行。

3.5.2　工作项目确定

应用验证的工作项目确定主要依据元器件的特性和类型、航天用户需求、应用验证相关理论和验证资源条件，其中应重点考虑航天用户需求。

正是由于航天用户对元器件的基本需求包括元器件本身要满足要求、元器件应用于产品中仍要满足要求、元器件在空间环境中还要满足要求，因此，应用验证的工作内容可从元器件的三个主要方面来设置：对元器件功能和性能的验证，对元器件可靠性的验证，以及对元器件应用适应性的验证。

结合元器件生产过程要素评价指标和元器件（产品）的可靠性、功能和性能指标的要求，可以初步考虑元器件方式的应用验证的工作项目主要包括设计能力要素评价、制造工艺要素评价、过程控制要素评价、结构分析、极限评估试验、抗辐射能力评估（辐射敏感器件）、抗原子氧能力评估（必要时）、真空释气试验（必要时）。

需求导向的验证工作内容设置及分类框架如图 3.6 所示。其中，一方面，从应用验证项目实施的管理角度，可以按不同的阶段划分应用验证的工作内容，便于判断是否应转阶段；另一方面，从元器件验证内容方面考虑，可以按不同的验证方式来划分不同阶段下的验证工作内容。

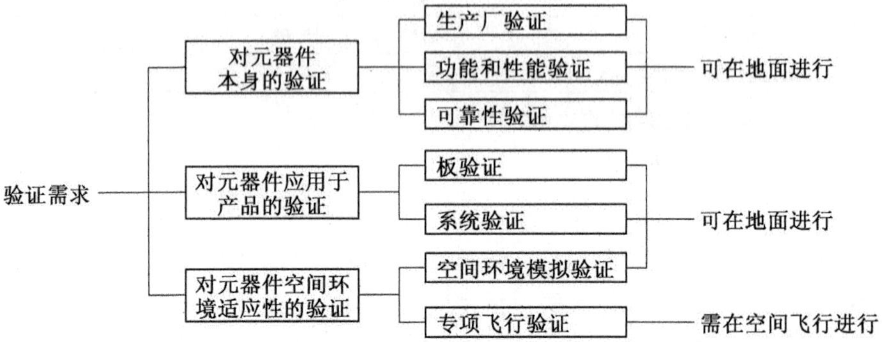

图 3.6　需求导向的验证工作内容设置及分类框架

3.5.3　工作项目的裁剪原则

应用验证的工作项目确定是针对一般元器件的，对于特殊情形的元器件，可以对工作内容中的某些验证工作项目进行裁剪。可考虑裁剪的主要情形如下。

(1) 简单。元器件结构、工艺、功能简单。

(2) 成熟。元器件工艺、材料、技术成熟，元器件研制生产单位生产体系完备，元器件多次选用并有长期的数据积累。

(3) 应用范围。元器件有条件地使用或元器件普遍使用。

基于航天需求和元器件的工作内容分析及裁剪原则如图 3.7 所示。

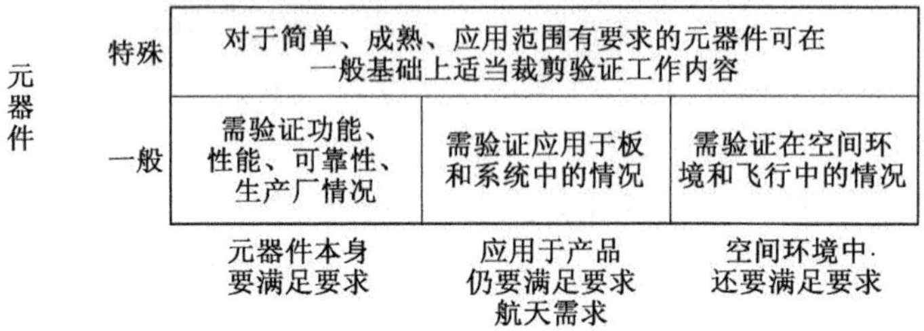

图 3.7　基于航天需求和元器件的工作内容分析及裁剪原则

3.5.4　工作分解和资源分析

1. 应用验证工作分解

在图 3.6 的框架基础上，将工作内容进一步分解和细化到工作项目和子工作项目的程度。分解细化的每一项验证工作项目及其子工作项目应满足验证方法的相对独立性，同时，同一验证工作项目可以通过不同的方式来实现。在实际的验证过程中，可考虑从资源条件和关注的重点选择相应的验证方式。

分解细化后的验证工作项目主要是为建立关联流程逻辑结构图做准备。分解细化后的子验证工作项目主要是为建立应用流程自身的逻辑结构图做准备。

2. 验证工作项目及其子工作项目逻辑关系确定

验证工作项目及其子工作项目逻辑关系的确定主要依据先后顺序，即每个验证工作项目及其子工作项目需要哪些项目完成之后才能开始。

验证工作项目基本顺序是依图3.6从上至下的先后次序，此外还应考虑下列原则。

(1) 一切逻辑关系的确定均以得出可靠验证结论为前提。

(2) 非破坏性验证工作项目应尽量安排在破坏性验证工作项目之前。

(3) 对于非昂贵样品，在权衡进度、成本和样品的基础上，可适当考虑并联以缩短工期。

(4) 重要的验证工作项目应尽可能提前进行。

(5) 资源消耗相对少的验证工作项目可适当提前开展。

(6) 保证并联的验证工作项目得出的结论是相互独立的。

3. 重要验证工作项目识别

不同的元器件有不同的验证重点。为了得出有价值的验证结论，需识别出这些重要的验证工作项目。应用验证流程中的重要验证工作项目主要包括下列几项。

(1) 具有一票否决指标的验证工作项目，这将成为应用验证结果评价的关键评价点。

(2) 对整个应用验证质量起关键作用的验证工作项目，这将成为质量管理的关键质量控制点。

(3) 对整个应用验证的质量、工期、费用等起关键作用和阶段结束等的验证工作项目，这将成为项目管理的关键评审点。

4. 验证工作项目及其子工作项目资源和准备条件分析

应用验证资源分析主要是为了流程优化的需要，主要有两方面内容：一方面，确定各验证工作项目及子项目所需时间、样品，需要时，还可添加设备、人员、经费等资源；另一方面，分析各验证工作项目之间资源复用的情况。

准备条件分析主要是为了明确各验证工作项目开展前的准备工作，包括验证用的设备、检测系统、样品状态等。为了确保项目顺利实施和程序流转，需要加强各验证工序之间的协调。

5. 应用验证工作分解表

应用验证工作分解和资源分析的结果用工作分解表表示，工作项目的工作分解表由基于航天用户要求的验证方式、验证工作项目及其先后关系、所需时间和样品组成。如有需要，还可添加其他资源，应用验证工作项目工作分解表见表3.5。子工作项目的工作分解表由验证工作项目、子验证工作项目及其先后关系、所需时间和样品组成，如有需要，还可添加其他资源一栏。应用验证子验证工作项目工作分解表见表3.6。

表3.5　应用验证工作项目工作分解表

阶段	验证工作项目	紧前验证工作项目	样品	工时/天	其他

表3.6　应用验证子验证工作项目工作分解表

验证工作项目	子验证工作项目	紧前子验证工作项目	样品	工时/天	其他

3.5.5　应用验证与相关流程的相关性分析

1. 相关流程调研与分析

调研与分析至少应包括对元器件研制、质量保证和宇航型号研制三个主要流程的分析。

(1) 各相关流程的工作项目及其先后关系。

(2) 各相关流程工作项目的工时。

(3) 各相关流程对元器件的验证需求。

(4) 各相关流程对应用验证切入和反馈的意见(何时提交、提交何内容)。

相关流程分析主要是分析哪些工作项目与应用验证相关。为了能清晰直观地反映各相关流程与应用验证流程之间的联系，不相关的工作项目可适当合并。可不合并的主要情形如下。

(1) 元器件研制流程、质量保证流程和宇航型号研制流程之间有先后关系的工作项目。

(2) 有反馈或切入关系的工作项目。

(3) 阶段性的工作项目(如初样、正样等)。

2. 应用验证与相关流程的切入点和反馈点确定

元器件研制流程切入点确定主要根据用户对元器件本身的验证要求以及研制生产单位的验证需求。一般来说，应用验证与元器件研制流程可能的切入点有初样、正样、鉴定。元器件质量保证流程切入点确定主要是根据元器件在正样状态下的验证结果(若反馈结果认为需要进一步验证，则应在质量保证阶段补充验证)。可能的切入点有监制。宇航型号研制流程切入点确定主要是根据用户对元器件应用于产品、空间环境适应性的验证要求以及宇航型号研制单位的验证需求。可能的反馈点会有很多,可根据验证内容的需要,结合型号的研制进度以及资源情况确定相应的切入点。

元器件研制流程反馈点主要根据研制生产单位对验证的要求(何时提交、提交何内容)确定。一般来说,应用验证与元器件研制流程可能的反馈点有正样、设计定型。元器件质量保证流程反馈点的确定主要是根据质量保证单位对验证的要求,可能的反馈点有到货检验和补充筛选。宇航型号研制流程反馈点的确定主要根据型号各阶段对元器件的验证需求,可能的反馈点有电装。

此外,还应遵循下列基本原则。

(1) 在验证条件具备的情况下,应尽早开展相关验证工作项目。

(2) 切入的验证工作项目应能得出可靠的验证结论。

(3) 切入的验证工作项目应能充分满足用户的验证要求。

(4) 应用验证的结果应尽早反馈给相关单位。

(5) 尽量借用相关流程的资源。

3. 相关流程的工作分解表

元器件研制流程、质量保证流程、宇航型号研制流程的调研分析结果以及与应用验证的切入、反馈关系可用相关流程的工作分解表表示。该工作分解表由工作项目、紧前工作项目及其所需时间等组成,元器件研制、质量保证和宇航型号研制流程工作分解表见表3.7。

表3.7 元器件研制、质量保证和宇航型号研制流程工作分解表

工作项目	紧前工作项目	之后切入的验证工作项目	之前反馈的验证工作项目	工时/天

3.5.6 一般通用元器件应用验证工作分析典型示例

1. 工作分解和资源分析

(1) 一般通用元器件的应用验证工作分解。

① 根据图3.6,用户主要关注元器件的三方面验证内容,即对元器件功能和性能的验证、对元器件可靠性的验证以及对元器件应用适应性的验证。其中元器件验证方式主要可用来验证元器件的功能、性能和固有可靠性;板验证方式和系统验证方式主要可用来验证元器件的功能、性能和应用环境适应性;飞行验证方式主要可用于验证空间环境综合应力作用下元器件的适应性,没有特殊要求时,可不进行飞行验证,采取在地面上模拟空间环境的相关应力,实现对元器件应用适应性的验证。

② 根据3.5.2节的分解依据,将应用验证分解为具体的验证工作项目。元

器件阶段的验证工作项目主要包括生产厂宇航元器件研制要素调研分析、产品设计和工艺评价、结构分析、极限评估试验、抗辐射能力评估、抗原子氧能力评估、真空释气情况评估等；元器件阶段可考虑采用元器件验证方式和板验证方式来实现。地面整机阶段的项目主要包括元器件装联验证、应用功能和性能测试分析、热学环境试验、力学环境试验、系统适应性试验、稳定性测试等；地面整机阶段可考虑采用板方式和系统方式来实现。飞行阶段的项目主要包括规定程序在轨试验，地面注入进行专项在轨试验，试验数据解码、存储、处理、分析，飞行与地面试验数据比对分析等；飞行阶段可考虑采用专项飞行方式来实现。

在验证工作项目确定的情况下进一步将其划分到子验证工作项目。

(2) 验证工作项目及其子验证工作项目逻辑关系确定。

① 研制生产单位宇航元器件研制要素调研分析、产品设计和工艺评价属于先期的调研工作，对后期验证工作项目的实施有指导意义，并且所占用的资源相对较少，可以提前开展。

② 结构分析具有一票否决的属性，属于重要的验证工作项目。结合元器件的研制过程，可对初样状态下的元器件进行先期的结构分析，降低元器件后期研制的风险。若元器件的工艺状态发生变化，还需对正样状态下的元器件进行结构分析，保证元器件研制的一致性。若元器件设计定型的状态发生变化，在资源充分和时间充足的情况下，也可考虑在质量保证的过程中对元器件进行正样结构分析验证。为了缩短验证时间，研制生产单位宇航元器件研制要素调研分析、产品设计和工艺评价及初样结构分析可以考虑并行。

③ 功能和性能测试属于比较基本的验证工作项目，可作为后续验证工作项目开展的前提，并且不会破坏样品，可以继续使用，没有特殊要求，可考虑对正样状态下的元器件进行全面的测试。必要时，还可以开展比对测试。极限评估试验、抗辐射能力评估、抗原子氧能力评估、真空释气、正样结构分析均为破坏性试验，样品并不能复用，也可考虑并行。

④ 应用验证工作项目工作分解表见表 3.8。

⑤ 应用验证子验证工作项目工作分解表见表 3.9。

(3) 验证工作项目及其子工作项目资源和准备条件分析。

① 各项验证工作项目及子验证工作项目所需的样品、工时见表 3.8 和表 3.9。

② 研制生产单位宇航元器件验证要素调研分析、产品设计和工艺评价不需要样品，占用资源少；功能和性能测试所用样品可复用于结构分析、极限评估试验、抗辐射能力评估、抗原子氧能力评估、真空释气验证工作项目；结构分析、极限评估试验、抗辐射能力评估、抗原子氧能力评估、真空释气之间的样品一般情况下不能复用。

③ 板验证和系统验证应尽量结合型号试验安排进行，避免资源的重复建设。

表 3.8 应用验证工作项目工作分解表

阶段	验证工作项目	紧前验证工作项目	样品	工时/天
元器件阶段应用验证	研制生产单位宇航元器件验证要素调研分析		0	1
	产品设计和工艺评价		0	1
	初样结构分析		5	30
	功能和性能测试（元器件方式）		3	3
	比对测试		3	3
	正样结构分析	功能和性能测试（元器件方式）、比对测试	5	30
	极限评估试验	功能和性能测试（元器件方式）、比对测试	21	40
	抗辐射能力评估（元器件方式或板方式）	功能和性能测试（元器件方式）、比对测试	14	90
	抗原子氧能力评估	功能和性能测试（元器件方式）、比对测试		60
	真空释气（元器件方式或板方式）	功能和性能测试（元器件方式）、比对测试		30
	正样结构分析验证		5	15
地面阶段应用验证	元器件装联验证（初样）		1/3/5	2
	功能和性能测试（初样）（板方式或系统方式）	元器件装联验证（初样）	1/3/5	11
	元器件装联验证（正样）		1/6/10	2
	功能和性能测试（正样）（板方式或系统方式）	元器件装联验证（正样）	1/6/10	11
	热环境测试	功能和性能测试（正样）	1/6/10	14
	元器件装联验证		1/6/10	2
	功能和性能测试	元器件装联验证	1/6/10	11
	力试验	功能和性能测试	1/6/10	3
	热试验	力试验	1/6/10	23
	稳定性测试	热试验	1/6/10	10
	系统适应性测试		1/4/6	2
	系统适应性试验	系统适应性测试	1/4/6	20
	系统稳定性测试	系统适应性试验	1/4/6	10

续表 3.8

阶段	验证工作项目	紧前验证工作项目	样品	工时/天
飞行阶段应用验证	按飞行试验程序进行在轨试验		1/1/2	寿命周期内
	地面注入进行专项在轨试验	按飞行试验程序进行在轨试验		
	试验数据解码、存储、处理、分析	地面注入进行专项在轨试验		
	飞行与地面试验数据比对分析	试验数据解码、存储、处理、分析		

表 3.9　应用验证子验证工作项目工作分解表

验证工作项目	子验证工作项目	紧前子工作项目	样品	工时/天
研制生产单位宇航元器件验证要素调研分析	质量保证能力			1
	生产供货能力			1
产品设计和工艺评价	设计评价			1
	工艺评价			1
初样结构分析	器件标识信息和标识方式评价		3	1
	器件封装设计、结构分析评价	器件标识信息和标识方式评价	2	2
	芯片设计和结构分析	器件封装设计、结构分析评价	1	9
	器件热分布分析	器件标识信息和标识方式评价或者器件封装设计、结构分析评价	3	5
	器件力学强度分析	器件标识信息和标识方式评价	3	5
	主要结构的工艺可靠性分析(工艺基线分析)	无要求	3	8
	材料分析	器件标识信息和标识方式评价或芯片设计和结构分析	2	2
	应用于空间环境的设计结构可靠性分析(辐射、真空、高低温等)	芯片设计和结构分析	1	5
	失效模式分析	应用于空间环境的设计结构可靠性分析(辐射、真空、高低温等)	1	10

续表 3.9

验证工作项目	子验证工作项目	紧前子工作项目	样品	工时/天
功能和性能测试				
比对测试				
正样结构分析	器件标识信息和标识方式评价		3	0.5
	器件封装设计、结构分析评价	器件标识信息和标识方式评价	2	1
	芯片设计和结构分析	器件封装设计、结构分析评价	1	8
	器件热分布分析	器件标识信息和标识方式评价或者器件封装设计、结构分析评价	3	5
	器件力学强度分析	器件标识信息和标识方式评价	3	5
	主要结构的工艺可靠性分析(工艺基线分析)	无要求	3	2
	材料分析	器件标识信息和标识方式评价或芯片设计和结构分析	2	2
	应用于空间环境的设计结构可靠性分析(辐射、真空、高低温等)	芯片设计和结构分析	1	3
	失效模式分析	应用于空间环境的设计结构可靠性分析(辐射、真空、高低温等)	1	2
极限评估试验	温度应力极限评估试验		3	40
	功率应力极限评估试验		3	40
	工作电压极限评估试验		3	1
	综合应力极限评估试验		3	40
	封装极限评估试验		3	1
	静电放电试验		3	0.5
	其他评估试验		3	3
抗辐射能力评估	抗电离总剂量辐射评估试验		5	90
	单粒子试验		3	5
	位移损伤试验		3	60
	抗人为辐射评估试验		3	60

续表 3.9

验证工作项目	子验证工作项目	紧前子工作项目	样品	工时/天
抗原子氧能力				
真空释气				
正样结构分析验证				
元器件装联验证(初样)	焊点检查(目检、X 射线检验等)		1	0.5
	热冲击	焊点检查(目检、X 射线检验等)	1	1
	加速度	热冲击	1	0.5
功能、性能测试(初样)	常规电性能测试	加速度	2	1
	关重项目测试	常规电性能测试	2	2
	插拔替换	关重项目测试	1	1
	拉偏测试	插拔替换	2	1
	专用特性验证	拉偏测试	2	2
	软硬件兼容性	专用特性验证	2	2
	极限电性能测试	软硬件兼容性	2	2
元器件装联验证(正样)	焊点检查(目检、X 射线检验等)		1	0.5
	热冲击	焊点检查(目检、X 射线检验等)	1	1
	加速度	热冲击	1	0.5
功能、性能测试(正样)	常规电性能测试	加速度	2	1
	关重项目测试	常规电性能测试	2	2
	插拔替换	关重项目测试	1	1
	拉偏测试	插拔替换	2	1
	专用特性验证	拉偏测试	2	2
	软硬件兼容性	专用特性验证	2	2
	极限电性能测试	软硬件兼容性	2	2
热环境测试	热循环试验	功能、性能测试(正样)	2	12
	热冲击试验	热循环试验	2	2
元器件装联验证	焊点检查(目检、X 射线检验等)		1	0.5
	热冲击	焊点检查(目检、X 射线检验等)	1	1
	加速度	热冲击	1	0.5

续表 3.9

验证工作项目	子验证工作项目	紧前子工作项目	样品	工时/天
功能、性能测试	常规电性能测试	加速度	2	1
	关重项目测试	常规电性能测试	2	2
	插拔替换	关重项目测试	1	1
	拉偏测试	插拔替换	2	1
	专用特性验证	拉偏测试	2	2
	软硬件兼容性	专用特性验证	2	2
	极限电性能测试	软硬件兼容性	2	2
力试验	恒定加速度试验	极限电性能测试	2	1
	正弦振动	恒定加速度试验	2	1
	随机振动试验	正弦振动	2	1
热试验	热循环试验	随机振动试验	2	12
	热平衡试验	热循环试验	1	4
	热冲击试验	热平衡试验	2	2
	热真空试验	热冲击试验	2	5
稳定性测试		热真空试验		
系统适应性测试				
系统适应性试验		系统适应性测试		
系统稳定性测试		系统适应性试验		
按飞行试验程序进行在轨试验				
地面注入进行专项在轨试验		按飞行试验程序进行在轨试验		
试验数据解码、存储、处理、分析		地面注入进行专项在轨试验		
飞行与地面试验数据比对分析		试验数据解码、存储、处理、分析		

注：单粒子试验包括抗单粒子翻转辐射评估试验和抗单粒子锁定辐射评估试验；没进行子项目分解的项目的工时和样品不在此表列出。

④ 元器件板级检测系统研制是板验证方式的准备条件，应在板验证方式之前完成。

⑤ 系统验证用单机及检测系统研制是系统验证方式的准备条件，应在系统验证方式之前完成。

⑥ 为了节约资源，系统验证用单机及检测系统研制可在元器件板级及检测系统研制改造的基础上得到。

⑦ 板验证和系统验证中的一些重要验证工作项目需要编制专门的方案报告，验证完成后需要总结，需对方案、总结进行评审。

2. 应用验证与相关流程的相关性分析

本章主要是针对应用验证流程与元器件研制流程、元器件质量保证流程、宇航型号研制流程的相关性分析。为了指导相关人员进行总体设计，本章仅举例进行说明。考虑到元器件研制流程、质量保证流程和宇航型号研制流程时间的不可控，决定采用示范性的数据予以表示。

(1) 相关流程调研与分析。

① 元器件研制生产单位需要标准及确认之前获得初样验证的结果、设计定型前获得正样验证的结果；质量保证单位需要在到货检验和补充筛选之前获得质量保证验证的结果，且质量保证的监制是在元器件研制生产单位交货批生产的过程中进行的，在交货批生产和监制之后才可以验收；型号的电性件需要鉴定确认的元器件，鉴定件需要通过质量保证和应用验证的元器件，且正样件与鉴定件所用元器件状态一致。

② 质量保证单位的到货检验与应用验证无关，可将到货检验和补充筛选合并。将宇航型号中电性件的详细设计和可靠性设计、设计评审、投产合并为设计和投产，将出厂(所)检验、出厂(所)质量评审、验收测试、验收评审合并为出厂(所)工作。

将鉴定件的详细设计和可靠性设计、设计评审、投产合并为设计和投产，将清洗、三防和固封合并为固封，将冲击、振动、加速度试验、热循环和热真空试验合并为力热环境试验，将分系统测试、分系统间联试、总装测试、整星试验和分系统对接试验合并为系统测试试验。

将正样件的详细设计和可靠性设计、设计评审、投产合并为设计和投产，将出厂(所)质量评审、验收测试和验收评审合并为出厂(所)工作，将系统测试试验、软件固化和补充老炼试验等合并为系统测试试验。

③ 某专项元器件研制流程、某专项元器件质量保证流程和某类宇航型号研

制流程的各工作项目及其先后关系见表 3.10 ～ 3.12。其中，工时仅仅作为参考，相关人员应根据实际情况确定。

(2) 应用验证与元器件研制、质量保证流程和宇航型号研制流程的切入点和反馈点确定。

① 由于元器件研制生产单位需要在标准及确认之前获得研制生产单位是否具有生产满足宇航应用的元器件的资格，可以在初样之后切入研制生产单位宇航元器件验证要素调研分析、产品设计和工艺评价。为了尽早确定元器件是否满足宇航应用的要求，还可以切入结构分析和板验证的验证工作项目即元器件装联验证、功能和性能测试。验证结果可在标准及确认之前反馈。

元器件研制生产单位需要在设计定型之前获得正样状态下的元器件是否能很好地满足宇航应用对功能、性能方面的要求，可以在评测及确认之后切入功能、性能测试和比对测试。验证结果可在设计定型之前反馈。

② 元器件质量保证单位需要在到货检验和补充筛选之前获得元器件的验证结果，可以在监制之后切入结构分析。验证结果可在到货检验和补充筛选之前反馈。

为了能够较好地满足型号的使用要求，综合考虑选取最终状态的元器件作为验证的状态，即切入点可选在发放之后；切入的验证工作项目包括元器件装联验证、功能和性能测试、力试验、热试验、稳定性测试、系统适应性测试、系统适应性试验、系统稳定性测试。

③ 为有效控制国产元器件研制对宇航型号的风险，型号电性件一般使用通过鉴定确认的元器件，型号鉴定件一般与飞行用正样件的技术状态一致。型号鉴定件应该使用通过验证的元器件，从型号研制流程上看，应在鉴定件电装之前完成板验证和系统验证，形成明确的地面验证结论，以确保飞行验证的质量。

④ 飞行阶段的验证工作项目应在完成在轨测试之后进行，同时在型号在轨交付用户之前应保证飞行验证设备和所验证元器件的工作状态正常。一般来说，交付用户场管至型号寿命期内，元器件一直要进行连续的在轨试验。故在在轨测试之前后，应切入按飞行试验程序进行在轨试验这一验证环节。

(3) 典型元器件研制流程、典型元器件质量保证流程以及典型宇航型号研制流程的调研分析结果以及与应用验证的切入反馈关系见表 3.10 ～ 3.12。

表 3.10　典型元器件研制流程工作分解表

工作项目	紧前工作项目	之后切入的验证工作项目	之前反馈的验证工作项目	工时/天
立项				90
实施方案	立项			150
初样	实施方案	研制生产单位宇航元器件验证要素调研分析、产品设计和工艺评价、初样结构分析、元器件装联验证(初样)		330
初样产品确认	初样			30
标准及确认	初样产品确认		研制生产单位宇航元器件验证要素调研分析、产品设计和工艺评价、初样结构分析、功能性能测试(初样)	3
正样	标准及确认			240
评测及确认	正样	功能和性能测试、比对测试		30
鉴定试验	评测及确认			60
鉴定确认	鉴定试验			3
阶段验收	鉴定确认			30
设计定型	鉴定确认		正样结构分析、极限评估试验、抗辐射能力评估、抗原子氧能力、真空释气、热环境测试	90
交货批生产	设计定型			180

表 3.11　典型元器件质量保证流程工作分解表

工作项目	紧前工作项目	之后切入的验证工作项目	之前反馈的验证工作项目	工时/天
监制	设计定型(元器件研制流程)	正样结构分析验证		3
验收	监制、交货批生产(元器件研制流程)			5
到货检验和补充筛选	验收		正样结构分析验证	15
发放	到货检验和补充筛选	元器件装联验证		1

表 3.12　典型宇航型号研制流程工作分解表

阶段	工作项目	紧前工作项目	之后切入的验证工作项目	之前反馈的验证工作项目	工时/天
立项					365
模样件		立项			
电性件	设计和投产	模样件			81
	电装	设计和投产、阶段验收(元器件研制流程)			15
	调试测试	电装			21
	清洗封盖	调试测试			2
	出厂(所)工作	清洗封盖			8
	系统测试	出厂(所)工作			30
鉴定件	设计和投产	系统测试			66
	电装	设计和投产		系统稳定性测试	15
	调试测试	电装			
	单板 ESS	调试测试			
	合拢	单板 ESS			
	整机 ESS	合拢			
	环境试验	整机 ESS			
	磁试验	环境试验			
	EMC 试验	磁试验			
	出厂(所)工作	EMC 试验			
	系统测试试验	出厂(所)工作			
正样件	设计和投产	系统测试试验			
	电装	设计和投产			
	调试测试	电装			
	清洗、三防、固封	调试测试			
	测试	清洗、三防、固封			
	力热环境试验	测试			
	出厂(所)工作	力热环境试验			
	系统测试试验	出厂(所)工作			

续表 3.12

阶段	工作项目	紧前工作项目	之后切入的验证工作项目	之前反馈的验证工作项目	工时/天
	正样星出厂及发射	系统测试试验			
	在轨测试	发射	按飞行试验进行在轨试验		
	交付用户场管	在轨测试		飞行与地面试验数据比对分析	

注：鉴定件之后工作项目的工时对于应用验证流程的优化没有关系，可不填工时。

3.6 应用验证流程逻辑结构的建立

应用验证工作项目及其逻辑关系组成了应用验证流程，本节通过单代号网络图的绘制方法，结合应用验证 — 元器件 — 宇航型号的关联流程逻辑结构，形成一般通用元器件应用验证流程逻辑结构并建立典型示例。

3.6.1 流程逻辑结构的建立

1.单代号网络图的绘制方法

由于应用验证流程主要是由验证工作项目及其逻辑关系所组成，并且需要进行优化计算，适于采用网络图的形式表示，而单代号网络图更加简单和便于使用软件，因此，可采用单代号网络图作为应用验证流程逻辑结构的表达模型。

为便于理解，下面以一简单项目为例，说明单代号网络图的绘制方法。某验证项目工作分解表见表 3.13。

(1) 依据表 3.13 中“验证工作项目”和“紧前工作项目”两列绘制网络图。

以方框表示验证工作项目，箭线表示工作项目间的先后逻辑关系，并将各工作项目名称标于方框内，表示方法如图 3.8 所示。

表 3.13 某验证项目工作分解表

验证工作项目	紧前工作项目	工时/天
A	—	2
B	A	4
C	A	2
D	B、C	5
E	D	3

(2) 从无紧前工作项目的工作项目开始绘制，本工作分解表中，无紧前工作项目的为 A，则以其为起始点，然后顺次绘制以 A 为紧前项目的工作项目。表 3.13 中，以 A 为紧前项目的工作项目有 B 与 C，则 B 与 C 为并联关系，用网络图表示，如图 3.9 所示。

图 3.8 验证工作项目绘制示意图

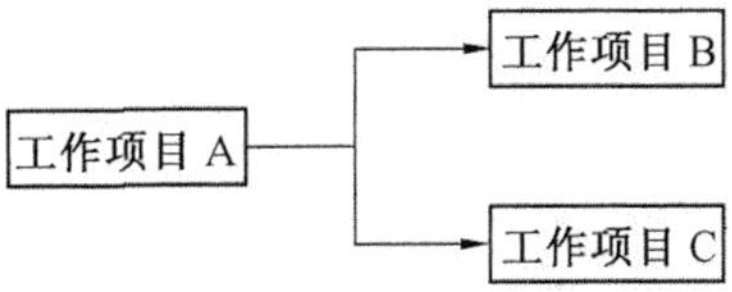

图 3.9 并联工作绘制示意图

(3) 依此类推，根据工作项目的逻辑关系顺次绘制所有工作项目直至完成。最终所得网络图如图 3.10 所示。

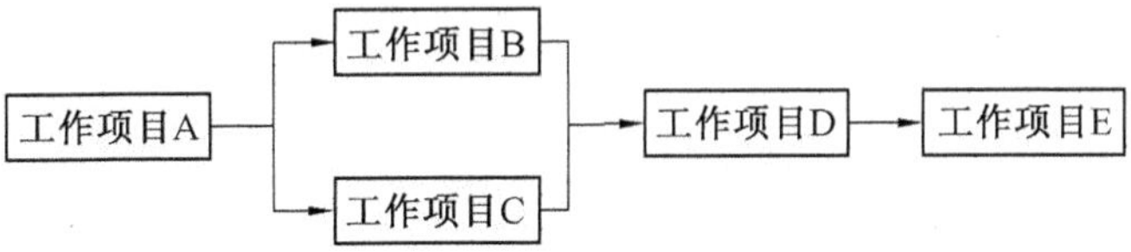

图 3.10 某验证项目单代号网络图

以上网络图绘制过程也可用 Microsoft Visio 软件完成。此外，还可将工作分解表中相应内容输入 Microsoft Project 软件中，自动生成网络图，但 Project 生成的网络图不够直观，故可根据实际需要选用适合的绘制方法。

2. 应用验证－元器件－宇航型号关联流程逻辑结构建立

应用验证－元器件－宇航型号关联流程（简称关联流程）一般建立过程如下。

(1) 应用验证及其相关流程逻辑结构的建立。

① 宇航型号研制流程、元器件研制流程和质量保证流程逻辑结构的建立。根据三个相关流程各自的工作分解表（表 3.7）中“工作项目”及“紧前工作项目”两列，按照紧前关系依次分别绘制宇航型号研制流程、元器件研制流程、质量保证流程及三者间的关联关系。

② 应用验证流程逻辑结构的建立。依据应用验证验证工作项目工作分解表（表 3.5），绘制应用验证流程。从元器件阶段开始，根据“验证工作项目”和“紧前验证工作项目”两列，同样以无紧前工作项目的工作项目为起始节点，依次绘制直至飞行阶段各验证工作项目完成。

(2) 绘制切入反馈关系。

依据元器件研制（质量保证／宇航型号研制）流程工作分解表（表 3.7）中“之

后切入的验证工作项目”一列，从有切入关系的工作项目向下引虚箭线至该验证工作项目前，再根据“之前反馈的验证工作项目”一列，从该应用验证工作项目后引向上的虚箭线至相关流程中有反馈关系的对应工作项目前，直至表中所有切入反馈关系都正确反映在图中。

至此，关联流程逻辑结构已建立完成，对已建立的流程逻辑图进行详细的检查，确认各工作关系无混乱，工作内容无遗漏、无重复，切入点和反馈点均正确。

3. 包含子项目的应用验证流程逻辑结构的建立

为便于实际工作参考，需要将某些验证工作项目进一步划分成子项目，建立包含子验证工作项目的应用验证流程。

由于此处所建立的应用验证流程各验证项目间的逻辑关系与关联流程中的完全相同，只是将各验证项目适当展开，故绘制时只需依据应用验证子验证工作项目工作分解表（表 3.6）中“验证工作项目”和“子验证工作项目”两列找出各验证工作项目所包含的子项目，然后根据“紧前子验证工作项目”一列找出各子项目间的逻辑关系，按照单代号网络图的绘制方法分别绘制各项验证工作的子项目，直至表中所列子工作项目都绘制完成即可。

3.6.2　一般通用元器件应用验证流程逻辑结构建立典型示例

1. 一般通用元器件应用验证 — 元器件 — 宇航型号关联流程逻辑结构建立典型示例

下面以一般通用元器件关联流程逻辑结构建立过程为例进行详细的阐述。

(1) 一般通用元器件应用验证及其相关流程逻辑结构的建立。

① 相关流程逻辑结构的建立。分别依据表 3.12、表 3.10、表 3.11 的“工作项目”及“紧前工作项目”两列，依次绘制一般通用元器件宇航型号研制流程、元器件研制流程、元器件质量保证流程及三者间的相互关系。

取表 3.12 中局部作为示例，见表 3.14。在绘图前，首先需注意以下两个方面。

表 3.14　典型宇航型号研制流程工作分解表局部

阶段	工作项目	紧前工作项目
立项		
模样件		立项
电性件	设计和投产	模样件
	电装	设计和投产、阶段验收（元器件研制流程）
	调试测试	电装
	清洗封盖	调试测试
	出厂（所）工作	清洗封盖
	系统测试	出厂（所）工作

a. 表中立项与模样件两行所对应的“工作项目”一列为空，是由于立项与模样件阶段与应用验证工作无关，故将其中所有项目合并打包，仅用阶段代替。因此，在此流程中，立项与模样件也被视为工作项目，其他表中若有相似情况，均做同等处理。

b. 在参考“紧前工作项目”一列时，需注意该列中鉴定确认后括弧内标有“元器件研制流程”字样，则表示此工作项目为元器件研制流程中与宇航元器件研制流程相关联的工作项目，而非宇航型号研制流程自身的项目。因此，在单独建立型号研制流程时，需将该列中标注“元器件研制流程”“质量保证流程”字样的工作项目排除。同样，其他流程中有类似情况的亦做同样处理。

在注意以上两点的前提下，便可开始建立流程逻辑结构。该表中，无紧前工作项目的为立项，则立项为该流程起始节点，之后以其为紧前项目的为模样件，则以立项为箭线起始点，模样件为箭头指向处画箭线代表流程的前进方向。而后依次绘制电性件、鉴定件、正样件等各阶段的工作项目直至最后一项绘制完成，并可用虚线框将该流程电性件、鉴定件、正样件等各阶段分隔，在其正上方标注各阶段名称以加强流程的可读性。图3.11为依据表3.14建立的逻辑结构图。

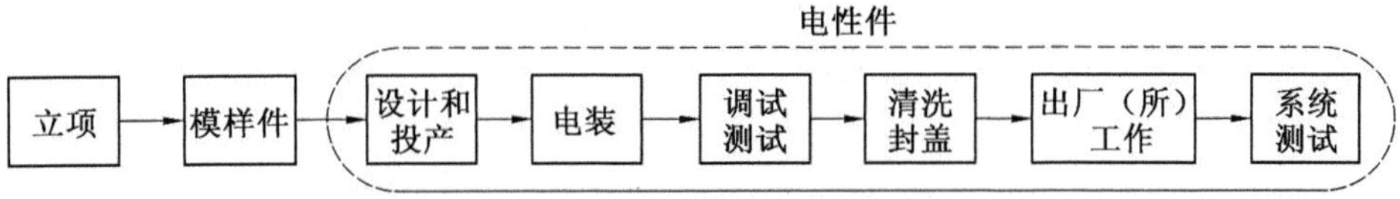

图3.11　某类宇航型号研制流程局部逻辑结构图

同样，分别依据表3.10和表3.11绘制元器件研制流程和质量保证流程逻辑结构图。

元器件研制流程、质量保证流程和宇航型号研制流程绘制完成后，还需将三者的关联关系反映在图中。以表3.15某专项元器件质量保证流程工作分解表的一部分为例来说明。

依据该表中“紧前工作项目”一列中标有“元器件研制流程”的工作项目绘制质量保证流程与研制流程的关联关系。本流程中，元器件研制流程的设计定型为质量保证流程中监制的紧前工作项目，元器件研制流程的交货批生产为质量保证流程中验收的紧前项目，见表3.15，其对应的关联关系绘制方法图如图3.12所示。同样，依据表3.12中“紧前工作项目”一列中标注有其他两个流程的工作项目绘制三者的相关关系。

表 3.15　某专项元器件质量保证流程工作分解表局部

工作项目	紧前工作项目
监制	设计定型(元器件研制流程)
验收	监制、交货批生产(元器件研制流程)

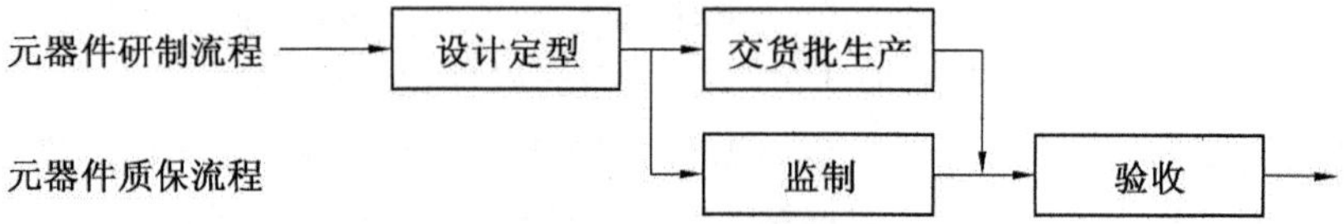

图 3.12　关联关系绘制方法图

② 建立元器件应用验证流程逻辑结构。依据表 3.8 中“验证工作项目”及“紧前验证工作项目”两列绘制一般通用元器件应用验证流程逻辑结构。此处以应用验证流程工作分解表局部即表 3.16 来进行详细说明。

a. 从无紧前工作项目的工作项目开始,依次绘制直至所有项目完成。在表 3.16 中,无紧前工作项目的有多个,如研制生产单位宇航元器件验证要素调研分析、产品设计和工艺评价、初样结构分析、元器件装联验证(初样)之前均无紧前工作项目,则此四个验证工作项目可为并联关系,对应逻辑关系的建立可参照如图 3.13 所示的并联关系绘制示例图。

表 3.16　应用验证流程工作分解表局部

验证工作项目	紧前验证工作项目
研制生产单位宇航元器件验证要素调研分析	
产品设计和工艺评价	
初样结构分析	
元器件装联验证(初样)	
功能、性能测试(初样)(板方式或系统方式)	元器件装联验证(初样)

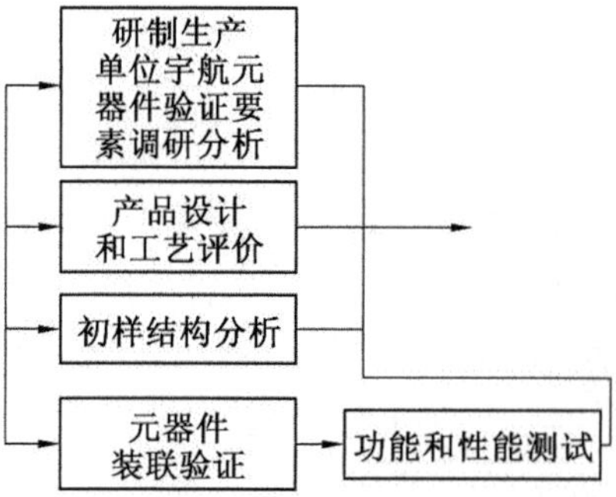

图 3.13　并联关系绘制示例图

b. 绘制时应注意，同一验证工作项目可能在不同元器件状态下多次进行，如在元器件初样、正样状态下均进行元器件装联验证这一验证工作项目。因此，绘制时需根据该验证项目后括号内所标状态加以区分。

c. 同时，在已建立的网络图中，若有因流程的不确定性所引起的局部验证工作项目的调整，则可对相应验证工作项目标注“或”或者“必要时”，并用虚线框特别标识。如元器件验证中的正样结构分析验证是非必要工作，视验证工作实际进行情况而定，则可用虚框标识，并在框内用红色字体标注“必要时”，“必要时”标注示例如图3.14 所示。

图 3.14　“必要时”标注示例

应用验证流程逻辑结构图绘制完毕后，可将元器件阶段应用验证、地面整机阶段应用验证、飞行阶段应用验证三个阶段对应逻辑结构图各阶段标注于逻辑结构图上，以便于清晰表达与后续分析。

(2) 绘制切入反馈关系。

分别根据表 3.10、表 3.11 和表 3.12 三个相关流程的工作分解表中“之后切入的验证工作项目”“之前反馈的验证工作项目”两列确定切入和反馈关系。若相关流程的工作项目所对应的“之后切入的验证工作项目”一列非空，则从此工作项目后引向下的虚箭线到该列内相应的验证工作项目前；若对应的“之前反馈的验证工作项目”一列为非空，则从该列内验证工作项目后引向上的虚箭线到该工作项目前。

以元器件研制流程工作分解表的一部分为例，某专项元器件研制流程工作分解表局部见表 3.17，其中包括一项切入、一项反馈。元器件研制流程初样后切入的验证工作项目有研制生产单位宇航元器件验证要素调研分析、产品设计和工艺评价、初样结构分析、元器件装联验证(初样)，则从初样后引向下的虚箭线到这些验证工作项目前；而标准及确认之前反馈的验证工作项目有研制生产单位宇航元器件验证要素调研分析、产品设计和工艺评价、初样结构分析、功能和性能测试(初样) 验证工作项目，则从这几项验证工作项目后引向上的虚箭线到标准及确认前。这些切入反馈关系的绘制示例图如图 3.15 中虚线所示。

表 3.17　某专项元器件研制流程工作分解表局部

工作项目	之后切入的验证工作项目	之前反馈的验证工作项目
立项		
实施方案		
初样	研制生产单位宇航元器件验证要素调研分析、产品设计和工艺评价、初样结构分析、元器件装联验证（初样）	
初样产品确认		
标准及确认		研制生产单位宇航元器件验证要素调研分析、产品设计和工艺评价、初样结构分析、功能和性能测试（初样）

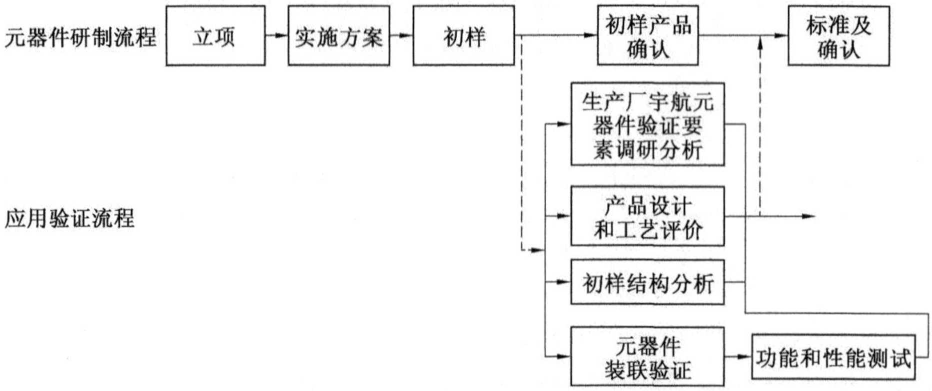

图 3.15　切入反馈关系的绘制示例图

最后，对照各流程工作分析表对所建立的逻辑关系图进行详细检查，若有问题可及时调整，直至无误。同时，对整体布局进行调整，使得流程图易于参考，一般通用元器件应用验证－元器件－宇航型号关联流程逻辑结构图如图 3.16 所示。

2. 包含子项目的应用验证流程逻辑结构建立典型示例

在完成一般通用元器件关联流程的逻辑结构图后，应用验证流程各验证工作项目间的逻辑关系也已一目了然，此时，便可依据表 3.9 建立更具体的应用验证流程逻辑结构作为实际工作的参考。具体步骤如下。

(1) 将关联流程图中的应用验证流程单独列出。

由于各验证工作项目间的关系已经确定，因此，只需将需要分解的验证工作项目展开即可。

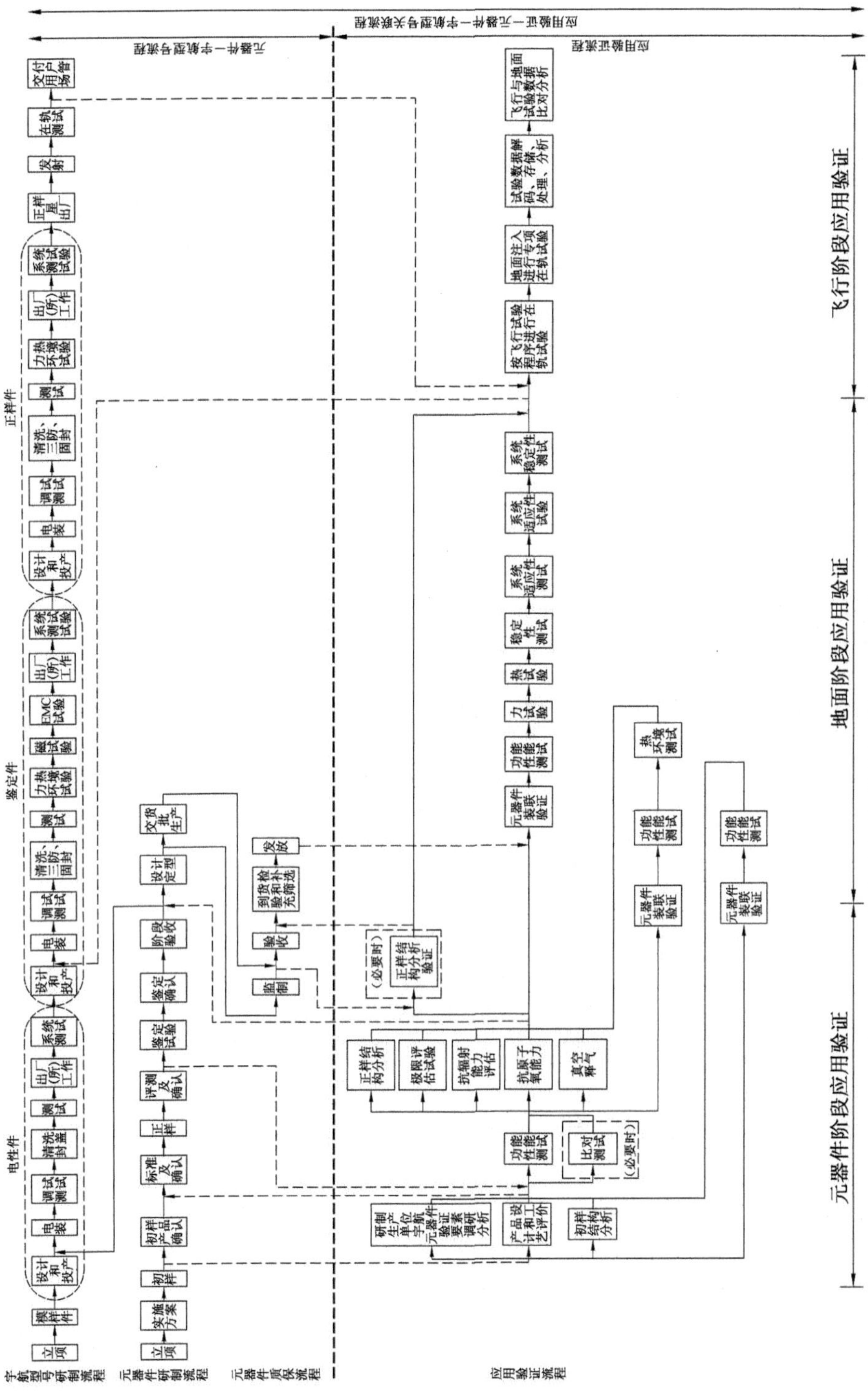

图3.16　一般通用元器件应用验证—元器件—宇航型号关联流程逻辑结构图

(2) 绘制子工作项目及它们的逻辑关系。

依据表 3.9 中“验证工作项目”一列，从第一个验证工作项目开始，将其当作一个单独的项目，根据其对应的“验证子工作项目”及“紧前子工作项目”绘制出所包含的子工作项目及在工作项目内部的逻辑关系，以表 3.9 中一部分为例，见表 3.18。

表 3.18　应用验证子验证工作项目工作分解表局部

验证工作项目	验证子工作项目	紧前子工作项目
研制生产单位宇航元器件验证要素调研分析	质量保证能力	
	生产供货能力	

表 3.18 中，验证工作项目研制生产单位宇航元器件验证要素调研分析所包含的子项目有质量保证能力与生产供货能力，这两个子工作项目均无紧前子工作项目，二者为并联关系，用网络图表示，子验证工作项目绘制示例如图3.17 所示。

(3) 将所绘制子验证项目块替代原来的验证工作项目。

为便于理解，可用虚线将其框起并在框内标注该验证工作项目名称，如图 3.17 所示。

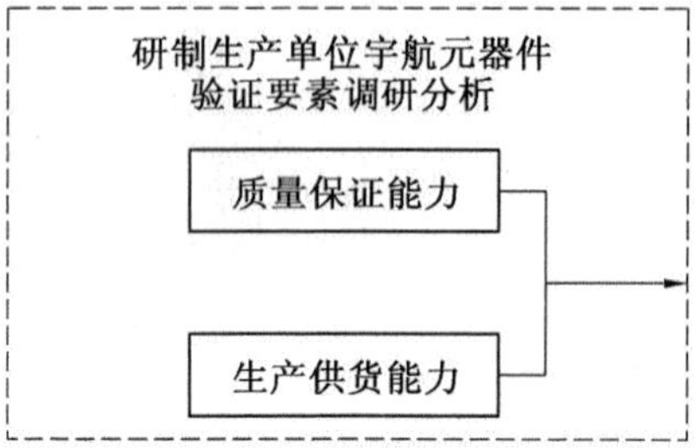

图 3.17　子验证工作项目绘制示例

(4) 按第二步及第三步依次绘制表 3.9 中所有验证工作项目直至完成，并适当调整使得布局清晰。

最终绘制的一般通用元器件应用验证流程逻辑结构图如图 3.18 所示。

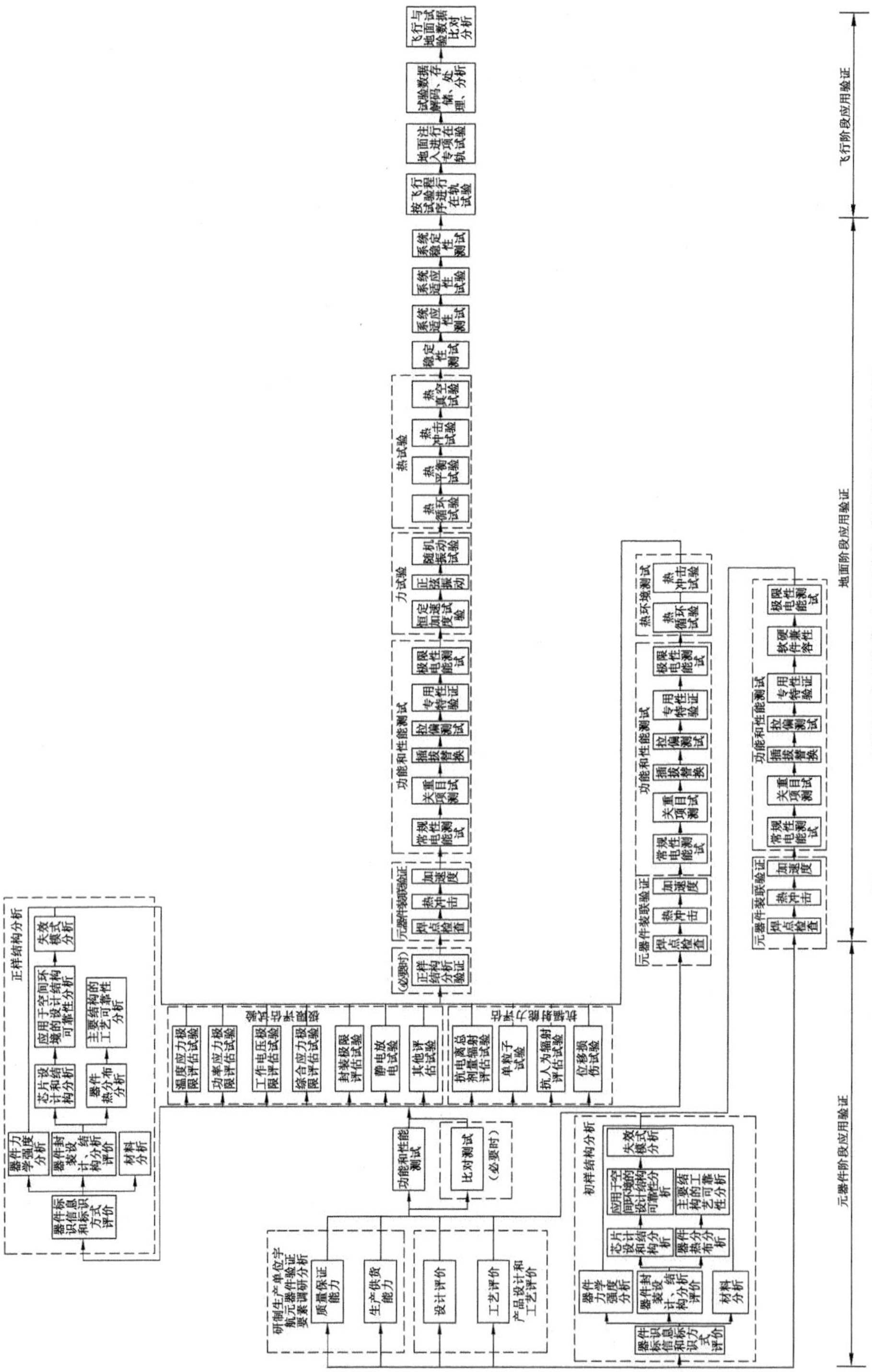

图3.18　一般通用元器件应用验证流程逻辑结构图

3.7　应用验证流程的优化计算与调整

用单代号网络图计算时要求网络图只有一个起点和一个终点，所以计算之前须将逻辑结构图中的多个起始节点和多个终点节点分别连到一个虚拟起始节点和一个虚拟终点节点形成优化网络图。

3.7.1　关联流程的工期和关键线路计算

关联流程工期和关键线路的计算过程如图 3.19 所示。

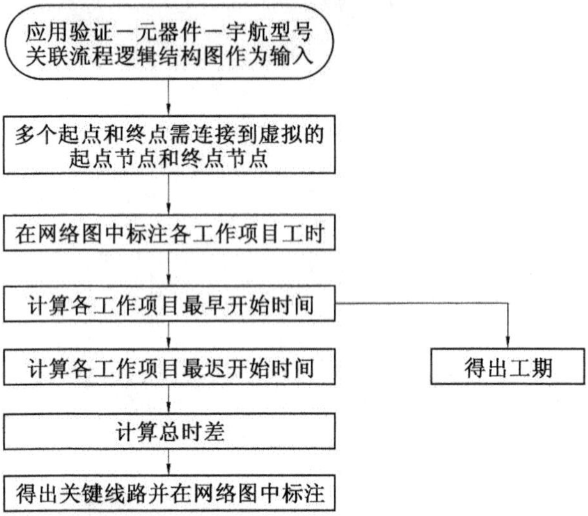

图 3.19　关联流程工期和关键线路的计算过程图

工期和关键线路的计算过程可直接在网络图上标注，可采用如图 3.20 的标注方法将每个工作项目的最早开始时间、工时、最迟开始时间标注在代表此工作项目的节点附近。

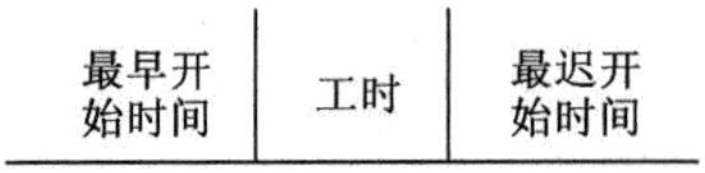

图 3.20　时间参数标注示意图

1. 关联流程工期的计算

计算工期前须将每个工作项目的工时用如图 3.20 所示的形式标于网络图中。

(1) 关联流程工期计算步骤。

① 从网络图的起始节点开始，顺着箭线方向计算工作项目的最早开始时

间。工作项目的最早开始时间等于其紧前项目的最早开始时间与该紧前项目工时之和,如该工作项目有多个紧前项目,则工作项目的最早开始时间等于其各项紧前工作项目的最早开始时间与该紧前工作项目工时之和的最大值,起始节点所代表的工作项目的最早开始时间取为零。

② 关联流程的工期等于关联流程最后一个工作项目的最早开始时间与其工时之和。

(2) 工期计算示例。

在图 3.10 的网络图中标注每个工作项目的工时,标注后的网络图如图 3.21 所示。

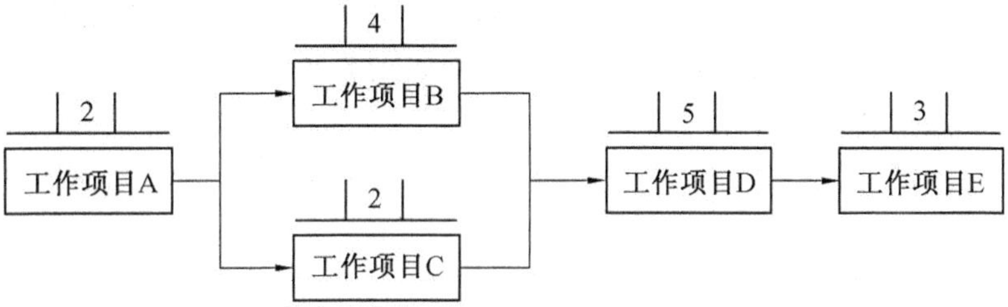

图 3.21　工时标注示例图

工期计算步骤如下。

① 从左至右顺箭线方向计算工作项目的最早开始时间。A 的最早开始时间为 0;B 的最早开始时间等于其紧前项目 A 的最早开始时间与 A 的工时之和,即 $0+2=2$;同理可计算 C 的最早开始时间为 $0+2=2$;D 的紧前项目为 B 和 C,所以 D 的最早开始时间为 $\max\{2+4,2+2\}=6$;E 的最早开始时间为 $6+5=11$。将计算结果直接标注于网络图中相应位置,工作项目最早开始时间标注图如图 3.22 所示。

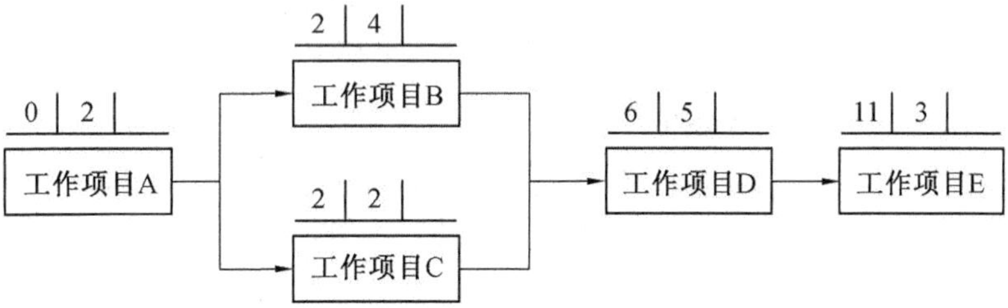

图 3.22　工作项目最早开始时间标注图

② 流程的工期等于 E 的最早开始时间与其工时的和,即 $11+3=14$。

2. 关联流程关键线路的确定

在计算出各工作项目的最早开始时间的基础上,确定关键线路。

(1) 确定关键线路的步骤。

① 从网络图的终点节点开始,逆着箭线方向依次逐项计算工作项目的最迟

开始时间。工作项目的最迟开始时间等于其紧后项目的最迟开始时间与该工作项目工时之差，如该工作项目有多个紧后项目，其最迟开始时间等于在该工作项目的各项紧后项目的最迟开始时间与该工作项目工时之差中的最小值，终点节点所代表的工作项目的最迟开始时间等于该工作项目最早开始时间。

② 计算工作项目的总时差。总时差(最早开始时间与最迟开始时间之差)为零的验证工作项目是关键工作项目，其他是非关键工作项目。将关键线路用粗线在网络图中标注。

(2) 确定关键线路示例。

按关联流程工期示例确定网络图的关键线路。

① 从右至左逐项计算工作项目的最迟开始时间。E 的最迟开始时间等于其最早开始时间，即 11；D 的最迟开始时间等于 D 的紧后项目 E 的最迟开始时间与 D 的工时之差，即 11 − 5 = 6；同理 B 和 C 的最迟开始时间分别为 6 − 4 = 2 和 6 − 2 = 4；A 的紧后项目有 B 和 C，A 的最迟开始时间为 min{2 − 2, 4 − 2} = 0。计算结果直接标注于网络图中相应位置，如图 3.23 所示。

② 计算工作项目的总时差。总时差 = 最迟开始时间 − 最早开始时间，所以 A、B、C、D、E 的总时差分别为 0 − 0 = 0、2 − 2 = 0、4 − 2 = 2、6 − 6 = 0、11 − 11 = 0。因此，A、B、D、E 为关键工作项目，关键线路如图 3.23 中的粗线所示。

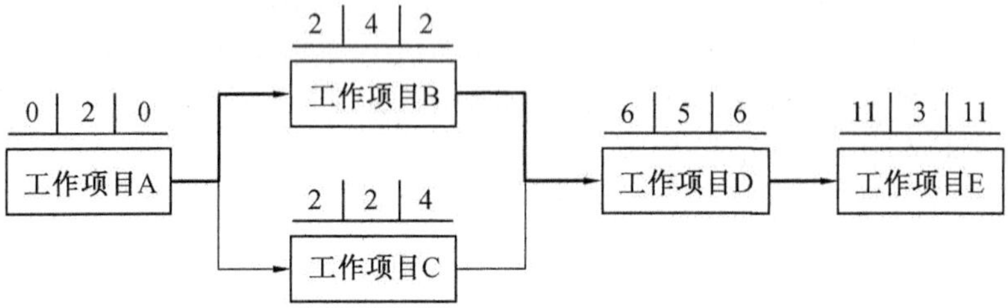

图 3.23　关键线路确定示例图

3. 工作项目时间不确定时的概率分析

一般来说，关联流程中的工作项目的工时难以准确估计，可采用三时估计法来确定工作项目的期望时间，进而可得出期望工期 T_E 以及项目在某工期 T 内完工的概率。

三时估计法就是在参照以往类似项目的工程进度，在长期经验积累的基础上客观地估计下列三种情况下的可能完成时间。

(1) 乐观估计时间 a 表示在顺利情况下完成某工作项目所需的时间。

(2) 悲观估计时间 b 表示在最不利的情况下完成某工作项目所需的时间。

(3) 最可能估计时间 m 表示在正常条件下完成某工作项目所需的时间。

利用 3 个时间 a、m、b，每个（设第 i 个）工作项目的期望工时可估计为 $t_i=\frac{a+4m+b}{6}$，方差为 $\sigma_i^2=\left(\frac{b-a}{6}\right)^2$。利用各期望工时 t，根据 3.7.1 节中同样的方法，计算得出工期和关键线路，但这时的工期是期望工期，记为 T_E。项目的期望工期 T_E 为关键工作项目期望工时之和，均方差 $\sigma=\sqrt{\sum_I\left(\frac{b-a}{6}\right)^2}$，$I$ 为关键工作项目的集合。

只要计算出期望工期 T_E 和均方差 σ，就能对给定时间 T 内完工的可能性做一个概率评价。通过 $\lambda=\frac{T-T_E}{\sigma}$ 查标准正态分布的相应表值，即可知整个应用验证项目在 T 时间内完成的概率，其几何意义如图 3.24 所示，正态分布图中的阴影部分的面积就是项目在 T 时间内完成的概率。

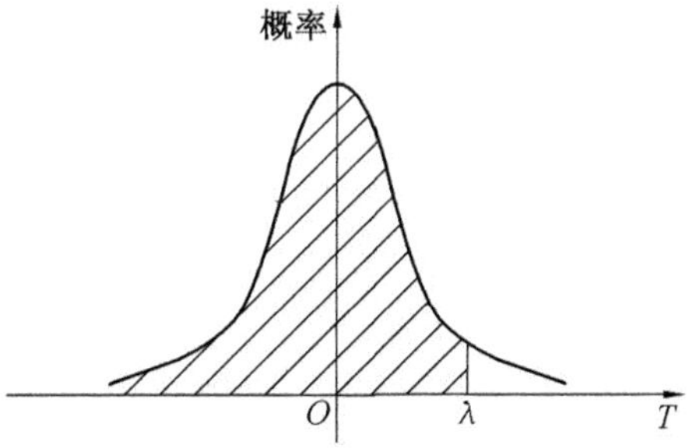

图 3.24　项目在 T_E 时间内完工的正态分布图

4. 计算软件

选择适当的软件如 Microsoft Project 进行项目进度管理，该软件不仅可绘制项目进度的单代号网络图，也可计算项目工期和关键线路，并用于应用验证流程优化计算与调整。优化调整在网络图的基础上进行，调整的过程如图 3.25 所示。

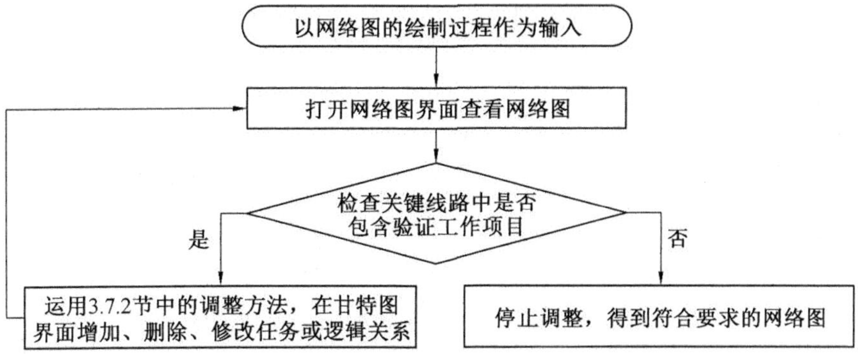

图 3.25　用 Microsoft Project 优化调整的过程

相比于单代号网络图，甘特图不利于清晰直观地表示大量和复杂工作项目间的逻辑关系。应用验证这样的大型且与其他相关流程关联的复杂项目，采用网络图不仅能够整体上清楚表达，而且便于优化计算。

3.7.2　流程调整及应用验证工期计算

流程调整的目的，一方面是基于用户导向准则，为了尽量保证用户的工期不受应用验证的影响；另一方面是为了在不影响工期的前提下，尽量节约资源，提高验证效率。

1. 面向用户工期的应用验证流程调整

根据 3.7.1 节确定的关联流程的关键线路，分析在关键线路中是否包含应用验证的验证工作项目。如果包含，那么这些工作项目就是影响相关流程工期的制约性验证工作项目，需要加以记录，作为流程调整的对象；如果不包含，则目前的应用验证流程已经是不影响用户工期的流程，不需要进行面向用户工期的调整。

面向用户工期的应用验证流程调整的方法如下。

(1) 通过增加资源压缩制约性验证工作项目的工时。调配非关键工作项目的资源(包括人员、设备、资金、样品等) 优先使用于制约性验证工作项目。缩短工时后要重新计算关联流程关键线路，分析关键线路中是否仍然包含验证工作项目，若包含，则需继续调整，直至不再包含验证工作项目。

(2) 分离制约性验证工作项目中的准备工作。准备工作是指不以其紧前工作项目结束为开始条件的工作，它不仅包括验证所需的外部条件如技术材料准备、出差路途用时等，也包括验证工作项目内部条件如软硬件准备等。这里主要指分离内部的准备工作，通过提前完成准备工作，达到缩短验证工作项目工时的目的。

(3) 权衡成本和工期，如工期更为重要，可增加样品使验证工作项目并行来缩短工期。

(4) 借用型号的资源以缩短验证单板、验证系统等测试环境的研制时间。如应用验证进行过程中，有其他型号可提供相应的测试环境，可尽量借用。因为一般来说，测试环境的研制不仅花费时间较多，而且费用较高，如可借用则既可缩短验证工期，也能节约应用验证的资源，降低验证成本。

(5) 在无法借用型号的资源，需要自行研制测试条件或环境情况下，如需要研制验证所需单板、检测系统或系统用单机，要提前规划研制时间，保证在验证工作项目开始之前完成。

所有的调整方法都应以保证验证质量为前提。调整时可以几种方法配合使用，根据调整所需条件的难易程度，先调整较为容易的验证工作项目。调整的过程中需要时刻关注关联流程中关键线路的变化，有针对性地调整验证工作项目。

将调整后的关联流程中的应用验证流程单独列出来（删去相关流程以及切入和反馈，只保留应用验证流程），可继续采用上述调整方法调整应用验证流程，优化应用验证的工期，最后形成工期最短的应用验证流程。

2. 面向资源节约的应用验证流程调整

面向资源节约优化主要是面向样品的优化，重复利用未破坏的样品。

对于破坏性的验证工作项目或子验证工作项目，其样品不能重复利用，所以这样的项目无论串联还是并联都不能节约样品，此时优先考虑并联，因为可以节省工期。对于非破坏性的验证工作项目或子验证工作项目，在不违反逻辑关系的情况下，尽量安排在破坏性的项目之前，使其样品能够被利用。基于样品的优化调整可能会延长应用验证的工期，实际中可权衡工期和样品决定。

有时也可以根据实际情况采用以下方式节省资源。分析并行验证工作项目，将一些关键的验证工作项目其他并行项目串行。在实际中，一旦这些关键的验证结果出现不合格，其后的验证工作项目可延迟展开，这样就可在验证过程中及时纠正错误，达到节约资源、提高验证效率目的。但一般来说，这样的调整可能使应用验证的工期增加，甚至有可能影响用户的工期，所以使用此调整方法时最好对元器件通过关键验证的可能性进行简单评估。如果通过此关键验证工作项目的可能性较大，就不需要进行此调整。

面向资源节约的调整要以保证与应用验证质量为前提。

3. 应用验证工期计算

对关联流程进行面向用户工期的调整后，一般情况下，应用验证流程的工作项目都将成为非关键项目，所以应用验证工期计算与普通流程工期计算有所区别。应用验证流程的工期是完成应用验证的验证工作项目可能的最小时间。

应用验证流程工期计算过程可用如图 3.26 所示的流程图表示。

具体计算步骤如下。

(1) 划分区域。

根据切入点和反馈点的位置将应用验证流程划分为不同的区域，相邻的切入点和反馈点之间作为一个区域。

(2) 判断各区域间串并联关系。

在时间上和逻辑上有明确先后关系的相邻区域是串行区域，简单的判断方法是：两个相邻的区域，前一个区域的反馈点位置比其后的区域的切入起始的位置早，以这个反馈点为结束点区域和以这个切入点为起始的区域是串行关系。

用以上方法不可以判断的区域，串并关系具有不确定性，它们的关系取决于相关流程的实际进度，称为不确定区域。

(3) 自左向右计算各区域工期。

串联区域可以看作一般的流程计算其工期，区域间的时间间隔设为零；不确定区域其工期有不确定性，从尽量缩短应用验证工期的角度考虑，在实际中，应合理安排进度使这些区域在时间上尽量并行，工期按可能的最短时间计算。

(4) 应用验证流程的总工期就是串行区域和不确定区域工期之和。

得出应用验证工期后，需要检查工期是否超过应用验证中心的要求，如超过，需要优化调整应用验证流程，调整方法可参考 3.7.2 节的流程调整方法。

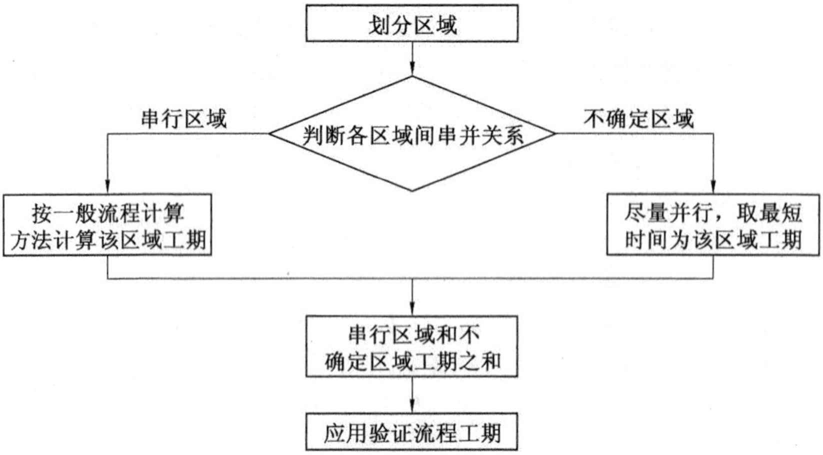

图 3.26　应用验证流程工期计算过程图

3.7.3　一般通用元器件应用验证流程的优化计算与调整典型示例

1. 关联流程工期和关键线路计算

本示例中，工作项目的工时只是作为示例，针对具体的验证，需要验证人员对应用验证相关流程的工时调研获取具体数据。后面的实例(SRAM) 中相关流程的工作项目工时与此相同。

(1) 关联流程工期的计算。

① 设置虚拟节点。将流程中的多个起始节点和终点节点分别连到虚拟起始节点和虚拟终点节点，虚拟节点内分别标注“开始”和“结束”。

② 标注工时。从左至右分别在每个验证工作项目的附近按照图 3.20 的标注形式将工时标于图中的空格内，一般通用流程验证工作项目时间标注示例图如图 3.27 所示。注意，时间参数的标注和计算只需到系统验证的最后一个反馈点后的一个工作项目，把它看作关联流程网络图的终点节点，本流程中即为型号

鉴定件的电装。因为电装后的工作项目与应用验证没有关联关系，所以电装后的工作项目可省略不做研究。

③ 计算最早开始时间。按照 3.7.1 节中的方法从左到右计算每个验证工作项目的最早开始时间，并将其标于左边的空格中，一般通用流程最早开始时间和最迟开始时间标注示例图如图 3.28 所示。

④ 计算工期。计算完系统验证的最后一个反馈点后的一个验证工作项目的最早开始时间即鉴定件的电装，关联流程的工期即可得出。经过计算，一般通用流程的工期为 1 338 天。

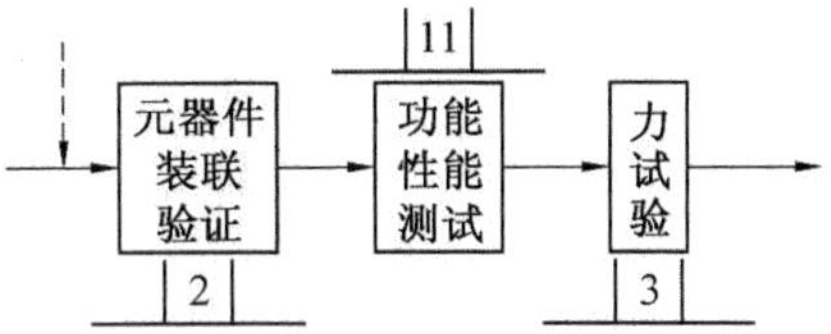

图 3.27　一般通用流程验证工作项目时间标注示例图

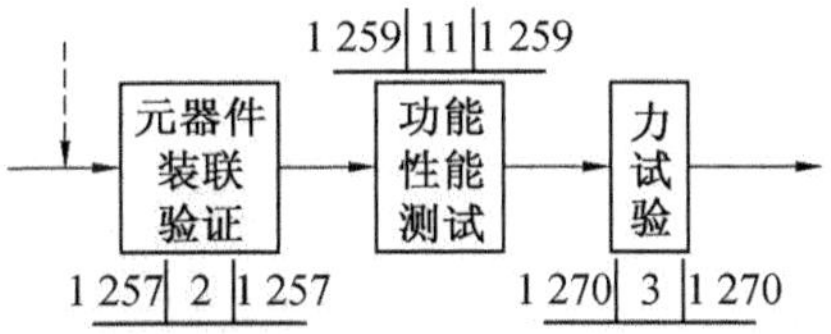

图 3.28　一般通用流程最早开始时间和最迟开始时间标注示例图

(2) 关联流程关键线路的确定。

① 计算最迟开始时间。按照 3.7.1 节中的方法从右至左计算每个验证工作项目的最迟开始时间，并将时间标于右边的空格中，如图 3.28 所示。

② 计算总时差，得出关键线路。计算每个工作项目的总时差，总时差为零的是关键工作项目，关键工作项目连成关键线路，将关键线路标于网络图中。一般通用元器件应用验证－元器件－宇航型号关联流程网络图如图 3.29 所示。

此外需要注意，如遇到标注“必要时”的验证工作项目，认为这些验证工作项目是需要做的，计算时与流程中的其他验证工作项目同等对待。具体流程中则需根据实际情况选择“必要时”的验证工作项目是否需要做。

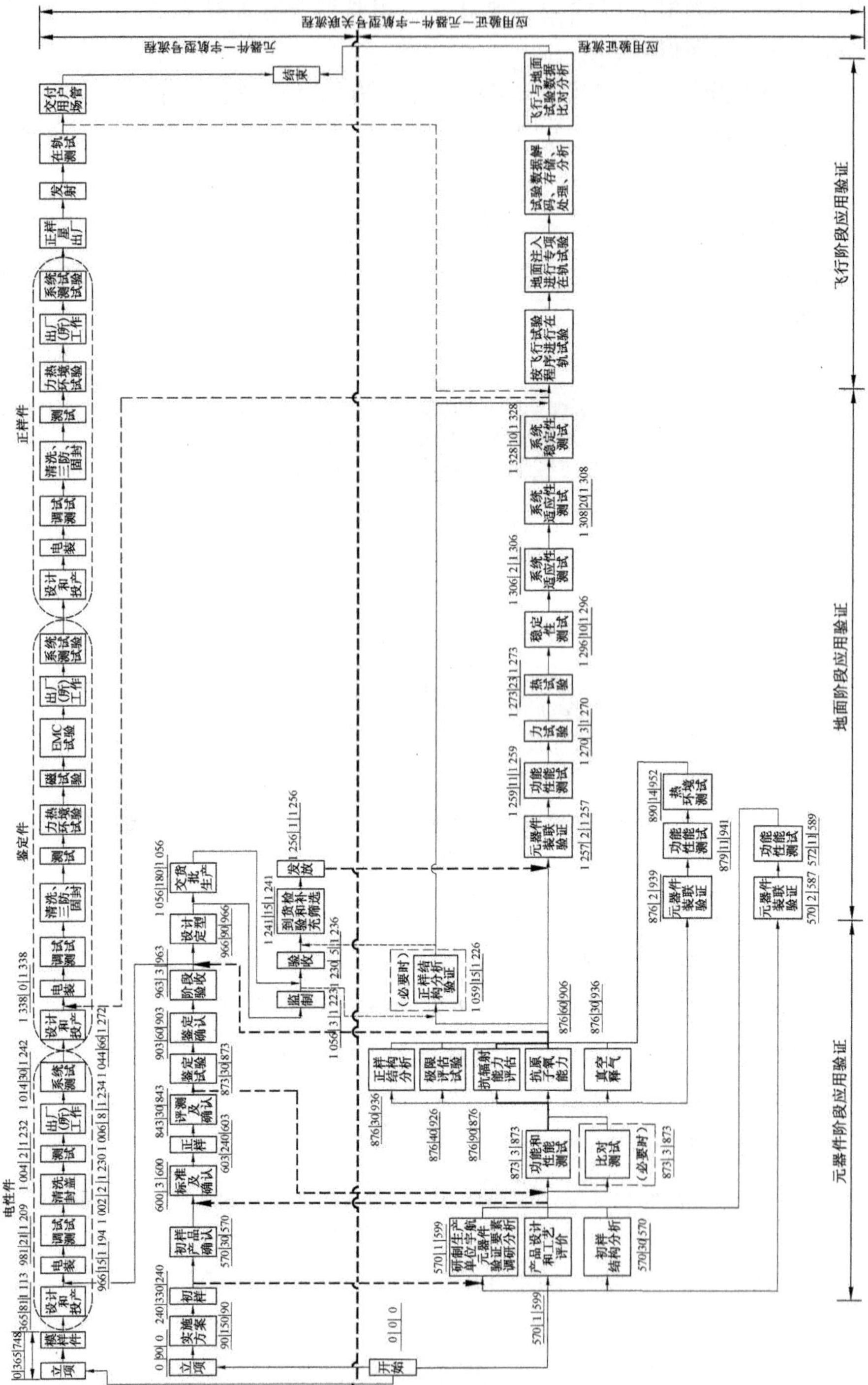

图3.29　一般通用元器件应用验证—元器件—宇航型号关联流程网络图

2. 流程调整及应用验证工期计算

(1) 面向用户工期的应用验证流程调整。

一般通用元器件应用验证流程的关键工作项目包括了应用验证的以下验证工作项目:初样结构分析、功能和性能测试(如比对测试有必要做,则关键工作项目也包括比对测试)、抗辐射能力评估,以及交货批后的元器件装联验证、功能和性能测试、力试验、热试验、稳定性测试、系统验证的系统适应性测试、系统适应性试验、系统稳定性测试。

① 初样结构分析与元器件研制流程中初样产品确认并行,且都是关键工作项目,所以初样结构分析不影响元器件研制流程;功能和性能测试、比对测试和抗辐射能力评估与元器件研制流程中的鉴定试验、鉴定确认和阶段验收并行,都为关键工作项目,它们恰好不影响元器件研制流程,所以可不压缩工时。在实际验证中,元器件研制流程可以等待应用验证工作项目完成。

② 采用板验证方式和系统验证方式的关键工作项目可通过增加资源、提前完成准备工作、借用型号的测试环境等方法缩短工时,达到调整目的。采用系统验证方式的关键工作项目可利用提前完成准备工作或者借用型号测试环境的方法。在本通用流程中已经考虑了单板及检测系统和系统用单机的研制,默认其在验证工作项目开始之前已完成,故可不考虑用3.7.2节方法。

(2) 面向资源节约的应用验证流程调整。

分析一般通用元器件应用验证逻辑结构图,如图3.18所示。

① 研制生产单位宇航元器件验证要素调研分析、产品设计和工艺评价不需要样品。

② 初样结构分析的子项目中除了失效模式分析,其他的都有可能包含破坏性试验。因此,失效模式分析使用的样品可以重复利用,正样结构分析与初样结构分析情况相同。

③ 进行过功能、性能测试(比对分析)后的三个样品可以用于正样结构分析、极限评估试验、抗辐射能力评估。

④ 极限评估试验、抗辐射能力评估、抗原子氧能力、真空释气都是破坏性的试验,所以这些项目并联虽然不能节约样品,但可以减少工期。同时,极限评估试验和抗辐射能力评估的子项目都具有破坏性,所以它们的子项目都并联。

⑤ 初样阶段中元器件装联验证和功能、性能测试采用板验证方式,因为只有一块板供使用,所以串联是唯一的方式,但这里可以利用失效模式分析的样品,正样阶段元器件装联验证、功能和性能测试、热环境测试也采用板验证方式,情况与此相同。

⑥ 采用板验证方式的工作项目在一块板上进行,采用系统验证方式的工作

项目只有一个系统环境，所以验证工作项目只能串联进行，同时也是最节约样品的方式，其分解后的子项目情况也与其相同。

基于样品优化的一般通用元器件应用验证流程网络图如图 3.30 所示。需要说明的是，正样阶段的应用验证工作项目可以有多种连接方法，正样结构分析可以在极限评估的任意子项目、正样阶段的元器件装联验证或者在抗原子氧能力评估、真空释气前进行，然后与其他验证工作项目或子项目并联。在此只给出在正样阶段的元器件装联验证之前进行的情况。

除了以上的优化方法，也可考虑从以下方面来节约资源。图 3.29 中，应用验证流程元器件正样状态后的验证工作正样结构分析、极限评估试验、抗辐射能力评估、抗原子氧能力评估、真空释气，关键工作项目为抗辐射能力评估，时间为 90 天。因为结构分析具有基本判断的功能，一旦结构分析不合格，其后的验证工作项目可不做，所以在不影响工期的前提下，可以将某些验证工作项目和结构分析串行，再与抗辐射能力评估并行，但前提为串行的验证工作项目工期不可超过抗辐射能力评估的工时，因为超过抗辐射能力评估的工时 90 天就会影响元器件研制流程的工期。根据以上分析，可以做如下的调整，图 3.31 为未调整的一般通用元器件关联流程图局部，图 3.32 为调整后的一般通用元器件关联流程图局部。此情况在实际中不是普遍情况，所以不在基于样品的优化网络图中体现。但在实际中，如能充分考虑类似情况，可节约大量资源。

(3) 应用验证工期的计算。

流程经过面向用户工期的调整后，可在关联流程网络图中计算应用验证的工期。因为实际中，即使是一般通用的流程，在不同验证情况下，压缩和调整的量不同，调整后验证工作项目工时有所不同，导致应用验证的工期也不同。此处只以未调整的工时为例给出计算应用验证工期的方法。

① 本流程可划分为初样验证、正样验证、正样结构分析验证、地面验证以及飞行验证(不计入应用验证流程工期) 五个区域。

② 分析五个区域时间的关系可知，五个区域是串联关系。

③ 每个区域(除飞行验证) 的工期分别为 30 天、93 天、15 天、81 天。

④ 将所得的各工期相加，30＋93＋15＋81＝ 219，所以应用验证的工期是 219 天。

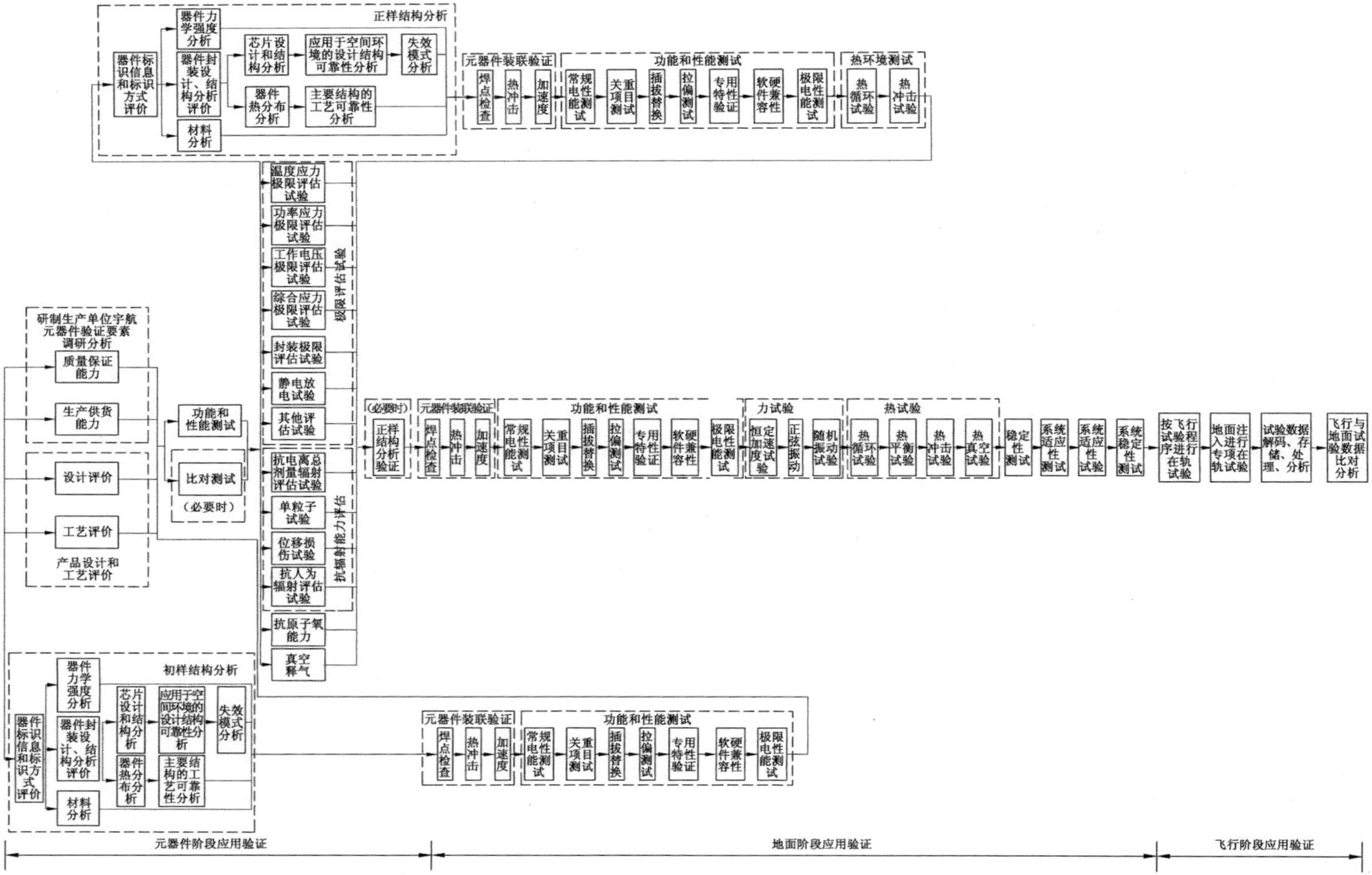

图3.30 基于样品优化的一般通用元器件应用验证流程网络图

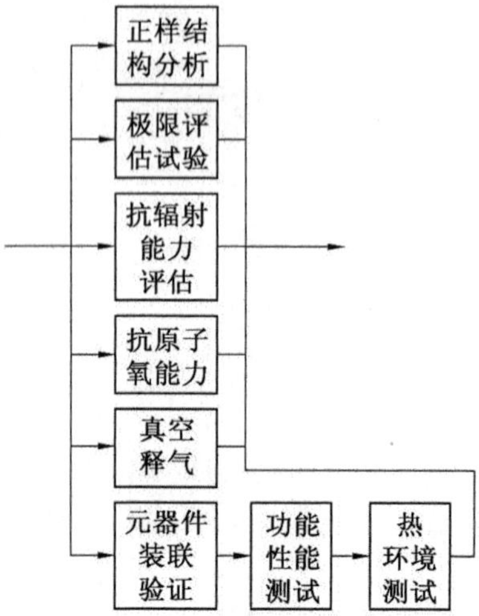

图 3.31　未调整的一般通用元器件关联流程图局部

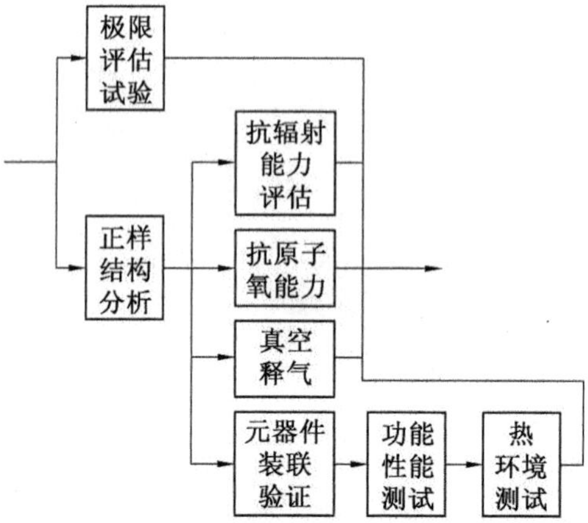

图 3.32　调整后的一般通用元器件关联流程图局部

3.8　应用验证流程的复核及反馈与确定

对应用验证流程的复核是确保应用验证流程实施的质量，本节明确了复核的方法和内容，以及复核后反馈修改与流程确定的内容。

3.8.1 复核的方法与内容

1. 复核的方法

为了确保应用验证流程实施的质量，有必要对流程进行复核。复核主要包括两种方法，即自检和他检。自检和他检的目的都是为了检验流程是否符合应用验证流程建立的准则(见 3.4.1 节)，如有不符合流程建立准则之处，需修改流程，修改方法见 3.8.2 节。

自检主要是检验流程建立所用理论与方法的科学性；他检主要是依靠元器件研制生产单位、质量保证单位和型号研制及应用验证专家的知识与经验，审查流程的可行性与质量等方面。

2. 复核的内容

(1) 自检的主要内容。

① 检验应用验证工作分解表是否完整地表达了各验证工作项目及其逻辑关系。

② 检验验证工作项目的名称是否准确、规范和简明，是否与航天术语相混淆。

③ 检验应用验证流程图是否清晰、直观。

④ 检验流程优化调整的方法是否是有效的、科学的和简便的。

(2) 他检的内容。

① 检验验证工作项目的设置是否科学、合理，是否能满足航天用户需求。

② 检验验证工作项目是否完整，是否能得出可靠的验证结论。

③ 检验应用验证流程的切入点和反馈点是否合理、可行。

④ 检验验证工作项目之间的逻辑关系是否科学、合理和严谨。

3.8.2 应用验证流程反馈修改

1. 修改方法

(1) 增加或删除某些验证工作项目。重新对应用验证流程进行验证工作项目分解，包括对某些验证工作项目进一步细分，或者将某些验证工作项目合并。

(2) 调整验证工作项目的顺序。根据实例验证或专家的经验调整某些验证工作项目的顺序。

(3) 调整切入点和反馈点。综合衡量各方面的因素，根据具体流程所关注的重点，合理选择切入点和反馈点。

(4) 应用验证流程的修改可能会影响元器件研制、质量保证流程以及宇航型号研制流程，需要再一次进行调研和分析，修改流程。

2. 反馈修改的过程

如流程未通过复核，需找出流程中的问题，选择从某一步骤开始对流程进行修改。流程反馈修改及确定流程图如图 3.33 所示。

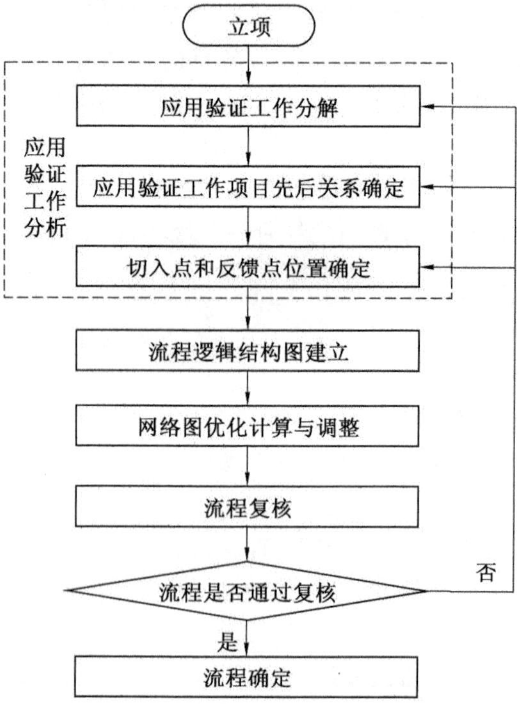

图 3.33　流程反馈修改及确定流程图

3.8.3　应用验证流程确定

反馈修改可根据修改的范围和影响程度大小来确定检验流程的方法。如修改的范围较大或者某验证工作项目修改后对其后续的验证工作项目影响较大，需要他检；如反馈修改较少或者修改后对整个应用验证流程影响较少，可以对应用验证流程自检或者不做检验。具体情况需结合实际环境决策。

以下情况可选择不做检验：检验的成本费用过高；重新检验所需时间较长；某处的不合理可在以后的验证工作项目中做补充检验；反馈修改后预计可基本解决问题，流程不合理或出错的概率很小。经过几轮检验和反馈修改后，如符合流程的准则以及实际应用，可确定流程，确定的内容有确定流程执行顺序、流程图定稿、应用验证流程验证工作项目说明和描述的确定、对流程特殊说明的确定等。

第4章

应用验证工程管理方法

本章从应用验证项目特性及集成管理、项目管理和质量管理等三个方面介绍了我国宇航元器件应用验证工程管理方法的研究成果。对应用验证项目属性、项目环境变量及影响、项目利益相关方及冲突解决方法、项目集成管理方法、组织结构和工作模式进行了介绍，给出了工程适用的项目管理工具，提出了应用验证工程质量管理方案，明确了质量控制要点，总结了共性的质量风险及应对措施，对应用验证工程实施的管理工作极具参考价值。

4.1　应用验证项目特性及集成管理

应用验证工作具有多阶段、多领域、多目标、多任务、多参与方等特性，其项目属性和利益相关方与一般工程项目相比具有较大差异。通过分析研究应用验证项目的属性、环境变量及影响、利益相关方特性及冲突等，可在深刻认识和理解应用验证项目管理特点基础上，有针对性地实施集成管理，构建有效的集成管理系统并高效开展应用验证利益相关方关系协调。

4.1.1　应用验证项目属性

应用验证项目是为了确定元器件产品的成熟度和在宇航工程应用的适用度，并综合分析评价得出可用度，而在宇航工程应用前对元器件开展的一系列试验、分析、评估和综合评价等活动(工作)。调研分析我国项目管理研究成果，明确了项目属性主要包括独特性、一次性、多目标属性、生命周期属性、相互依赖属性和冲突属性 6 个方面。将应用验证活动的特性与这 6 个项目属性进行比对分析，见表 4.1，确定应用验证活动具备项目的 6 个主要属性，属于一类项目，可以按项目进行管理。

表 4.1　应用验证活动特性与项目属性比对情况表

项目属性	应用验证活动特性
独特性	(1) 委托验证服务的用户不同，验证要求不同，使得验证过程产生差异； (2) 被验证对象——元器件不同，即使需验证的元器件名称相同，但用途不同，选择的验证技术参数也会不同
一次性	(1) 应用验证活动一旦完成，即宣告结束，一般不进行重复验证； (2) 每个应用验证活动都具有其相应的特性，很难有完全相同的活动重复出现； (3) 验证方接受委托方委托后，需要组建临时性、一次性的组织
多目标属性	(1) 应用验证活动同时拥有成果性目标和约束性目标，成果性目标指应用验证报告的完成，约束性目标指费用、进度、质量等要素管理所需达到的目标； (2) 由于应用验证活动利益相关方的多元性，为使各利益相关方满意，导致验证活动目标的多样性； (3) 各目标之间需要相互协调，即使不能达到单项目标的最优，也应在综合优化之后得出活动在特定约束条件下总体目标的最满意解

续表 4.1

项目属性	应用验证活动特性
生命周期属性	(1) 应用验证活动是一次性的任务，有起点和终点，有明显的开始、结束标志； (2) 每个应用验证活动都会经历准备、实施、收尾等过程，不同的验证活动所经历的过程具有相对的一致性； (3) 应用验证活动具有明确的阶段划分及阶段标识
相互依赖属性	(1) 应用验证活动的复杂性使其不可能由单独的参与方独自完成，各参与方之间相互依赖、相互配合，从而通过有效的协作推进应用验证活动的顺利开展； (2) 应用验证活动具有多个阶段，各阶段中又存在多项工作，各阶段之间、各项工作之间都存在联系，一项工作的错误可能导致其他工作的失败，甚至导致验证活动难以继续开展
冲突属性	(1) 应用验证活动各参与方由于其角色的不同、利益诉求不一致及对各验证目标的要求不一致，在验证活动实施过程中容易产生冲突； (2) 验证设备、专业技术人员等资源的有限性使各个验证活动之间容易产生冲突

应用验证活动满足项目的一般特性，即临时性、独特的可交付成果(针对具体应用环境和用途的综合评价报告)以及需要逐步完善等，可以引入项目管理的一般理论和方法，并在应用验证项目管理中创新项目管理的理论与方法。从系统的角度看，应用验证项目是将委托方的验证需求作为项目系统的输入，通过一系列的验证活动输出明确的应用验证结论和详细的应用验证报告及应用指南，提供给委托方，以满足委托方的验证需求。应用验证项目管理的目标是运用项目管理的方法和手段对验证工作实施科学化、系统化的管理，在确保成功的前提下，提高应用验证项目的效率和效益。应用验证项目除具有项目的一般特性外，还具有验证活动的评价性、依附性(研制和应用)、新技术、组织接口多样性、验证资源的分散性、非营利性和资金有限性、验证环境的差异性、高保密性等八种属性。同时，我国宇航元器件应用验证活动刚刚起步，应用验证技术处于雏形期，管理体系尚待完善，需要时间积累足量的案例验证其本身的可靠度等因素，致使应用验证是高风险类项目。应用验证项目属性与建设工程项目属性表见表4.2。

表 4.2　应用验证项目属性与建设工程项目属性比对情况表

	项目属性	建设工程项目	应用验证项目
不同点	高风险性	风险可控性好	信息不对称,风险控制难度大
	资源分布	资源容易集中	资源分散,难以集中或不适于集中
	独立程度	独立性较强,对其他过程无明显的依附性	对元器件研制生产及型号研制生产过程有依附性
	技术成熟度	技术开发较成熟	验证技术开发处于雏形期
	组织关系	参与方关系较明确	参与方组织接口复杂
	经济性要求	经济性要求高	不以营利为目的,但追求经济效益
	项目环境	真实地面环境	需模拟宇宙空间环境
	交付成果	交付物形式具体明确	验证结论具有一定模糊性
	信息系统	信息管理系统不是必需的,对其依赖性不明显	由于资源和实施的分散性,信息管理系统是整个项目的依托
相同点	具备项目的共有属性、资源有限性、参与方众多、项目复杂性、系统性、需要遵循特定的法律条件		

4.1.2　应用验证项目环境变量及影响

1. 应用验证项目环境变量分析

应用验证项目不是孤立的,而是处于一定的项目环境当中的。项目的成功除取决于项目团队的经验与努力程度外,还在很大程度上受项目环境的影响。只有当项目实施环境与项目本身相啮合,能够对项目产生促进作用时,应用验证项目才能顺利实施。应用验证项目与环境关系图如图 4.1 所示。

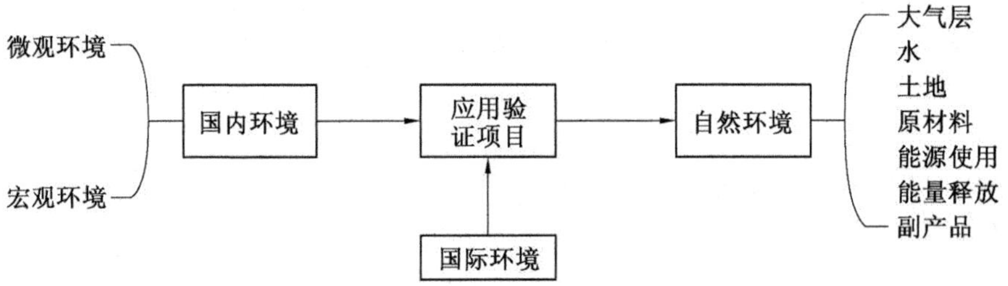

图 4.1　应用验证项目与环境关系图

应用验证项目的环境变量可以分为国际和国内两个层面。国际层面环境变量分为国外技术限制和航天产业环境;国内层面分为宏观环境变量和微观环境变量。宏观环境可分为政策法律环境、经济环境、社会文化环境和科学技术环境四项内容;微观环境可分为技术环境、管理环境和工作环境三项内容。相关环境变量影响图如图 4.2 ～ 4.4 所示。

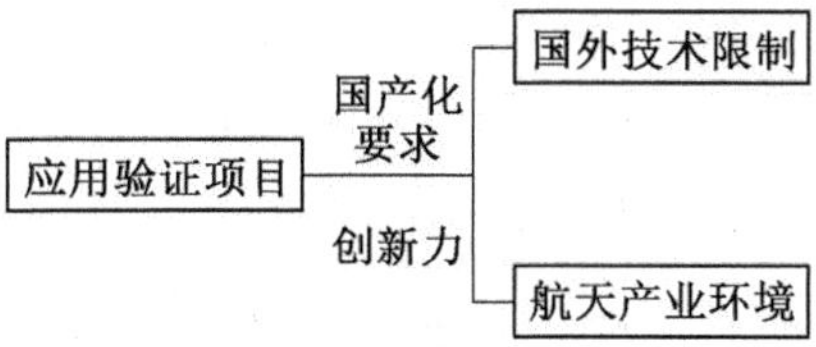

图 4.2　国际层面环境变量影响图

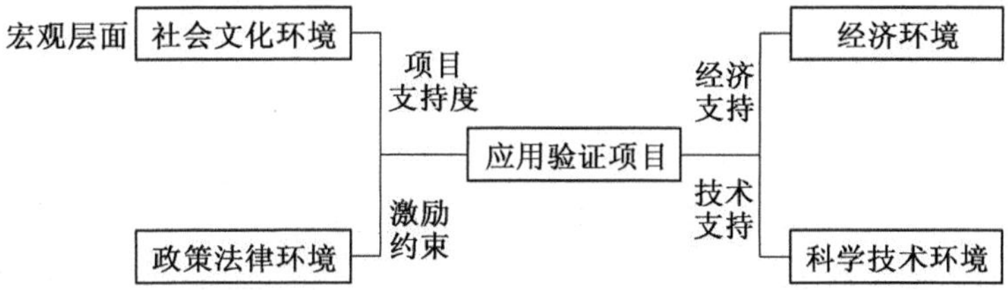

图 4.3　国内层面宏观环境变量影响图

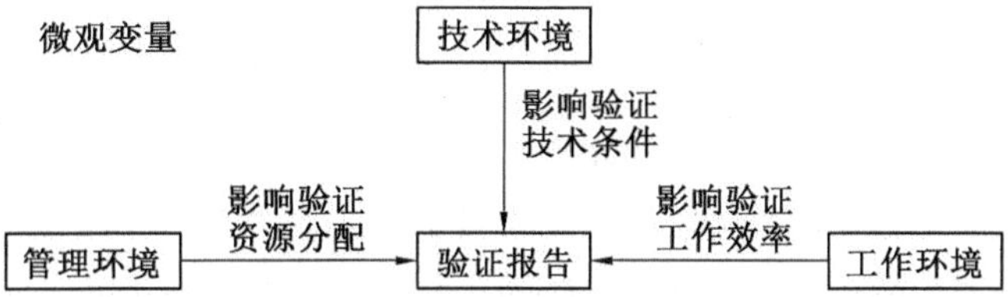

图 4.4　国内层面微观环境变量影响图

2. 应用验证项目环境变量影响优先级

以国家为研究对象来看，国际环境因素是外因，国内环境因素是内因。因此，国外技术限制和国际产业环境都只是影响应用验证项目的次要因素。实际上，这两种环境变量都只会对在一定程度上推动或延缓验证项目的进展，而不会在实质上对验证项目产生太大影响。

以应用验证项目为研究对象来看，宏观环境变量是外因，微观环境变量是内因。因此，技术环境、管理环境和工作环境都是影响验证结果的重要因素。此外，经济决定了国家各行各业的发展方向，没有良好的经济环境，应用验证项目必然难以支撑，因此，经济环境虽然是项目外因，但影响仍然巨大。同样，应用验证项目属于高科技项目，受科学技术环境的影响也很巨大。可以看到，科学技术整体水平较低的国家，很少有能力发展宇航元器件应用验证技术，而政策法律环境和社会文化环境相比之下则对应用验证项目的影响要更次要一些、更间接一些。

综上所述，可以将影响应用验证的环境变量的优先顺序分为三级，分别为重要影响变量、一般影响变量和次要影响变量。重要影响变量包括应用验证项目技术环境、管理环境、工作环境、经济环境和科学技术环境；一般影响变量包括政策法律环境和社会文化环境；次要影响变量包括国外技术限制和国际产业环境。应用验证环境变量影响分级情况表见表 4.3。

表 4.3　应用验证环境变量影响分级情况表

重要影响变量	一般影响变量	次要影响变量
技术环境 管理环境 工作环境 经济环境 科学技术环境	政策法律环境 社会文化环境	国外技术限制 国际产业环境

在管理应用验证项目时，应该对上述环境变量的变化保持警觉，当其中某些变量向着不利于项目的方向发展时，需要立即做出决策上的应对，而不是被动地接受环境改变造成的损失。

4.1.3　应用验证项目利益相关方及冲突解决方法

1. 应用验证项目利益相关方分析

基于霍尔三维模型，结合应用验证项目利益相关方特点，构建应用验证项目利益相关方识别三维模型，如图 4.5 所示。

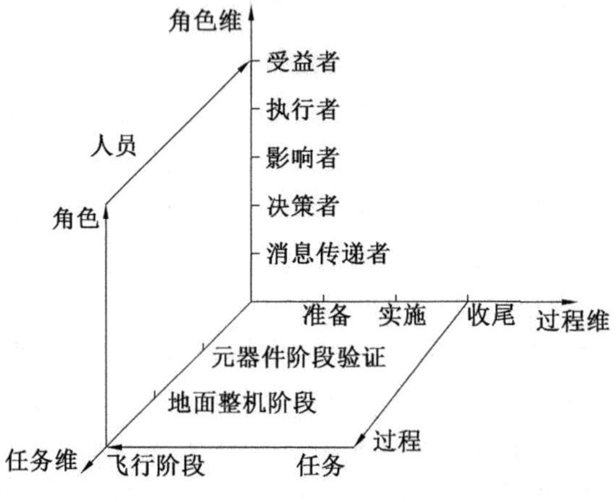

图 4.5　应用验证项目利益相关方识别三维模型图

通过全面分析在任务维的各个实施阶段每个过程中决策者有哪些、影响者有哪些、执行者和受益者又有哪些，再借鉴相关经验和数据统计识别出适用于我国目前宇航元器件研制和应用现状，具有一致的责任和利益目标的利益相关方有元器件生产单位、应用验证单位、用户单位（同时也是宇航型号系统研制单位)、第三方鉴定机构、上级主管部门、宇航型号用户(型号系统及主管单位)、国外航天机构、体系认证组织、承担部门应用验证技术开发或者提供验证设备的外协单位等九类。针对这些利益相关方,应用验证项目管理需实现各利益相关方验证资源的共享、优化以及风险的分担,促进利益相关方各自目标的实现。

在利益相关方中,型号系统和用户单位对应用验证的结论可靠度有重大影响,通过采取针对性管理措施,促进利益相关方的相互合作、共享利益和共担风险。各利益相关方在应用验证项目中应具有一致性目标。对于元器件生产单位,通过应用验证可深刻领会宇航应用要求、建立面向应用的产品化导向研发体系、实现产品的成熟度和服务全面升级,有利于新型产品推广应用;对于型号系统和用户单位,通过应用验证深入了解新型元器件产品特性和应用适用性,合理选用新型元器件、降低应用风险,进一步增强应用信心,解决型号配套问题。应用验证整合和优化了鉴定单位、用户单位和型号系统等利益相关方的验证资源,实现了资源的优化配置。

应用验证项目的九大利益相关方可分为四类,应用验证项目利益相关方矩阵图如图 4.6 所示。其中,主要利益相关方包括验证单位、元器件生产单位、型号系统、用户单位以及第三方鉴定机构。

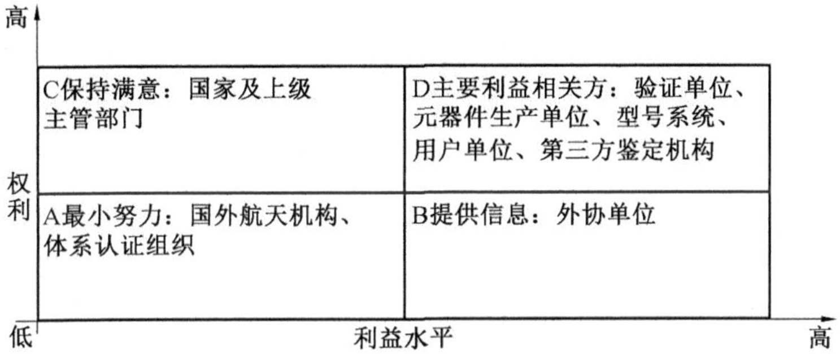

图 4.6　应用验证项目利益相关方矩阵图

2. 应用验证项目利益相关方关系处理原则

应用验证利益相关方关系处理原则表见表 4.4。

表 4.4　应用验证利益相关方关系处理原则表

<table>
<tr><th>分区</th><th colspan="2">A 区</th><th>B 区</th><th>C 区</th></tr>
<tr><td>利益相关方</td><td>国外航天机构</td><td>体系认证组织</td><td>外协单位</td><td>国家及上级主管部门</td></tr>
<tr><td>应用验证项目管理组织</td><td colspan="2">只需要进行一般性的沟通，甚至不需要主动进行沟通；避免无谓地触怒对方，保持关系的和谐；严格遵守体系认证组织的规定</td><td>做好外协单位资质认证工作，严格控制其交付物质量；及时进行交流沟通，使其明确自身职责</td><td>努力获取其对验证工作的支持，并使其对项目保持满意</td></tr>
</table>

<table>
<tr><th>分区</th><th colspan="5">D 区</th></tr>
<tr><td>利益相关方</td><td>验证单位</td><td>元器件生产单位</td><td>用户单位</td><td>型号系统</td><td>第三方鉴定机构</td></tr>
<tr><td>应用验证项目管理组织</td><td colspan="5">本区为应用验证项目的主要利益相关方，应分析各方在项目中的职责及各方之间的主要冲突关系，充分利用上级主管部门的行政地位、管理能力和应用验证系统约束力，协调好各方的利益诉求，最大限度降低冲突和矛盾</td></tr>
</table>

3. 应用验证项目利益相关方冲突分析

（1）冲突管理相关理论。

冲突是一个过程，开始于当你感觉受到阻碍、失望或破坏你最关心的事情时。在项目环境中，冲突是不可避免的，而应用验证项目由于其复杂性，其中的冲突就更显得错综复杂。项目管理团队一般需用 20% 的时间来解决冲突。由于解决冲突及其遗留问题需要占用大量时间，因此，在冲突产生之前进行计划、对冲突的可能性进行分析有助于我们更好地应对冲突。

在冲突管理中，有两个比较重要的方面应当明确，即冲突的来源和冲突的解决方式。明确冲突的来源有利于我们在冲突发生之前做好计划，而不用当冲突到来时才仓促应对；而明确冲突的解决方式则是化解冲突的手术刀，是解决实际冲突的直接手段。

（2）冲突来源。

在项目中最常见的冲突来源大致可以分为以下七类。

① 项目优先权的冲突。项目参加者经常对实现项目成功完成应该执行的活动和任务的次序有不同看法。

② 管理程序的冲突。许多冲突来源于项目应如何管理，也就是项目的报告关系定义、责任的定义、界面关系、项目范围等。

③ 技术意见和性能权衡的冲突。在面向技术的项目中，在技术问题、性能要求、技术权衡和实现性能的手段上都会发生不一致，这种冲突在应用验证项目中

应该十分常见。

④ 人力资源的冲突。对有来自其他职能部门或参谋部门人员的项目班子而言，围绕着用人会有冲突。

⑤ 费用的冲突。

⑥ 进度计划冲突。围绕项目有关任务的时间确定、次序安排和进度计划会产生不一致。

⑦ 个性冲突。冲突可能集中到个人间的差别而不是“技术”问题上，冲突经常是“以自我为中心”造成的。

(3) 冲突解决方式。

布雷克和莫顿描绘了以下五种解决冲突的模式。

① 撤出。从某个实际的或可能的争执中撤退或退出。

② 缓和。淡化或避开不一致的领域，强调一致的部分。

③ 妥协。协商并寻求使争执双方在一定程度上满意的解决办法，以“妥协”态度为特征。

④ 强制。肯定一方，否定另一方。通常用在有竞争且“非赢即输”的情形下。

⑤ 面对。直接面对冲突也是克服分歧、解决问题的一种途径。

(4) 应用验证项目主要利益相关方冲突分析。

① 元器件生产单位与应用验证单位、第三方鉴定机构之间的利益冲突。

应用验证单位的验证工作效率制约着元器件生产单位的产品生产周期，元器件生产单位对验证反馈意见的改进态度或者对样品数量要求的满足程度又影响着验证工作的效率和效果。

由于验证结果直接影响着元器件生产单位下一步市场和生产计划，因此，当应用验证结果不利于元器件生产单位时，元器件生产单位也许会质疑验证单位验证手段或技术的合理性。也就是说，双方很可能会产生技术意见和性能权衡的冲突。此外，处于双方接触界面的联络人员的个性冲突也可能是造成双方冲突的潜在因子(个性冲突很大程度上受个人修养和领导者魅力等人为因素决定，很难凭空断定其是否存在，后文会将焦点集中在更易界定的冲突源上，而有意略掉个性冲突。但在实际操作中，个性冲突不能忽视，项目经理和其他领导者应当同下属多进行沟通，避免个性冲突阻碍项目发展)。

同理，元器件生产单位与第三方鉴定机构也存在着类似的冲突。

② 应用验证单位与第三方鉴定机构之间的利益冲突。

对元器件评价过程中，除了应用验证单位外，还有第三方鉴定机构。双方的职责既有区别，又有联系。总体来说，应用验证单位的工作是提供元器件可用性报告，以说明元器件在应用环境下的可用度；第三方鉴定机构的工作则主要是控制元器件研制的质量，保证元器件符合指定标准和规范的鉴定要求。由于双方的职责相近，因此，很大的冲突是来自于鉴定工作和验证工作的划分。工作划分的冲突属于对各自工作范围的认识不一致，是来自于管理程序的冲突。此外，双方在一些问题上也很可能产生技术意见和性能权衡的冲突。

要应对上述冲突，上级管理部门的协调和专家决策至关重要。可以应用验证项目的最高管理机构应制定一套验证工作与鉴定工作的划分原则减少这种冲突。

③ 应用验证单位与项目投资单位的利益冲突。

在应用验证项目中，应用验证单位和项目投资单位可以算作是最直接的买卖方关系。作为"买方"的项目投资单位(可能是用户单位，也可能是其他单位)，总是希望以最小的代价得到最优质的产品(合理可靠的验证结果)；而作为"卖方"的应用验证单位，则总是希望用最小的成本输出让用户单位可以接受的结果。买卖方的天然对立导致双方的矛盾广泛存在，即：双方在项目优先权、管理程序、技术意见和性能权衡、费用和进度计划上都可能产生冲突。项目优先权的冲突主要是因为用户单位可能会希望应用验证单位将具有节点意义的验证程序提前，而验证单位则需要全面考虑整个验证过程。管理程序的冲突主要是因为用户单位可能会对项目的范围、实施计划有不同的看法。技术意见和性能权衡的冲突在高技术项目的买卖方之间是很难避免的。费用冲突很好理解，一般来讲，买卖方对交易都会进行一定程度的讨价还价。进度计划也是双方讨价还价的一部分，应用验证单位希望有充足的时间进行验证工作，而用户单位则希望尽快得到验证结果。

这种广泛存在的冲突很大程度上也是由应用验证项目的特点决定的：验证项目的委托方用户单位常常很难完整准确地描述验证需求，而是需要应用验证单位对验证要求进行识别。也就是说，用户单位对验证需求描述得越详细，应用验证单位识别出的验证要求就越全面、准确，但验证需求的详细化对用户单位来说也会提高各种成本。另一方面，用户验证工作交叉在宇航型号研制的过程中会占用宇航型号研制所需的资源，对宇航型号研制的工期、费用有一定影响，需要用户单位的积极配合。

④ 元器件生产单位与用户单位之间的利益冲突。

在验证项目中，可以不考虑元器件生产单位和用户单位之间的买卖关系(虽然元器件生产单位所生产出来的元器件必然是交付用户单位使用的)，它们之间的互动关系主要是通过应用验证单位体现的。从七种冲突源进行分析，双方最可能产生冲突的地方还是在技术意见和性能权衡上，因为用户单位对元器件各种性能的要求标准制约着元器件的研制技术难度和生产周期。如果用户单位对元器件的要求非常高，验证结果总是不能使用户满意，那么元器件生产单位需要不断地改进设计与生产工艺，如果用户单位对其生产工艺或质量控制方法有不同意见，就可能产生矛盾。另一方面，元器件生产单位的元器件质量影响着用户的宇航型号产品质量，因此，用户方应通过应用验证完善元器件质保程序，避免各种原因造成的元器件供货批产品质量不稳定风险。

4. 应用验证项目利益相关方冲突解决机制

在应用验证项目这种面向技术的项目中，通过前面的分析可以发现技术意见和性能权衡的冲突是十分常见的。而由于在一次验证活动中，通常只能从居于矛盾地位的技术中选择一种，也就是说，矛盾双方存在“非此即彼”的对立情况，因此，在这种冲突中，项目经理一般需要采用“强制”手段，肯定一方，否定另一方。

在应用验证项目优先权的冲突中，妥协和强制都是项目经理可以考虑的解决方式。

管理程序的冲突则由于其涉及面很广而显得比较复杂，各种手段都可能使用，需要项目经理视具体情况而定。例如，当对责任的定义发生争执的时候，项目经理可以强制主要责任方承担更多责任，也可以缓和矛盾，强调双方的协作，淡化不一致的地方。

费用冲突的解决需要在双方都认可的工作分解结构（WBS）基础上进行讨价还价，总体说来，以双方的妥协为主。

进度计划矛盾的解决很多时候需要上级主管部门的介入，进度的确定不只是各主要利益相关方的博弈过程，主管部门也会在很大程度上参与其中。进度计划的制订要求各方面对矛盾，并寻求妥协方式。

应用验证项目冲突源与冲突解决方式的对应关系情况表见表 4.5。

表 4.5　应用验证项目冲突源与冲突解决方式对应关系情况表

冲突源	项目优先权	管理程序	技术意见和性能权衡	人力资源	费用	进度计划	个性冲突
解决方式	妥协 / 强制	不确定	强制	不确定	妥协	妥协	不确定

上述对冲突解决方式的探讨只是给出一个大体上的方向，没有一种方法能够解决所有冲突，甚至没有一种方法能一直解决一种冲突。实际管理过程中的冲突需要项目管理团队理论结合实践，具体情况具体分析。提前对冲突应对进行计划，密切关注可能的冲突源，对于冲突的解决是大有裨益的。

4.1.4　应用验证项目集成管理理论与方法

1. 应用验证项目集成管理概念内涵

(1) 项目集成管理的内涵。

项目集成管理是指为确保项目各项工作能够有机地协调和配合开展的综合性和全局性的项目管理工作和过程，是运用管理集成的思想把现代管理理论——系统论、控制论和信息论与项目本身所具有的系统化特点相结合而产生的。项目集成管理可以保证项目的进度、费用、质量、资源等要素之间的相互协调，并考虑项目内部和外部环境因素，最大限度地满足或超过项目利益相关方的需求和期望。其核心是在多个相互冲突的目标和方案中做出权衡，以实现项目的目标和要求。从本质上讲，项目集成管理就是从全局的观点出发，以项目整体利益最大化为目标进行的管理。

(2) 项目集成管理特征。

项目集成管理的基本思想是指把项目全生命期各阶段的不同资源、信息等有机地集中起来，全面考虑项目全生命期各阶段环境因素，形成综合优势，从而保证项目各大目标的顺利实现。项目集成管理的特征主要包括以下几个方面。

① 项目集成管理强调项目的整体优化。项目集成管理是整合性的管理创新，其目标是提高管理系统的整体功能，重视系统的集成，纵向方面包括项目全生命期各阶段的集成，横向方面包括技术、管理、人员等管理要素的集成。由于集成思想贯穿于项目管理活动的全过程，因此，各项管理对象、资源要素可以实现全方位、全范围和全阶段的优化，激发单项优势之间的聚变放大作用，从而最终促进整个项目管理活动效率的提高。

② 项目集成管理活动具有动态开放性。项目活动的一次性使其时刻处于快速变化的外环境之中，其自身的运行架构也呈动态开放状态。随着管理要素的增多以及管理领域的拓展，管理环境的动态变化趋势日渐明显，使得各种资源的流动更加频繁。信息技术的发展使项目面对的信息量也急剧膨胀，整个外界环境处于一种瞬息万变、动态开放的格局之中。因此，项目集成管理思想强调管理项目的活动需具有动态开放性。

③ 项目集成管理思想重视各项活动的协同进行。主要表现为质量、进度、费用、资源等相互影响制约的各项目要素之间的平衡协调，即项目目标是靠项目各要素的协同一致来实现的，而项目集成管理则是保证各要素协同一致的手段。

④ 项目集成管理存在系统层次性。组成项目集成过程的各个部分的要素在各个层位上发挥的作用不同，且须进行各个层位之间的信息传递才能达到目标最优，实现项目集成的最终目的。

(3) 应用验证项目集成管理内涵。

应用验证项目全生命期包括需求分析阶段、方案阶段、实施与控制阶段和收尾阶段，每一阶段都有其管理内容：技术状态管理，费用管理，进度管理，质量管理，采购管理，风险管理，健康、安全与环境(Health，Safety and Environment，HSE)管理，以及信息文档管理等。应用验证项目集成管理致力于寻求项目全生命期各阶段的平衡以及各参与方之间的协同合作，运用集成的思想，保证应用验证项目完整的内部联系，提高应用验证项目集成管理系统的整体协调程度，以形成一个更大范围的有机整体。本章所述的集成管理主要包括组织集成、过程集成、管理要素集成、验证技术集成和信息集成。

应用验证项目集成管理即运用系统工程原理，综合考虑应用验证项目从需求分析到收尾整个生命期中各阶段各过程的要求和衔接关系、项目管理中各要素之间的关联关系以及项目执行过程中各参与方之间的相互协作及动态影响关系，运用统一的管理语言和规则及集成化的管理信息系统来实现项目全生命期目标的一种高效率项目管理模式。

对应用验证项目需求分析阶段、方案阶段、实施与控制阶段和收尾阶段进行分阶段管理的方式是传统的项目管理模式。运用集成管理的思想和技术工具，即整合增效战略、协同旋进策略、虚拟团队、全生命期的目标系统、全过程项目管理模式和集成化的项目管理系统，来改造传统项目管理模式，为达到项目利益相关方的期望去协调各方面的目标和要求，安排最佳的项目行动方案，使应用验证项目各阶段的管理能够相互衔接和融合，实现项目各目标的有效平衡。

2. 应用验证项目集成管理基本要素和单元

(1) 应用验证项目集成管理基本要素。

根据系统论观点，集成管理基本问题包括集成管理的集成单元、集成模式、集成界面、集成条件和集成环境。这五个基本要素是集成管理系统形成与发展的基础，任何集成关系都是这五个基本要素相互作用的结果。

集成单元的内在性质决定了集成关系的行为和组织模式，而集成环境则是影响集成模式的外部因素。集成条件与集成界面是集成关系形成过程中选择与优化的标准。

(2) 应用验证项目集成管理单元。

集成单元是指构成集成体或集成关系的基本单位，是形成集成体的基本物质条件，又可称为集成要素。

集成单元是相对的，某一具体集成单元是相对于具体对象而言的。在不同层级上的集成单元有其不同的内容。对于多项目集成管理系统而言，其集成单元为单个应用验证项目集成管理系统；对于单个应用验证项目集成管理系统而言，可以从纵向和横向两个层面考虑该系统的集成单元。对每个层级从纵向层次上进行考虑，应用验证项目集成管理系统由策略层、处理层和存储层组成；对每个层级从横向层次上进行考虑，策略层由组织集成管理子系统、过程集成管理子系统、管理要素集成管理子系统、验证技术集成管理子系统以及信息集成管理子系统组成，处理层由专家系统和信息处理系统组成，存储层包括问题库、知识库、案例库、方法库和工具库及其管理子系统，各子系统即为应用验证项目集成管理单元。应用验证项目集成管理系统内部层次结构图如图 4.7 所示。

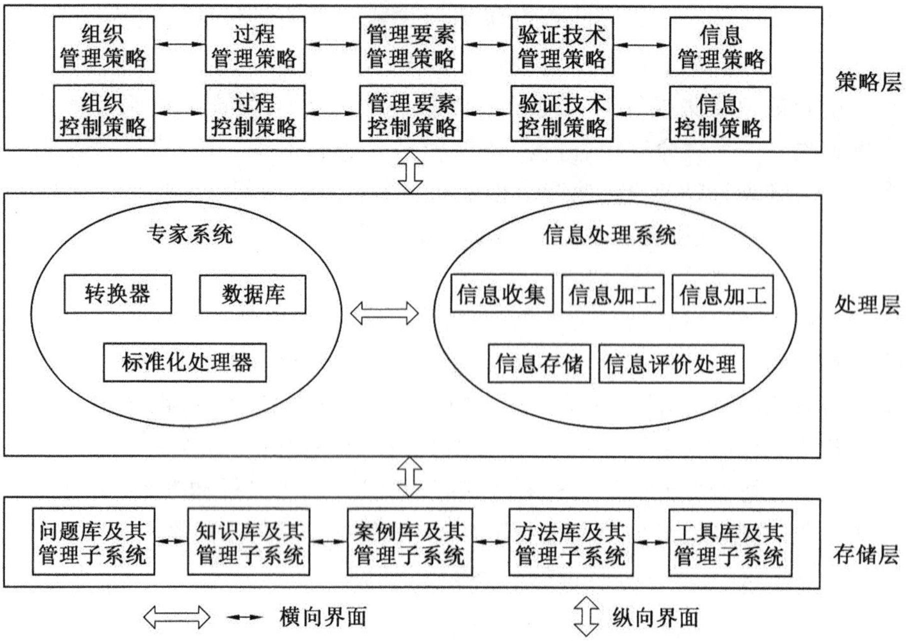

图 4.7　应用验证项目集成管理系统内部层次结构图

不同集成中集成单元的性质和特征也是不同的。例如，应用验证项目中某一验证试验单元通常是由具有不同操作技能的人员、不同功能的试验设备和不同的工作对象组成的。

(3) 应用验证项目要素集成管理。

应用验证项目要素集成管理即在应用验证项目中，综合考虑范围、人力资源、技术状态、进度、费用、质量、采购、风险、HSE 以及信息与沟通等多个管理要素，制订集成化的应用验证项目管理计划，并在实施过程中对各管理要素工作的实施情况进行整体控制，从而使各管理要素的管理工作协调和配合，以最终实现应用验证项目整体绩效提升的过程。

① 项目要素集成管理实施机制。应用验证项目管理的要素集成管理的实施主要包括方案阶段的管理要素集成和实施与控制阶段的管理要素集成。在项目

进行的不同阶段，对要素进行集成的机制和侧重点有所不同，故应充分识别各阶段进行要素集成所需进行的工作，并运用特定的方法和模型对应用验证项目管理要素进行有效集成。应用验证项目管理要素集成管理模型图如图 4.8 所示。

② 项目要素集成管理的实施要点。应用验证项目管理的要素集成管理是一个贯穿于项目全生命期的复杂的系统过程，在进行应验证项目管理要素集成管理的过程中，注意要点如下。

a. 结合项目的具体实施步骤。应用验证项目管理要素集成管理是贯穿在整个应用验证具体实施过程之中的，在每个阶段都应兼顾各要素的管理，且有不同的侧重点。因此，在应用验证项目每个阶段开展之前，都应编制有侧重点的集成化的应用验证项目要素管理计划，在实施过程中严格按照计划执行，且对项目进行实时监控，发现项目目标的偏差，并及时采取纠偏措施，从而对项目的实施提供有力的支持。

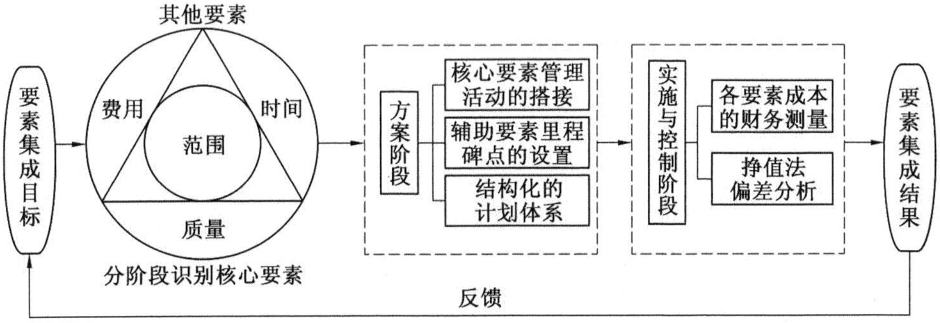

图 4.8　应用验证项目管理要素集成管理模型图

b. 建立项目管理信息系统。在应用验证项目实施过程中，实现要素集成控制的第一步就是快速、全面地收集项目进展各方面的数据，所以应用验证项目有必要建立起基于网络的信息系统，及时、准确地收集项目进展的相关数据，以便之后定量、科学地分析项目执行的动态和亟待解决的问题，并予以协调和解决，进而保证项目顺利进行。

c. 应用项目管理软件。在对应用验证项目各管理要素进行管理的过程中，许多如进度计划的制订、项目绩效分析等过程只靠人为的管理往往达不到预期的效果，且很难产生较高的效率，所以有必要实现管理的计算机化。目前国内外已开发出许多较为实用的项目管理软件，如 P3 软件、Microsoft Project 软件等，它们可以帮助项目管理人员更高效地完成对项目的计划、控制等任务，故可在应用验证项目中有所借鉴。

3. 应用验证项目技术集成管理

(1) 应用验证技术集成管理概念。

“技术集成”概念的提出者是哈佛商学院的教授 Macro Iansiti，其实证基础是 Iansiti 对全球计算机主机行业和半导体行业主要企业产品创新活动的多年研究。Iansiti 将技术集成定义为“为使最终技术方案与企业实际环境相匹配，企业在产品开发、制造流程或服务过程中对多种技术选项进行评估、选择和提炼的一系列过程”。

相对于单纯的“产品开发管理”而言，宇航元器件应用验证项目显然更具有目的性、计划性、组织性和规模性。作为验证宇航元器件功能和性能、质量可靠性、应用适用性的项目，其对验证技术的成熟性要求较高，涉及的技术领域较产品研发项目显然更多且更复杂。

作为多种技术和技术群的应用和集成，若干不同技术的整合构成了应用验证项目本身。应用验证项目的验证技术集成管理是指从应用验证项目整体出发，综合运用系统论、控制论等思想、理念和技术方法，有效整合验证单位内、外部先进的验证技术、工具和管理方法，将一系列零散、功能单一的验证技术通过技术集成转化为一套相互关联且协调统一的验证技术体系。合理有效的验证技术集成可以优化应用验证流程，提高验证效率、数据充分性，以及结论科学性和合理性。

应用验证项目验证技术集成不是验证技术的简单堆砌和组合，其包含三方面的内容：对已有技术的评估、选择及整合，对新技术的开发，以及新旧技术的整合应用。

(2) 应用验证技术集成管理的主要指标。

应用验证项目验证技术集成的主要指标包括技术匹配度、技术冗余度、自有核心技术、主要功能与辅助功能所占比例等。

① 技术匹配度。技术匹配度是指验证项目的各分支技术在结合后是否互相冲突和矛盾，是否发挥了应有的整体功能，特别是有无发挥出最大的功能。

② 技术冗余度。技术冗余度是指技术系统内各分支技术集成后可放弃的技术所占的比例，其中可放弃的技术是针对最终验证结果而言的，包括产生负效果的技术、不产生任何功能的技术或可以用其他简单技术代替的分支技术等。

应用验证项目的技术冗余度是相对于前期应用验证项目而言的，同样也是相对于元器件用户的用途而言的。技术系统冗余度的逐步减少说明了产品的成熟和技术的进步。对验证技术系统冗余度的检验将促进验证项目技术系统内部的分支技术的进步。

③ 自有核心技术。验证项目自有核心技术是指验证单位依靠自身力量，通

过独立的研究开发活动而获得的来源于企业内部的技术突破。要完成一项技术创新，所需要的各项分支技术是多种多样的，其中有关键性的核心技术，也有辅助性外围技术。而针对一个复杂的技术产品更是如此。因此，对于验证项目而言，验证单位拥有验证相关的核心技术越多，其自主创新能力就越强。

④ 主要功能与辅助功能所占比例。应用验证项目的主要功能是验证元器件的宇航应用可用性，但验证最终达到的效果即功能并不仅限于此。分析项目主要功能与辅助功能的比例，有助于降低项目成本，合理配置资源，提高项目绩效。

(3) 应用验证技术集成的特点。

同一般项目的技术集成相比，应用验证项目验证技术集成具有下述特点。

① 验证技术集成的非线性复杂性。非线性的基本特征是叠加性原理的失效，即非加和性。在应用验证项目验证技术集成过程中，各验证技术之间的相互作用不再是简单的数量相加，而是相互制约、彼此耦合成新的验证技术体系。该集成整体出现它的各个组成部分所没有的新的性质和功能，从而使验证能力和水平获得整体提升。

② 需注重新旧技术之间的交叉融合。有效的验证技术集成过程实际上就是新的验证技术与现有验证技术交叉融合的过程。在引入新验证技术的过程中需要注意技术的适用性、新技术与现有技术的匹配性、新技术引入成本与验证效果改善情况的综合评估、新技术的引入对技术集成流程的影响，以及对实现用户要求的贡献等。

③ 需综合考虑项目的整体目标。在应用验证项目验证技术集成过程中，应将应用验证项目视为一个有机整体，并考虑项目的整体验证目标，而不是孤立地实现项目各个部分的验证要求。集成的基本思想是整合增效，而验证技术的集成就是要通过技术与管理两方面的集成，从突破性验证技术的开发以及现有验证流程的优化两个角度综合考虑元器件验证项目验证过程的总体目标。

④ 贯穿于项目全生命期的各个阶段。应用验证项目验证技术集成贯穿于项目全生命周期的各个阶段，从元器件需求分析阶段起，经过方案阶段、元器件验证阶段、地面整机验证阶段、飞行验证阶段及收尾等多阶段，其间的每一个阶段都涉及应用验证技术应用，须进行验证技术集成，是一个持续改进的动态过程。

(4) 应用验证技术集成模型。

技术集成是在寻求技术选项与市场需求之间有效匹配过程中对多种技术知识选项进行调查、评估和选择的系列活动。对验证单位而言，无论是进行单项目管理还是多项目管理，只有构建应用验证项目验证技术集成系统，以把握技术需求的环节为逻辑起点，才能解决复杂的技术资源与实际应用之间的匹配问题，从而确保应用验证项目顺利实施。项目各参与方的资源配置、组织设计及流程构建等各方面的管理运作都与该技术集成系统相连，既以技术集成系统为基础条件，又受该系统的制约和影响。将单个应用验证项目的全生命期视为一个技术集成期构建的应用验证项目验证技术集成单项目管理过程模型图如图 4.9 所示。

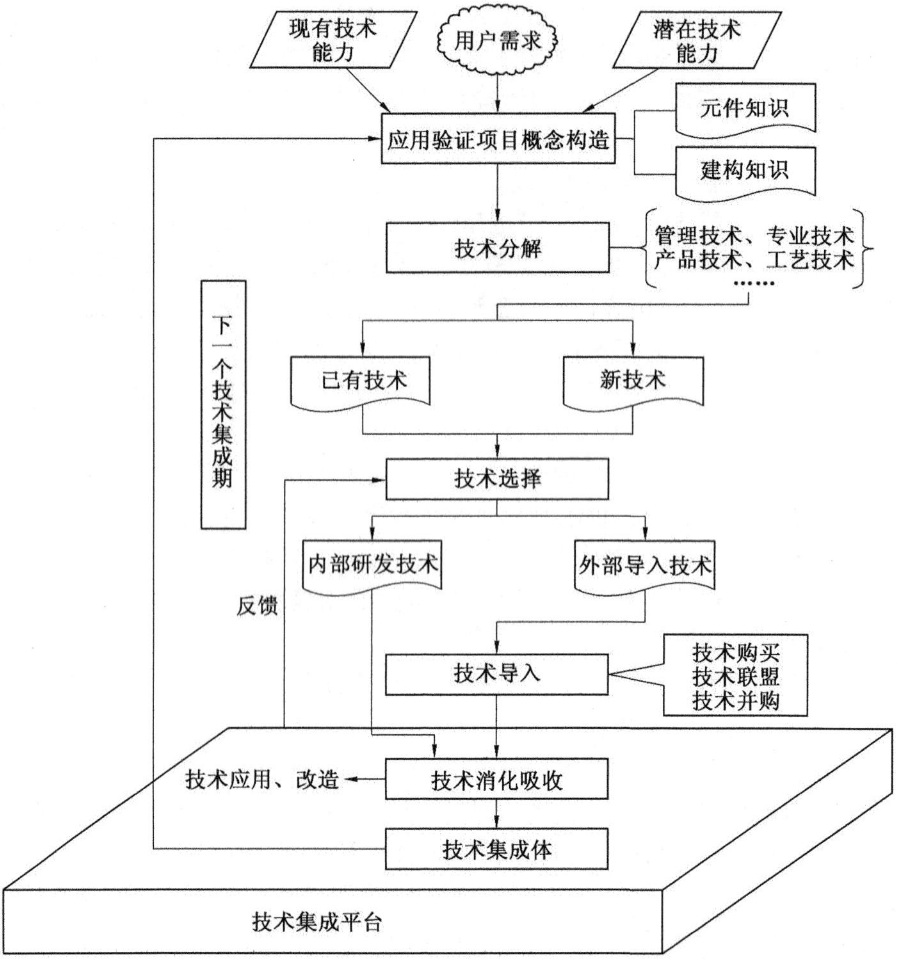

图 4.9　应用验证项目验证技术集成单项目管理过程模型图

运用系统工程方法分析，该模型主要特点如下。

① 模型输入项为应用验证需求和验证单位掌握的元器件应用验证技术。进行验证技术集成的起始活动应为明晰验证单位自身技术能力并深入了解客户验证需求。这既是技术集成本身特性所决定的，同时也体现出了验证项目的独特之处。

② 模型的最终输出是验证技术集成体。此处针对具体验证需求建立的验证

技术集成体不仅仅指验证单位内部研发技术，也包括外部导入技术；集成中的技术创造包含着已有技术的、与新技术之间的整合应用这一层含义，即新技术需经消化吸收这一步骤；如果只是孤立地引入新技术而不重视其与验证单位已有技术的融合，并不能将之称为“技术集成”，或者只能称之为较低层次的“技术集成”。

应用验证技术应根据所验证元器件的实际应用情况，形成应用验证知识库，再进一步转化形成应用验证标准、指南，并不断完善应用验证项目管理要求，持续改进管理方法。

建立应用验证技术成熟度的评价工具，对成熟度较高的应用验证技术或技术集成体，可转化形成应用验证技术标准、应用验证技术选择指南和应用验证管理方法和标准。

③ 验证技术集成需依托技术集成平台进行。应用验证技术集成平台可对企业现有技术能力实行实时监控与动态更新，对技术开发流程进行管理，对与技术相关的设备等有一定识别。应用验证技术集成平台功能模块图如图 4.10 所示。

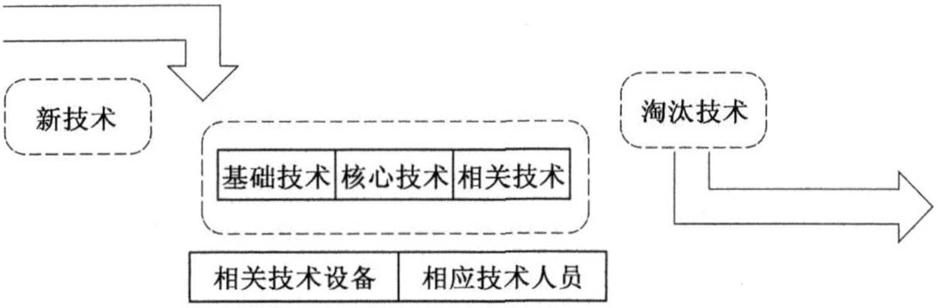

图 4.10　应用验证技术集成平台功能模块图

(5) 应用验证技术集成实施机制。

技术集成的实施机制是指验证技术集成的内在机能及其运行方式，包括验证技术集成的原则、条件和实施步骤。验证技术集成的原则是实施验证技术集成的基础，只有遵循这些准则，才能确保验证工作的有效性；验证技术集成的条件是实施验证技术集成的前提；验证技术集成的实施步骤描述的是一般情况下验证技术集成的基本过程。

① 应用验证技术集成原则。

a. 目的同一性原则。元器件应用验证项目是一个目的明确的过程，就是要验证元器件在各项性能指标上是否满足客户的要求。技术集成是一系列验证技术相互联系、相互协同而形成的一个功能整体，必须遵循目的同一性原则。验证技术是实现验证目的的手段，只有把目的和手段统一起来，才能把各种验证技术要素按照同一目的组织起来服务于验证工作。在元器件应用验证项目中，专业化和社会化分工导致对元器件不同层次上进行验证工作的责任人员不同，造成项目组织的分割、组织目标的不一致和组织责任的离散，此时验证目的的明确和统一显得尤为重要，因此，目的同一性是验证技术集成的基本原则。

b. 功能匹配性原则。在验证技术集成的过程中，必须考虑各项验证技术功能的相互影响和协同工作能力，以保证验证技术集成的有效性、可靠性和可操作性，这是元器件应用验证工作正常实施的内在要求。功能不匹配的验证技术不能相互支撑，尽管它们各具功能特色，但也不能形成一个有机整体，不能发挥整体功能，甚至可能相互排斥，致使验证工作无法顺利进行。因此，在元器件应用验证项目的验证技术集成过程中，要求对各项验证技术要素的匹配状况进行选择测试，使之以最适宜的功能形式结合在一起，起到优势互补的作用，确保验证工作的完整性和可靠性。

c. 整体优化性原则。元器件产品设计和制造技术的复杂性必然会增大验证工作的难度，导致在验证过程中顾此失彼，使验证工作不够全面或不尽完善。因此，在进行验证技术集成时，应遵循整体优化性原则。对于验证技术集成过程中产生的一些实际问题的解决，不能只针对系统的一个部分进行考虑，而应该着眼于系统整体。所谓整体优化，就是要求验证技术人员在整个验证技术集成过程中做到深入系统地分析问题，从技术因素、自然因素、社会因素以及人文因素整体出发，寻求先进的验证技术，精心设计并优化验证流程，使验证技术集成工作取得最好的成效。

② 应用验证技术集成实施步骤。应用验证项目验证技术集成实施的基本框架及步骤如图 4.11 所示。

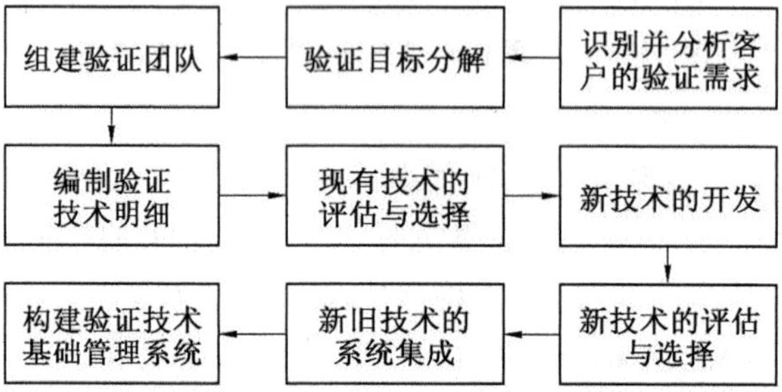

图 4.11　应用验证项目验证技术集成实施的基本框架及步骤

a. 分析客户需求。客户需求信息与新出现的技术作为最终界定产品功能的关键特征，直接影响到后续的一系列验证活动。明晰客户需求，并把这种需求与验证单位的技术能力（包括现有技术能力和潜在技术能力）进行匹配，可以解决产品开发的决策、组织问题，完善产品开发的技术方法与管理理论。

因此，验证技术集成的第一步也应该是识别、分析客户的验证需求并对其进行分类。典型的用户验证要求类别及内容情况表见表 4.6。

表 4.6　典型的客户验证要求类别及内容情况表

验证要求类别	具体的验证要求内容
机械	结构环境、残骸 / 流星体防护、机械装置
热	热环境、热控制、热防护、气动热
制导导航与控制	姿势与轨道控制系统、交会与对接、引航
推进	反应控制子系统
动力	动力生成和输配
着陆	降落伞、制动火箭
通信	天线、无线电频率
数据管理	机械数据处理
环境控制与生命支持	大气控制和污染
任务	任务定义、生活、瞄准、稳定性、轨道、对准
技术状态	物理性能、接口、组成、模块化、可达性、闭光性
人类因素	人因工程、人在舱内 / 舱外活动、工作人员相关活动
电磁兼容	电磁发射、电磁干扰、静电放电、防雷、磁洁净度
质量因素	安全性、可靠性、可用性、可维护性
飞行操作	自治性、控制权限、故障管理、操作程序
地面操作	地面处理、发射场、后着陆、控制中心
支持	地面支持设备、备件、后勤、培训
微重力	声频噪声、人体振动

资料来源：Space Engineering Verification，ECSS。

b. 验证目标分解。在实施验证技术集成之前，首先需要根据经过识别与分析的客户验证需求明确验证工作的总体目标，并对这一总体目标进行分解，将分解后的子目标与所需的各项验证技术联系起来。

c. 组建独立的验证团队。在识别与分析了客户的验证需求并进行验证目标分解后，应根据具体的验证需求与验证子目标选择进行验证技术集成所需的各领域相关专家和工作人员，组建一支独立的验证团队。一般情况下，验证团队的成员主要包括验证项目负责人、设计人员、开发人员以及验证人员等，设计开发人员与验证人员应是独立的个体，避免由设计开发人员验证由自己设计开发的验证技术，这样可以提高验证技术的有效性和可靠性。

验证项目负责人是验证团队的核心，统筹安排和宏观调控整个验证技术集成的实施过程；而验证人员是验证团队的支柱，因为验证人员是所有验证技术的实施者，验证过程的体验者，先进的验证技术只有与优秀的验证人员结合起来才能有效地发挥作用。一名好的验证人员除了需要具备过硬的专业技术知识外，还需要有良好的沟通能力、足够的自信心、适当的怀疑精神以及耐心和洞察力等素质。

d. 编制验证技术清单。技术集成团队编制验证技术清单，对验证项目中的验证技术进行识别与分解，明确哪些是验证单位的已有技术和待开发的新技术，以及新旧技术之间的联系。同时，应进一步明确新技术中有哪些可以依靠验证单位内部的研发机构实现、哪些需要和外部单位合作或者直接从外部引进等。验证技术清单编制流程图如图 4.12 所示。

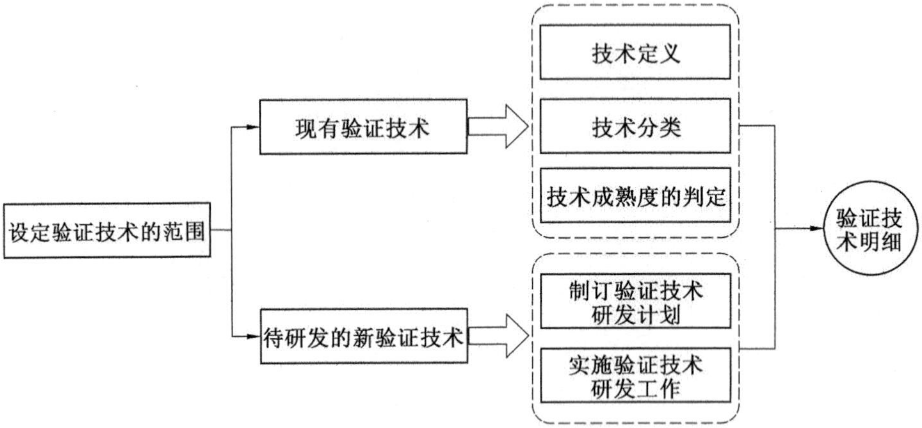

图 4.12　验证技术清单编制流程图

验证技术清单应该在应用验证项目的早期阶段编制，验证技术清单对于验证技术集成的有效执行非常重要。

该阶段的主要工作包括两个方面：一是对现有验证技术进行定义、分类和技术成熟度判定，确定可用于应用验证项目的验证技术；二是对拟开发的验证技术，制订验证技术研发计划，并在审批通过后开始验证技术研发活动。

e. 现有技术评估与选择。有效的技术集成过程中必须要对各种可选的技术选项进行评估，并进行有效选择。现有技术是验证单位长期从事元器件应用验证工作的积累，这些技术具有一定的成熟度和可靠性，有效选择和利用现有技术不仅可以缩短验证时间、节约验证成本，还可以提高验证工作的可靠性。

技术选择即技术如何应用，其内容既包括验证技术的选择，也包括如何应用技术的指导方针和技术政策的选择。

f. 新技术的开发、评估与选择。在进行突破性验证技术的开发后，还需要对各种可选的新验证技术进行评估，并做出有效选择。从对软件和芯片等产品的验证经验中可总结得出，要想提高验证结果的可靠性，仅仅研发和发现新的验证技术是不够的，必须善于选择恰当的验证技术，并善于通过技术集成，使这些验证技术在越来越复杂的元器件产品验证过程中共同发挥作用。

在对新技术进行评估与选择的过程中，必须注意以下几个方面：技术的适用性，在对新技术进行评估与选择时，验证技术是否“高、精、尖”并不是需要考虑的关键，选择标准更多关注的是技术的可用性、可靠性、安全性和有效性；新技术与现有技术的匹配性，如果新技术与现有技术不匹配，那么新旧技术的集成不仅无法带来验证可靠性的改善，反而会造成适得其反的效果；新技术开发成本与元器件验证成本的综合评估，如果一项新验证技术的开发成本巨大，而其并非不可替代的，那么可以考虑放弃该项新技术的开发，而将相应资源转向其他更有意义的技术开发中；新技术的开发对技术集成过程的影响，以及对提高验证过程整体可靠性与安全性的贡献。

g. 新技术与现有技术的系统集成。在对新的元器件产品进行验证的过程中，当验证单位需要在现有验证技术的基础上引入新技术，以便对元器件的某项性能指标进行验证时，应注意新旧技术之间的交叉融合以及项目内部和外部的集成。

在验证单位内部进行验证技术集成，强调的是内部各职能部门之间的并行合作，而不是从一个职能部门到另一个职能部门的序列过程；验证单位与其他参与方之间联合开展验证技术集成，强调的是各参与方之间的战略联系，并更多地借助于现代的计算机和通信技术，这时集成过程不仅是各职能的交叉并列，而且还是多构架系统集成网络连接的过程。

h. 构建验证技术集成管理系统。随着信息技术和集成理论的发展，对验证单位内部各专业协作、信息交流、资源共享以及设计、验证技术集成化的要求也越来越高，单机作业以及零散的验证技术信息管理已无法满足验证技术开发和管理的要求。因此，为适应这一发展趋势，在应用验证项目验证技术集成过程中需要构建验证技术集成管理系统。验证技术集成管理系统构建的基本模式和一般方法遵循信息集成管理系统的构建原则。

(6) 应用验证技术集成实施要点。

① 确保验证的充分性。在应用验证技术集成过程中，需对集成的效果进行评价。需不断对实施验证技术集成后的验证充分性进行全面、客观的衡量，从而能够指导验证技术集成工作不断深入、全面地开展。因此，对验证技术集成的充分性做出全面、客观的衡量是验证技术集成的关键点之一。

② 组建高效的验证团队。验证技术集成面临的是一个变化的动态环境和复杂的系统过程，集成过程涉及验证单位内外的多个单位和部门，任何一个环节的失误均会影响技术集成的效率、效果、可靠性和安全性，只有组建一支高效的验证团队才能适应这一严格要求。可见，高效的验证团队是技术集成有效实现的重要保障，在技术集成过程中应作为关键点重点加以控制。

验证团队包含了来自不同部门、不同组织甚至不同领域的专家和工作人员，这些人员全程参与技术的设计与开发过程，将工作的自主性与部门之间的协调性结合起来，使各部门之间互相掌握信息的动态变化，保证各集成要素的协调匹配，发挥出最佳的整体功效。验证团队的成员应该具有跨学科的复合知识基础，不仅要精通验证技术领域的知识，还要熟悉验证技术领域与其他技术领域的联系以及验证技术领域与元器件生产系统、验证单位外部价值网络之间的联系。

③ 持续动态调整。为满足客户日益提高的元器件验证要求，保证元器件成功应用于航天产品的预定目标，就必须不断开发新的应用验证技术。除了新技术的开发外，还应注意实施新旧验证技术之间的集成。验证技术的集成并非一次性活动，也不是一种工具或方法，而应该是一个持续改进的动态过程。这种持续的动态过程的基本思想可以借鉴全面质量管理中的 PDCA 循环理论，验证技术集成的全部过程，就是客户需求分析和验证技术的评估、选择与集成的过程，这个过程可以参照 PDCA 循环的思想，不停顿地周而复始运转，以保证验证技术能够随时满足客户的验证需求，确保元器件的可靠性和安全性能够得到有效验证。验证技术集成的动态实施过程图如图 4.13 所示。

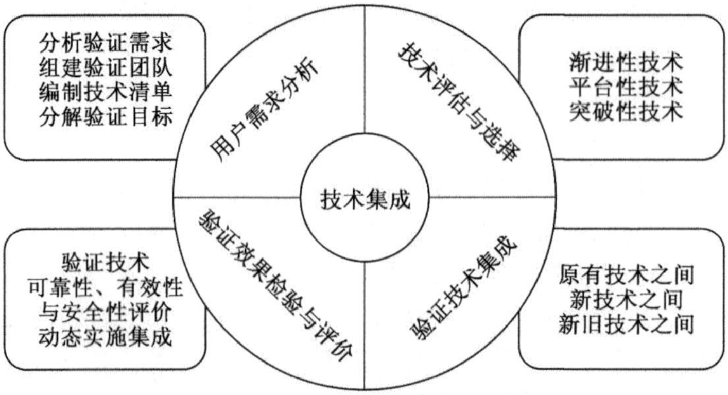

图 4.13　验证技术集成的动态实施过程图

4.2　应用验证项目管理

应用验证项目参与方主要包括用户单位、生产单位、型号系统和验证单位。各参与方在项目中扮演不同的角色、发挥不同的作用。元器件用户单位负责提出元器件研制要求和元器件应用验证的各项要求，生产单位负责宇航元器件产品的设计和生产，验证单位负责按照用户单位和型号系统提出的验证要求对元器件进行应用验证，并协调各方之间的关系。本节从验证单位角度建立了元器件应用验证项目组织结构，界定了验证单位项目团队中各部门的权利与职责。

4.2.1　应用验证项目组织结构和工作模式

应用验证项目管理是在项目经理领导下，以满足委托方验证需求为目标，及时高效地完成项目。应用验证项目实行矩阵式管理。矩阵式项目组织结构中，参与项目的人员由各职能部门负责人安排。这些人员在项目工作期间，在工作内容上服从项目团队的安排，但人员不独立于职能部门之外，是一种暂时的、半松散的组织结构形式。项目团队成员之间的沟通不需要通过其职能部门的领导。矩阵式组织结构对客户需求响应快，实现了资源的优化配置，能集中各部门的技术和管理优势，以尽可能少的人力实现对整个项目的高效率管理。

项目办公室内部实行垂直管理，各部门派出人员，在项目工作方面受项目经理领导，完成其交办的任务并对其负责；项目办公室领导有权对团队成员的工作情况提出考核意见，必要时可提出调整意见，并反馈派出部门。同时按照矩阵管理的原则，各部门派出人员也受本部门领导，在其专业方面要对派出部门负责。以元器件应用验证为核心，以元器件产品研制和生产过程为对象，面向元器件宇航应用，由元器件应用验证项目系统牵头，协同生产单位、型号系统和用户单位共同解决国产元器件的成熟度、宇航适用性及产品可用度问题，构建应用验证组织结构和实施工作模式。

应用验证项目管理组织可采用项目经理和技术经理领导下的矩阵式组织结构，应用验证项目矩阵式组织结构如图 4.14 所示。应用验证项目办公室领导主要包括项目经理(总指挥)、项目副经理(副总指挥)、项目技术经理(总设计师)和

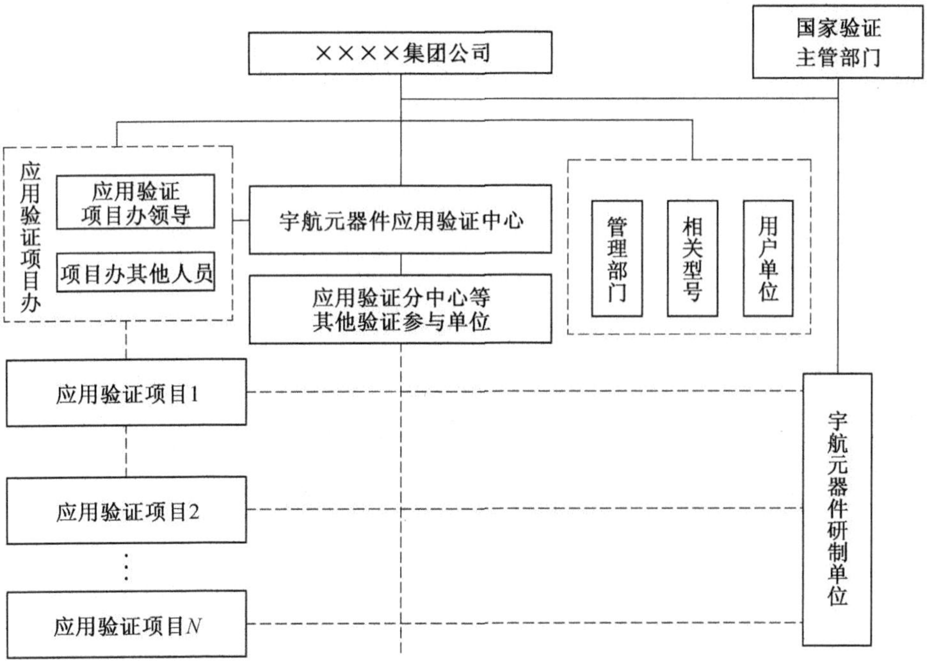

图 4.14 应用验证项目矩阵式组织结构

项目技术副经理(副总设计师)等;应用验证项目办公室其他主要成员包括总体主任设计师、专项经理、计划经理、质量经理等。

为充分发挥应用验证项目经理和技术经理、项目办和各职能部门的管理优势,实现应用验证项目多参与方高效协同的组织集成管理,工作分工如下。

(1) 应用验证项目办负责应用验证项目组织实施与管理。

(2) 应用验证中心是项目总承包和技术总体单位,负责组织编制论证方案、进行任务技术分解、完成验收,并形成验证报告和初步结论。

(3) 应用验证项目办组织总承包单位与应用验证分中心、认可实验室和相关用户单位签订分包合同,并组织验收;技术总体单位形成验证报告,给出验证初步结论并编写元器件应用指南,经项目办组织专家审定后,由国家主管部门发布应用验证结论和应用指南。

4.2.2　应用验证项目团队构成与职责

1. 应用验证项目团队构成

应用验证项目根据项目经理负责制设立项目办公室,负责应用验证项目工作的具体实施。项目办公室人员设置与构成一般如下。

(1) 项目办公室领导。

应用验证项目办公室领导包括项目经理、项目技术经理、项目副经理、项目技术副经理。与航天工程“两总”系统对应关系为:项目经理由项目总指挥担任;项目技术经理由项目总师担任;项目副经理由项目副总指挥担任;项目技术副经理由项目副总师担任。

(2) 项目办公室其他成员。

应用验证项目办公室其他成员包括总体主任设计师、计划经理、质量经理以及专项经理等。

应用验证项目其他主要成员包括业务秘书等,可根据应用验证项目的具体需要进行设置。

应用验证项目团队应严格按照岗位设置的要求配备应用验证干部队伍,如需增设项目干部岗位,应由项目办公室或其他参与方提出意见,经各院讨论后提出增设岗位建议,报主管院领导审批后,按照管理权限进行配置。

2. 应用验证项目团队主要成员职责

(1) 项目经理(项目总指挥)。

项目经理(项目总指挥)是应用验证项目的总负责人,是应用验证项目质量的第一负责人,向项目所属单位负责,其主要职责如下。

① 对主管应用验证项目负直接领导责任,负责落实上级下达的各项要求。

② 在统一协调、综合平衡的前提下，对与验证工作有关的人、财、物实行有效的组织管理，组织各相关单位贯彻落实上级各有关单位的规章制度，监督、检查执行情况。

③ 负责组织各单位应用验证项目需求评审和上报。

④ 根据应用验证项目任务及对技术系统提出的总体方案组织技术和经济性评审，组织评审总体方案、技术流程和计划流程。

⑤ 根据应用验证项目任务及上级主管部门有关规定，提出任务分工、外协定点和重大技术改造措施的建议，报上级主管部门审定后组织落实，负责协调跨部门、跨单位的应用验证任务中的重要问题。

⑥ 组织编制应用验证项目实施方案、阶段计划、专题计划和年度计划，提出工作中需要的引进计划和技术措施。

⑦ 组织编制应用验证费用总概算、年度预算和决算，优化成本结构，在经批准的预算额度及项目内行使费用审批权，合理安排使用应用验证经费，负责应用验证成本管理和控制。

⑧ 组织指挥应用验证项目计划的实施和调度，督促检查应用验证项目计划实施情况，组织、协调、落实项目队伍、费用、条件保障和外协配套等保障条件。

⑨ 组织确定应用验证重大试验项目，与有关部门协商，向上级提出应用验证重大试验计划，负责验证试验的组织实施。

⑩ 组织制定并实施应用验证项目质量保证大纲和验证技术要求，审定、落实费用管理、合同管理、质量管理、安全管理、保密管理、标准化及验证技术管理方面的规定和要求，组织应用验证项目中出现的重大质量问题的处理，负责应用验证项目中质量问题的归零工作，对应用验证项目最终的质量负责。

⑪ 负责组织应用验证项目的立项论证和申报工作。

⑫ 组织对承担验证工作的专业实验室的资质认可工作。

⑬ 负责推进与元器件标准体系建设项目的任务协调以及航天重大专项和航天高可靠应用的互动。

⑭ 会同有关部门搞好本项目办公室和所负责元器件应用验证工作的项目队伍建设，参与人员考核，并提出奖惩、升降及调整的建议。

(2) 项目技术经理(项目总师)。

技术经理(项目总师)是元器件应用验证项目的技术总负责人，对项目经理和项目所属单位负责，主要职责如下。

① 协助项目经理对与应用验证技术有关的人、财、物实施有效的协调管理，贯彻落实上级各有关单位的规章制度，监督检查执行情况。

② 组织元器件应用验证需求调研和总体方案策划。

③ 根据应用验证项目任务书的技术要求，审查并合理确定应用验证技术指

标，组织总体技术方案的技术和经济性论证，并对应用验证总体技术方案负责。

④ 根据应用验证项目任务书的技术要求，合理选择技术途径，确定验证工作各分系统、各验证阶段技术状态，组织评审抓总单位制定的总体方案，并确定总体方案和相关实施计划。

⑤ 根据应用验证项目任务书，组织编制、审查应用验证技术流程，确定各分系统的应用验证项目任务书，负责总体和分系统应用验证方案设计的审查。

⑥ 负责各分系统应用验证接口的协调，合理分配、确定分系统应用验证技术指标，审定并签署应用验证和承担应用验证项目的航天型号重要技术接口和技术要求。

⑦ 组织制定应用验证试验准则，负责技术状态管理和应用验证项目的工作质量，组织制定专用应用验证硬件系统的设计准则，组织审定应用验证软件，并组织测评。

⑧ 评审应用验证项目中的技术攻关项目和工艺攻关项目，解决应用验证项目中的重大技术问题和验证工作中的质量问题，组织技术人员研究解决各种技术问题和质量问题，按职责权限审定处理意见。

⑨ 提供应用验证项目任务中必要的重大技术改造的技术保障要求。

⑩ 组织研究应用验证技术领域的发展方向，提出技术途径，并评审支撑性课题。

⑪ 会同项目经理和有关部门搞好本项目办公室和所负责应用验证项目的团队建设，参与人员考核，并提出奖惩、升降及调整的建议。

⑫ 负责组织解决项目研制过程中的重大技术问题并做出决策。

⑬ 组织协调上级主管部门、生产单位和用户单位提出的各阶段应用验证要求。

(3) 总体主任设计师。

总体主任设计师对技术经理（项目总师）负责，组织完成所管项目的技术管理工作，其具体职责如下。

① 协助总师完成应用验证需求调研和总体方案策划。

② 组织所管项目的应用验证任务技术指标和总体方案的编制。

③ 组织所管项目的应用验证项目技术流程的编制，受项目总师委托编制各承担单位的应用验证项目任务书。

④ 组织所管项目的应用验证项目中总体单位和各承担单位之间的接口及有关技术文件的编制。

⑤ 组织制定所管项目的应用验证试验准则、专用应用验证硬件系统的设计准则，并负责技术指标分配，组织审查应用验证软件，并组织评测。

⑥ 协调解决所管项目的应用验证总体技术问题、总体单位与各承担单位之

间的技术协调问题。

⑦ 组织所管项目的应用验证重大试验技术方案和试验大纲的编制，并负责协调试验中的有关技术问题。

⑧ 负责完成项目总师交办的其他工作。

4.2.3　应用验证项目关键要素管理

1. 应用验证项目生命周期和阶段管理

（1）概述。

① 应用验证项目生命期的概念与特征。可将每个应用验证项目划分成若干个阶段，以便对项目进行有效的管理控制，这些项目阶段合在一起称为应用验证项目生命期。

应用验证项目生命期具有如下特征。

a. 项目生命期确定验证工作从开始到结束按顺序首尾衔接的各个阶段。

b. 通常情况下，由一个阶段转到另一阶段时，需对本阶段可交付成果进行评审，评审通过后，才可进入下一阶段。如果风险可以接受，在前一个阶段的可交付成果通过评审之前，也可开始下一个阶段的验证工作。这有助于压缩验证工作所需的时间。

c. 验证投入开始时低，随之增高，在项目接近收尾时迅速降低。

d. 验证项目开始时，项目利益相关方对项目影响力最强，而随着项目的进展，这种影响逐步减弱。

② 应用验证项目生命期主要阶段。根据元器件验证项目依附于其他项目的特点，元器件应用验证项目生命期可分为需求分析阶段、方案阶段、实施与控制阶段以及收尾阶段，元器件应用验证项目生命期阶段划分图如图 4.15 所示。

a. 需求分析阶段。需求分析阶段是应用验证项目生命期的第一阶段，该阶段的主要工作是调研并分析用户需求，并将其转化为应用验证项目的具体验证要求。基本工作内容包括项目选择与立项、需求调研及分析、验证要求确定、验证资源分析等。

b. 方案阶段。明确用户的具体验证要求后，应着手进行应用验证项目的整体策划，以指导和控制元器件应用验证的全部活动。该阶段的主要工作是对应用验证项目进行整体策划，工作内容包括验证方法选择、验证项目关键评审点识别、验证范围确定、验证项目实施方案编制等。

c. 实施与控制阶段。实施与控制阶段是执行应用验证项目实施方案并对执行状态进行控制阶段。主要工作内容包括生产线过程要素评价、产品设计和工艺评价、元器件、板、系统、搭载单元和专项应用搭载等多种方式的验证工作。实

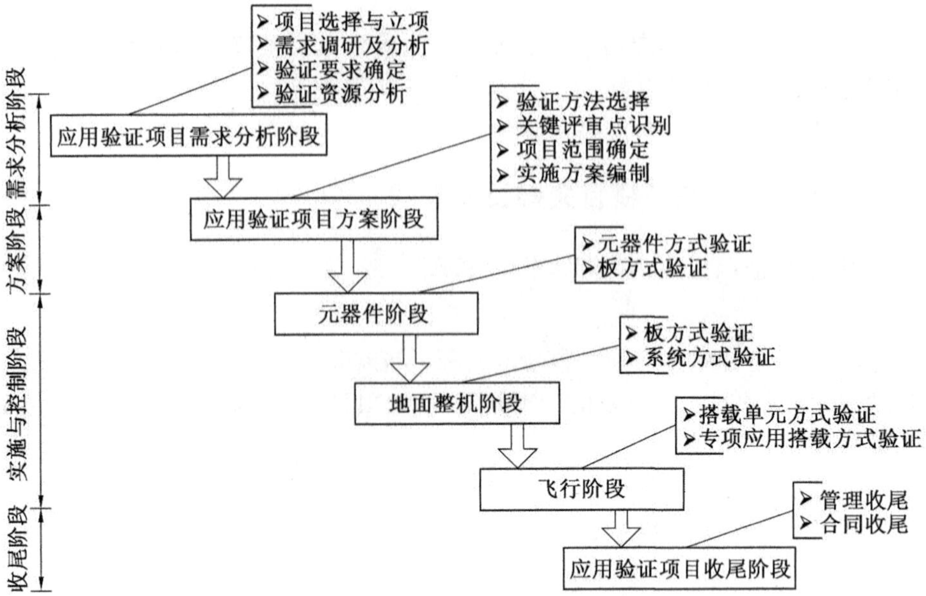

图 4.15　元器件应用验证项目生命期阶段划分图

施与控制阶段主要强调项目验证过程的有效组织，以及在验证实施过程中的有效管理。在保证质量的前提下，科学合理地降低验证费用、缩短验证周期是项目管理的主要目标。该阶段涉及的领域和参与单位最多、组织过程以及验证技术和方法复杂、延续时间长、投资大，是元器件应用验证项目发展的核心阶段。

应用验证项目实施与控制阶段的所有验证工作按照实施层级划分为元器件、地面整机和飞行三个验证阶段。元器件阶段的验证工作可通过元器件和板两种方式实施，地面整机阶段可通过板和系统两种方式实施；飞行阶段可通过搭载单元和专项应用搭载两种方式实施。其中，各阶段的每一种验证方式还可根据具体的验证工作内容划分为不同的验证活动，元器件应用验证项目实施与控制阶段工作内容表见表 4.7。

d. 收尾阶段。收尾阶段的工作包括合同收尾和管理收尾，即完成元器件验证评价报告并向用户单位交接。从国家立项对元器件进行研发的角度，应用验证项目的生命期还可以包括在飞行阶段的验证过程中对元器件进行使用验证。

(2) 需求分析阶段管理。

元器件应用验证项目需求分析阶段的工作内容包括项目选择与立项、利益相关方识别与关系定位、验证要求识别以及验证项目资源现状分析。该阶段的主要工作是分析客户需求，并将其转化为应用验证项目的具体验证要求，最终输出成果为元器件应用验证项目需求分析报告。客户是指所有对元器件验证进行委托的委托方，应用验证项目的委托方主要包括国家和上级主管部门、用户单位和生产单位等。

应用验证项目需求分析阶段的具体目标包括：编制立项建议书，通过元器件应用验证项目的立项审批；形成元器件应用验证项目需求分析报告，以作为后续验证工作开展的依据；保障应用验证项目实施过程所需资源的供应。

表 4.7　元器件应用验证项目实施与控制阶段工作内容表

验证阶段	验证方式	具体验证工作内容
元器件阶段	元器件方式 板方式	生产过程要素评价
		产品设计和工艺评价
		功能和性能测试和比对
		结构分析
		极限评估试验
		抗辐照能力评估（辐照敏感元器件）
		抗原子氧能力评估（必要时）
		抗干扰能力
		真空释气（必要时）
		其他验证工作内容
地面整机阶段	板方式 系统方式	元器件装联验证
		板和系统方式性能测试分析
		力、热环境试验
		工作稳定性测试
		系统适应性测试
		其他验证工作内容
飞行阶段（必要时）	搭载单元方式 专项应用搭载方式	飞行程序在轨试验
		地面注入程序在轨试验
		试验数据处理、分析
		与地面试验数据比对分析
		其他验证工作内容

元器件应用验证项目需求分析阶段工作流程图如图 4.16 所示。

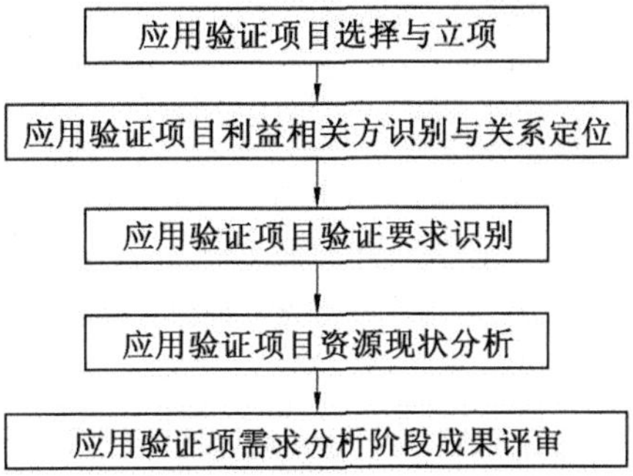

图 4.16　元器件应用验证项目需求分析阶段工作流程图

(3) 方案阶段管理。

元器件应用验证项目方案阶段的工作内容包括验证方法选择、验证项目关键评审点识别、验证项目工作范围确定以及验证项目实施方案编制等。该阶段是对元器件应用验证活动的整体策划，形成元器件应用验证项目实施方案，包括元器件应用验证项目技术方案和元器件应用验证项目管理方案两部分内容。

应用验证项目方案阶段的具体目标包括：选取适用于应用验证项目的验证方法；明确应用验证项目具体工作范围；确定应用验证项目验证指标体系和验证工作项目；识别应用验证项目关键评审点；形成验证项目技术流程和计划流程；编制元器件应用验证项目实施方案，以指导应用验证项目的具体实施。

元器件应用验证项目方案阶段工作流程图如图 4.17 所示。

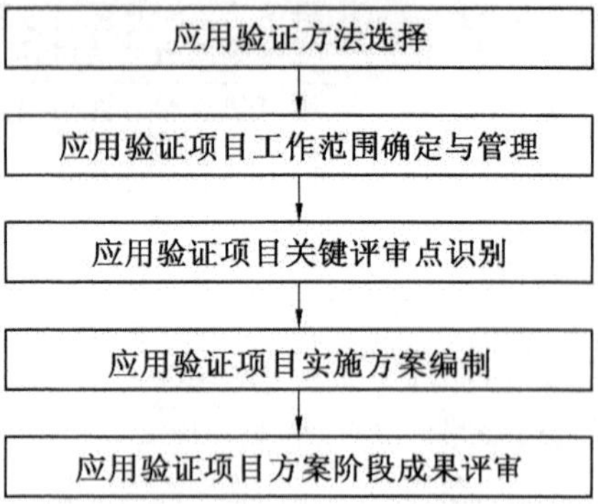

图 4.17　元器件应用验证项目方案阶段工作流程图

(4) 元器件阶段验证管理。

元器件阶段的主要验证工作是对元器件自身的物理特性和性能进行验证，验证生产出的元器件产品是否达到生产单位的设计要求，是否满足用户单位的应用需求。元器件阶段验证工作由验证单位负责，生产单位应给予必要的协助。

① 元器件阶段验证目标。

a. 验证生产单位的各项能力指标是否满足元器件的设计和生产要求。

b. 验证设计的合理性和可制造性，以尽早发现设计缺陷。

c. 验证工艺合理性，以尽早发现工艺缺陷。

d. 对生产单位提交的产品进行初步验收，初步检验元器件说明书上的性能参数描述是否满足用户单位的要求。

e. 对用于元器件阶段验证工作的设备和仪器进行检验，保证测试数据的真实性和可靠性。

f. 开展元器件阶段验证工作，验证元器件固有各项特性是否符合用户单位的要求。

② 元器件阶段验证方式。

a. 元器件方式。元器件方式是指只对元器件本身而不需用应用线路板即可进行验证的方式。

b. 板方式验证。板方式是指将元器件安装在特定的应用线路板使元器件处于一定的工作状态而进行一系列验证的方式。本阶段板的设计侧重于试验状态。

③ 元器件阶段验证流程。元器件阶段验证流程图如图 4.18 所示，具体流程如下所述。

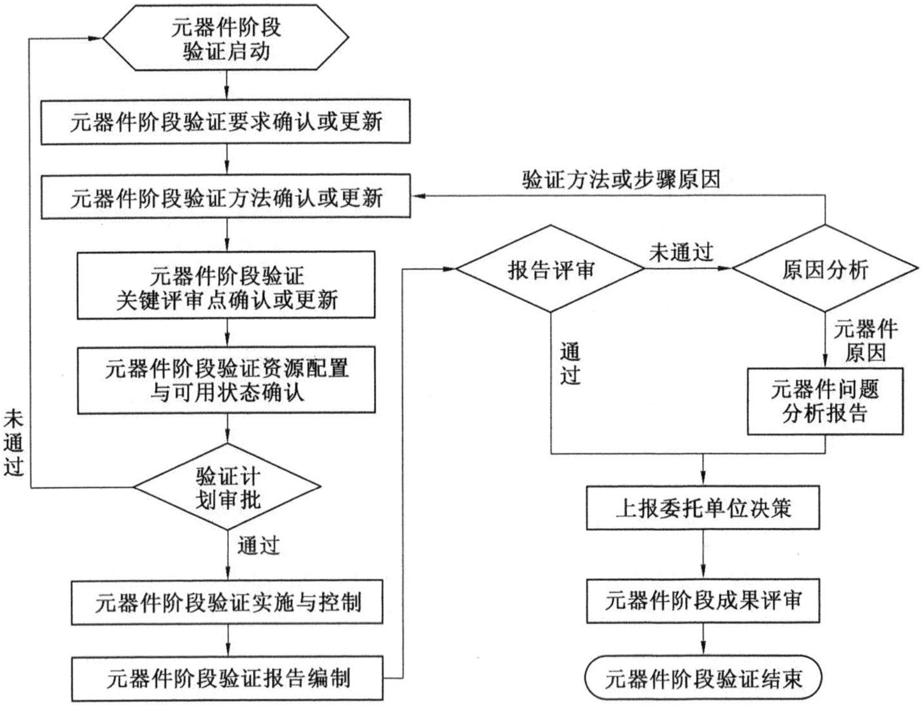

图 4.18　元器件阶段验证流程图

a. 元器件阶段验证启动。分析是否满足元器件阶段验证的启动条件。

b. 元器件阶段验证要求确认或更新。对应用验证项目需求分析阶段所识别的元器件阶段验证要求进行确认或更新，并进行归档。

c. 元器件阶段验证方法确认或更新。在应用验证项目方案阶段所选择的元器件阶段验证方法的基础上，针对更新的元器件阶段验证要求、现有的验证技术与资源等限制条件确认或更新元器件阶段验证方法。

d. 元器件阶段关键评审点确认或更新。对元器件阶段的关键评审点进行进一步识别，更新元器件应用验证项目实施方案。

e. 元器件阶段验证资源配置与可用状态确认。

f. 元器件阶段验证实施与控制。依据元器件应用验证项目实施方案实施元器件阶段验证工作并对整个验证过程进行管理和控制。

g. 元器件阶段验证报告编制。依据元器件阶段实施的各项验证工作的结果，编制元器件阶段验证报告。

h. 元器件阶段验证报告评审。元器件阶段验证报告应提交上级主管部门评审，评审通过方可进行元器件阶段验证成果评审，评审未通过时，应分析原因并采取相关处理措施。

i. 元器件阶段成果评审。更新实施方案，进行经验总结，并编写元器件应用验证项目元器件阶段成果评审报告等。

j. 元器件阶段验证结束。元器件应用验证项目元器件阶段成果通过评审后，元器件阶段验证结束。

(5) 地面整机阶段验证管理。

元器件作为航天器和运输系统的重要组成单元，在航天器和运输系统的研制、发射、入轨及运行、返回(回收) 过程中要经历四种环境，包括地面环境、发射环境、轨道环境(空间环境) 及返回(回收) 环境。地面整机阶段的主要验证工作就是在地面上模拟元器件在这四个阶段的工作环境，并在这些环境下进行系统应用试验，通过试验结果判断元器件的各项功能、性能指标及安全性、质量可靠性等指标是否符合要求。

① 地面整机阶段验证目标。

a. 对元器件开展分析、试验等一系列的验证工作，保证元器件的操作技术成熟度、兼容性、可靠性、可维修性、安全性等性能指标满足设计要求并有合理的设计余量。

b. 在地面环境中确保元器件能够在各种模拟环境下和设计生命期内满足预定的任务要求。

c. 通过地面整机验证，尽早发现元器件存在的潜在缺陷，从而减少早期失效。

② 地面整机阶段验证方式。地面整机阶段验证有两种方式：板方式验证和系统方式验证。本阶段板的设计侧重于应用状态。系统方式是指将元器件安装在特定的应用系统而使元器件处于特定的工作状态而进行验证的方式。

③ 地面整机阶段验证流程。地面整机阶段验证流程图如图 4.19 所示，具体流程如下所述。

a. 地面整机阶段验证启动。分析元器件是否满足地面整机阶段验证启动条件。

b. 地面整机阶段验证要求确认或更新。对应用验证项目需求分析阶段所识别的地面整机阶段验证要求进行确认或更新，并进行归类。

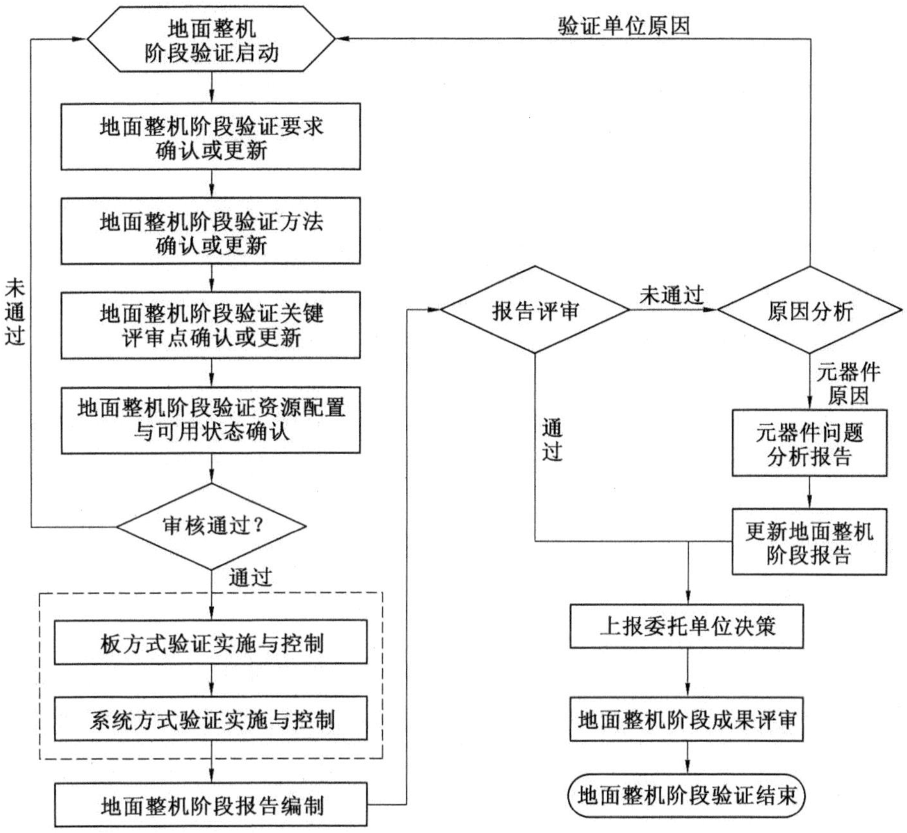

图 4.19　地面整机阶段验证流程图

c. 地面整机阶段验证方法确认或更新。在应用验证项目方案阶段所选择的地面整机阶段验证方法的基础上，针对更新的地面整机阶段验证要求、现有的验证技术与资源等限制条件确认或更新地面整机阶段验证方法。

d. 地面整机阶段关键评审点确认或更新。对地面整机阶段的关键评审点进行进一步识别，更新元器件应用验证项目实施方案。

e. 地面整机阶段验证资源配置与可用状态确认。

f. 地面整机阶段验证实施与控制。依据元器件应用验证项目实施方案实施地面整机阶段验证并对整个验证过程进行管理和控制。

g. 地面整机阶段验证报告编制。依据检查报告、试验报告等过程记录文件编制地面整机阶段验证报告。

h. 地面整机阶段验证报告评审。地面整机阶段验证报告应提交上级主管部门评审，评审通过方可进行地面整机阶段验证成果评审。评审未通过时，应分析原因并采取相应处理措施。

i. 地面整机阶段成果评审。更新实施方案，进行经验总结，并编写元器件应用验证项目地面整机阶段成果评审报告等。

j. 地面整机阶段验证结束。元器件应用验证项目地面整机阶段成果通过评审后，地面整机阶段验证结束。

(6) 飞行阶段验证管理。

飞行阶段的主要验证工作是在真实飞行环境下对元器件的空间环境适应性、稳定性进行测试，以验证其工作性能和状态是否满足预期目的。飞行验证的载体是航天器，验证主要目的是通过遥测、外测等观测手段，获取飞行状态下元器件工作的各种信息，为修改和完善设计提供依据。

① 飞行阶段验证目标。

a. 验证元器件对地面整机阶段验证所不能充分模拟的综合环境的适应性，并验证元器件对地面整机阶段所不能验证的相关要求的满足程度。

b. 验证元器件自身运行状态、与航天器其他部件的协调性，以确定元器件设计方案的合理性与元器件技术状态的可靠性。

② 飞行阶段验证方式。飞行验证包括两种验证方式：搭载单元方式验证和专项应用搭载方式验证。

a. 搭载单元方式验证。搭载单元方式验证通过搭载应用验证单机，验证元器件在全生命期内的功能状况及重要参数的漂移、退化（尤其是辐照敏感参数），评估元器件的宇航可用性。

搭载单元方式验证是在确保航天器任务顺利完成的前提下，利用航天器在装载、供电、测控等方面的剩余能力，在应用航天器、技术试验航天器、科学航天器上搭载小型化、低功耗的集成空间环境监测载荷，开展搭载单元方式验证。

搭载单元方式验证的目标主要是测试所搭载组件中的元器件对飞行环境（如加速度、微重力、振动、辐射等）的适应性，即对在实际工作环境下的预期工作性能的验证。

搭载单元方式验证可按以下标准进行分类。按学科划分，可分为空间技术试验和空间微重力试验。按搭载装置所需能源状况以及与航天器上设备的接口关系划分，可分为无源搭载与有源搭载两类。无源搭载是一些被动式的、细小的试验项目，一般以捆绑形式见缝插针地固定在航天器上的回收舱内；有源搭载又分为非自主有源搭载和自主有源搭载。其中，非自主有源搭载需要航天器提供有限的电源、主动热控、遥测、程控等支持，实施起来比较复杂；而自主有源搭载是指搭载的验证单机自身携带电源、简单的控制和记录装置，实施起来也比较复杂。

b. 专项应用搭载方式验证。专项应用搭载方式验证通过主、备份单机的切换，验证元器件在全生命期内的功能状况以及重要参数的漂移、退化（尤其是辐照敏感参数），评估元器件的宇航可用性。

同搭载单元方式验证不同，专项应用搭载方式验证是将元器件安装在航天器上去实现其功能，然后观测元器件某一功能的运行状态、与其他部件的协调性、对环境的适应性等，如待验证元器件在飞行环境下抗辐射方面的性能、抗热方面的性能。因此，各种元器件的专项应用搭载方式验证的验证方法在本质上差异不是很大，只是根据验证需要选择的观测点和观测技术有所区别。专项应用搭载方式验证中验证方法的选择也就是观测点与观测技术的选择。

c. 飞行验证方法选择的原则。为了对飞行验证要求进行有效验证，节省航天器上的资源，并充分利用有限的飞行验证机会，需要选择适当的飞行验证方法。在飞行验证方法选择过程中应遵循以下原则。

(a) 该飞行验证方法在技术上可行，如果现有的飞行验证方法不能够满足验证的需要，可考虑开发新的飞行验证方法。

(b) 航天器上有足够的空间与相应的设备支持。

(c) 该飞行验证方法对拟验证要求的验证能达到足够的置信度，并具有合理的保真性、精确性、有效性。

(d) 该飞行验证方法中人员、航天器硬件和设施的风险可以接受。

(e) 该飞行验证方法对进度的影响可以接受。

(f) 该飞行验证方法的费用可以接受。

③ 飞行阶段验证流程。飞行阶段验证流程图如图 4.20 所示，具体流程如下。

a. 飞行阶段验证启动。对飞行阶段验证的启动条件进行评审，决定是否进行飞行验证。

b. 飞行阶段验证要求确认或更新。对在应用验证项目需求分析阶段所识别的飞行验证的要求进行进一步识别与确认。如果有新的要求，则应更新元器件应用验证项目验证要求识别报告。

c. 飞行阶段验证方法确认或更新。在应用验证项目方案阶段所选择的飞行验证方法基础上，针对所识别的飞行验证要求、现有的飞行验证方法以及内外部的技术与资源等限制条件，对实施方案中的飞行验证方法进行确认，或在有新要求时，更新元器件应用验证项目实施方案中的飞行验证方法。

d. 飞行阶段验证关键评审点确认或更新。对应用验证项目方案阶段所识别的飞行验证关键评审点进行确认，增加或删减关键评审点。

e. 飞行阶段资源配置与可用状态确认。

f. 飞行阶段验证实施与控制。依据元器件应用验证项目实施方案实施飞行验证并对整个验证过程进行管理和控制，在每一个过程结束后进行评审，决定是否要进入下一个过程。

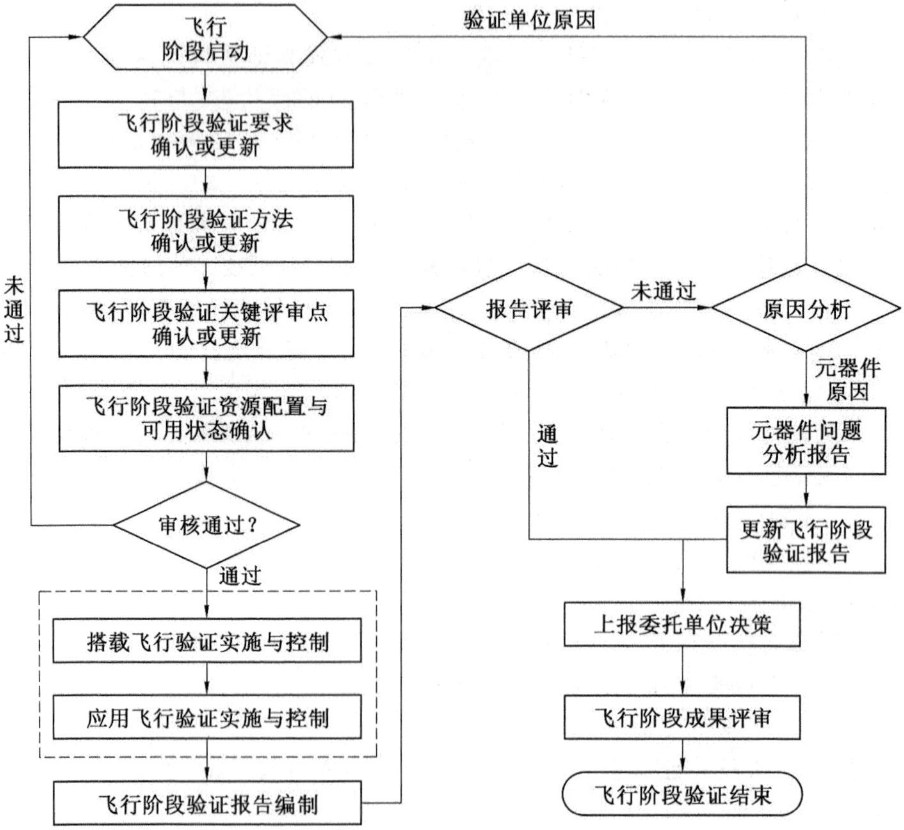

图 4.20　飞行阶段验证流程图

g. 飞行阶段验证报告编制。依据飞行验证实施与控制过程中的各种记录文件编制飞行阶段验证报告。

h. 飞行阶段验证报告评审。飞行阶段验证报告应提交上级主管部门进行评审。评审通过则直接报委托单位,并进入飞行验证成果评审阶段;不通过则应进行原因分析。

i. 飞行阶段成果评审。主要包括对应用验证项目管理总体计划进行更新,对经验进行总结,并编制元器件应用验证项目飞行阶段成果评审报告。

j. 飞行阶段验证结束。元器件应用验证项目飞行阶段成果通过评审后,飞行阶段验证结束。

(7) 元器件应用验证项目收尾阶段管理。

收尾阶段是指从验证单位完成全部验证工作并通过内部评审后,或应用验证工作因某种原因造成非正常中止后,向委托单位移交验证成果,直到委托单位正式接收的整个过程。

收尾阶段的主要工作是当元器件阶段、地面整机阶段及飞行阶段的验证工作全部完成后，结束整个元器件应用验证项目应完成的所有收尾活动，同时，提出元器件应用验证项目中止管理的相关内容。应用验证项目的收尾可分为合同收尾和管理收尾。合同收尾主要指验证工作完成后的成果验收与提交以及合同费用结算，尤其是与委托单位及外包单位之间合同的正式终止。管理收尾主要包括三个方面：一是项目绩效评价，包括项目绩效评价的程序以及项目经验教训的总结等工作；二是团队管理评价，包括团队评价、项目经理评价与团队成员个人评价；三是验证过程中产生的全部文件归档。

元器件应用验证项目收尾管理流程图如图 4.21 所示。

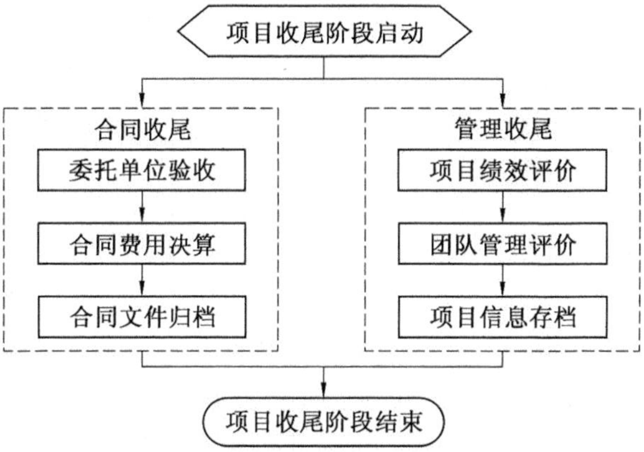

图 4.21　元器件应用验证项目收尾管理流程图

应用验证项目收尾的依据主要包括：合同文件，合同文件是实施合同收尾的依据之一，包括合同本身、合同变更及其他文件（如技术方案、元器件说明书、验证报告的评审程序等）；国家或行业标准，如管理部门的规章制度、产品标准、质量标准与工艺标准等；其他相关文件，如元器件应用验证项目管理总体计划中的项目收尾要求、进度计划表等。

2. 应用验证项目进度管理

元器件应用验证项目进度管理是指按时完成全部应用验证活动的各个过程。对元器件应用验证过程进行良好的进度管理不但能保证整个项目按期完成，而且能合理安排资源、节约项目成本。

(1) 应用验证项目进度管理目标。

应用验证项目进度管理的目标包括以下三个方面：高效节约地完成元器件应用验证项目中的里程碑事件；满足项目的关键时间点约束，实现项目进度管理计划的动态管理；协调资源供应，满足验证项目在不同时期和阶段对资源的使用需求。

(2) 应用验证项目进度管理内容。

应用验证项目进度管理由验证单位的计划经理负责，具体管理内容包括：根据合同文件、用户单位具体需求、资源条件及其他内外部约束条件，编制并评审元器件应用验证项目进度管理计划；对元器件应用验证项目进度管理计划的执行情况进行跟踪检查并纠正偏差，编制进度报告，必要时对其进行调整更新。

(3) 应用验证项目进度管理特点。

区别于一般项目，应用验证项目进度管理的特点主要是应用验证项目的流程优化可以基于两种角度开展：基于工期的流程优化，即以缩短工期为第一目标对所建立的应用验证项目流程进行优化；基于样品的流程优化，即以节约样品为第一目标对所建立的应用验证项目流程进行优化。在具体项目实施过程中，可以根据需要对两种优化方法进行选择。

(4) 应用验证项目进度管理原则。

① 全面系统的管理原则。在元器件应用验证项目的进度管理过程中，要系统地了解项目内外部的技术、风险、质量、物资、经费、人力资源等方面的信息，并融入进度管理过程中。

② 精细化管理原则。对具体的元器件应用验证进度管理计划的制订、执行和控制要精细化，使每一步工作都很好地实现，从而保证项目进度管理的全面实现。

③ 计划严肃性原则。要严格按照进度管理计划检查和安排各项工作，对任何进度管理计划的变更都要慎重并严格按照变更程序进行。

④ 协调配合原则。元器件应用验证项目涉及的技术、资源较复杂，进度管理人员要做好组织协调和服务，各有关部门要保障资源落实，保证密切配合，营造和谐的进度管理环境。

(5) 应用验证项目进度管理程序。

应用验证项目的进度安排影响完成验证工作所需要的成本预算和资源配置等一系列活动。进度管理对于应用验证项目来说非常重要。元器件应用验证项目进度管理程序图如图 4.22 所示。

① 编制元器件应用验证项目进度管理计划。

编制元器件应用验证项目进度管理计划可概括为以下五个主要过程。

a. 活动定义。确定为完成各项验证工作所必须进行的各项具体活动并对其进行定义。

b. 活动排序。对活动清单中各项活动的相互关系进行识别，并据此对各项活动的先后顺序进行安排。

c. 活动资源估算。确定在项目实施过程中应使用什么样的资源、多少资源以及何时用于项目计划活动中。活动资源估算过程与费用估算过程紧密相关。

d. 活动持续时间估算。根据现有条件（项目范围、资源和相关信息）估算出完成一项活动所需要的时间。

e. 进度管理计划制订。根据项目的活动定义、活动排序及活动持续时间估算的

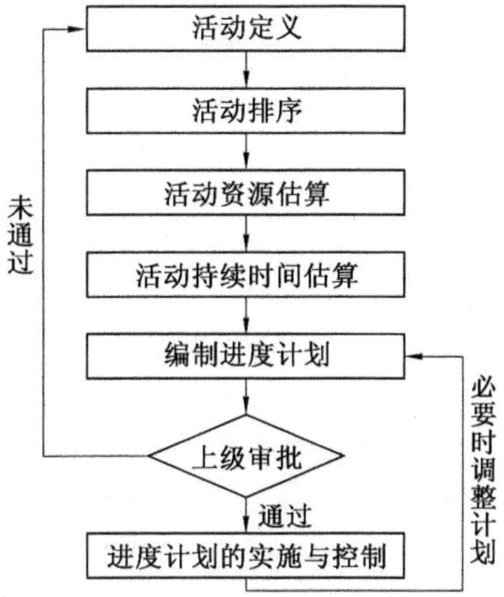

图 4.22　元器件应用验证项目进度管理程序图

结果和所需要的资源进行进度管理计划编制工作。该过程需反复多次，以确定应用验证项目各项重要活动的起始和完成日期，以及具体的实施方案和措施。

② 实施与控制进度管理计划。实施元器件应用验证项目进度管理计划，当出现进度偏差（不必要的提前或延误）时，应及时进行调整，并不断地预测未来的进度状况。汇总各步骤、各阶段的进度报告，编制元器件应用验证项目进度报告，进行进度控制总结。

3. 元器件应用验证项目费用管理

元器件应用验证项目费用管理包括项目资源需求计划、费用预算、费用控制、费用决算和费用审计过程，以保证在批准的预算内完成应用验证项目。应用验证项目费用管理主要关注完成全部应用验证活动所需的费用。

(1) 应用验证项目费用管理目标。

应用验证项目费用管理的目标是在应用验证项目实施全过程中对所有影响项目费用的活动进行恰当而持续有效的控制，从而保证在项目所要求的时间内，按照用户要求，将项目实际发生的费用控制在批准或确定的预算限额以内。

(2) 应用验证项目费用管理内容。

应用验证项目费用管理主要包括项目资源需求计划、费用预算、费用控制、费用决算和费用审计五部分工作。

① 项目资源需求计划和费用预算是项目实施前所做的工作，是项目费用管理实施过程中的主要依据。

② 费用控制是在项目实施过程中，依据计划，应用赢得值分析等方法对项目费用超支或节余进行适时、有效的控制，以保证项目在规定的费用等约束条件下实现其目标。

③ 费用决算是项目实施后期的工作，是对整个项目费用的核算确定。

④ 费用审计贯穿于项目全过程，目的在于确保项目实施过程中费用管理无误、高效。

(3) 应用验证项目费用管理特点。

元器件应用验证项目由于其自身的特殊性，其费用管理具有如下特点。

① 应用验证项目费用预测的复杂性。元器件应用验证项目是一项高科技、技术复杂的系统工程。在项目实施过程中不可预见因素较多，例如验证技术的有效性等。长期以来，由于种种原因，元器件应用验证项目的基础性工作不够多，项目费用管理的经验积累不足，这些都造成验证项目费用预测的复杂性。

② 应用验证项目费用计划的不确定性。在应用验证项目的执行过程中，客观上存在着新问题不断出现和试验失败等不可预见因素，这些均需要费用支出，会造成验证项目费用计划的不确定性。

③ 应用验证项目费用控制的法规性。验证项目费用控制通常采用的方法有：用户单位合同款控制或上级主管部门拨款控制、制定规章制度、对验证项目进展状况及其费用支出状况进行动态经济分析控制、跟踪检查控制。

④ 应用验证项目费用核算的规范性。验证项目费用的核算反映验证费用管理的成果是否真实、可靠，不仅表现为核算期内的经济效益和技术效益成果，对上级主管部门的决策也将产生重大影响。

(4) 应用验证项目费用管理程序。

元器件应用验证项目费用管理程序图如图 4.23 所示。

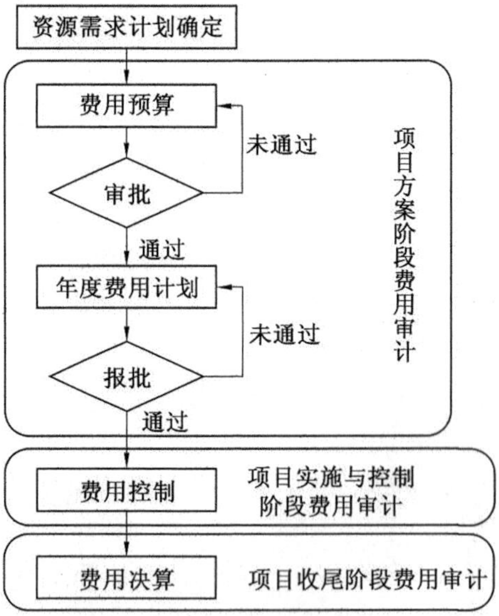

图 4.23　元器件应用验证项目费用管理程序图

4. 应用验证项目采购管理

元器件应用验证项目采购管理是指在应用验证项目实施过程中，验证单位为顺利完成各项验证活动而从组织外部积极寻求和采购应用验证项目各种所需资源(包括产品、试验和服务)的管理。

应用验证项目采购管理的主要目标是确保应用验证项目全生命期所需的各种资源在质量、进度、成本等方面均能满足应用验证项目实施要求，在确保资源的质量和进度的前提下，努力降低成本。

(1) 应用验证项目采购分类。

按照元器件应用验证项目采购内容的不同进行划分，元器件应用验证项目的采购分为物资采购、咨询服务采购、验证试验外包三大类，元器件应用验证项目采购分类图如图 4.24 所示。

① 物资采购。应用验证项目物资采购，是指在应用验证项目全生命期中，验证单位从组织外部获得各种项目所需物资的过程，主要指有形的商品，包括试验样品、试验用元器件、关键材料、设备、工具、软件、仪器等。

其中，试验样品包括被验样品和比对样品。被验样品指应用验证项目针对的被验证元器件已确定一定技术状态的样品；比对样品指为与被验证产品的样品进行比对分析而需要的同类成熟产品。试验用元器件指搭建验证板和验证系统所使用的元器件。关键材料主要包括印制电路板、机壳、导线等。

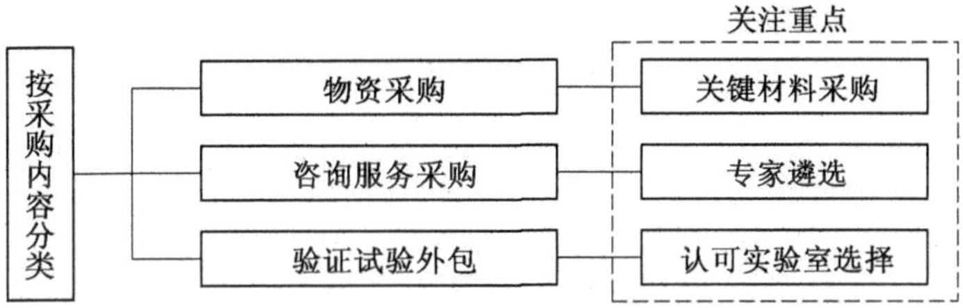

图 4.24　元器件应用验证项目采购分类图

② 咨询服务采购。应用验证项目咨询服务采购是指针对应用验证项目实施过程所需的各项技术及关键问题，选择各领域相关专家提供专业化的有偿咨询服务。广泛充分地开展专家咨询是应用验证项目服务采购的重要特色。

③ 验证试验外包。应用验证项目验证试验外包是指验证单位选择专业优势明显、技术能力强的外包单位承担部分验证试验工作，从而提高应用验证的充分性，降低应用风险，有利于应用验证项目的顺利完成。

验证总体单位应对相关单位进行资质评估认可，编制认可实验室清单，对试验外包单位的选择应在认可实验室清单范围内进行。

(2) 应用验证项目采购方式。

采购方式的正确选择有助于提高项目采购的效率和质量，由于项目采购的规模、资金、对象等因素的不同，应用验证项目的采购可以通过招标和非招标的方式进行。

① 招标采购是由验证单位提出招标条件和合同条件，由多个供应商同时投标报价。通过招标，验证单位能够获得更为合理的价格和条件更为优惠的供应。

② 非招标采购主要是询价采购、直接采购等。询价采购就是根据来自几家供应商所提供的报价进行比较的一种采办方式，适用于项目采购时可直接取得的现货采购，或价值较小、属于标准规格的产品采购。直接采购是在特定的采购环境下不进行竞争而直接签订合同的采购方法，主要适用于不能或不便进行竞争性招标、竞争性招标优势性不存在的情况。

(3) 应用验证项目采购管理工作程序。

元器件应用验证项目采购管理主要包括元器件应用验证项目物资采购管理、元器件应用验证项目咨询服务采购管理和元器件应用验证项目验证试验外包管理三大部分。

图 4.25 所示为应用验证项目全生命期内采购管理的主要工作程序图，在应用验证项目的全生命期内，采购管理的主要工作内容包括：编制应用验证项目采购管理计划；对拟采购物资进行采购，并进行过程控制；遴选相关领域专家提供咨询服务；选择相关外协单位承担各项验证试验，并进行过程控制；编制采购管理报告并进行评审等。

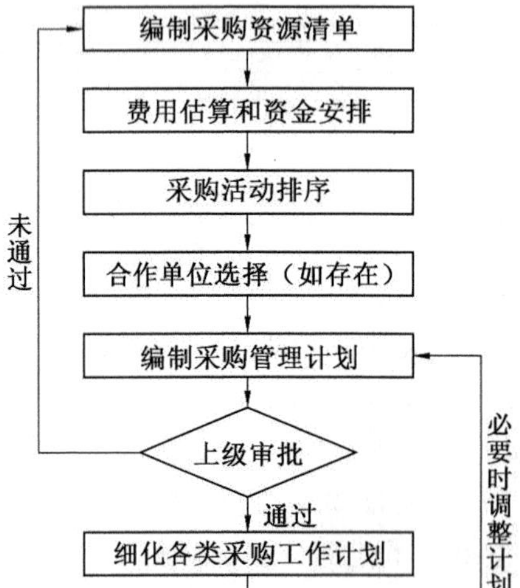

图 4.25　应用验证项目全生命期内采购管理的主要工作程序图

① 编制元器件应用验证项目采购管理计划。

a. 根据应用验证项目的具体要求，明确所需采购的物资类型、数量等，专家类型、介入时机、数量等，拟外包验证试验的业务范围、外包单位资质要求等。

b. 对各项拟采购资源进行费用估算，做出采购工作的资金安排。

c. 明确各项资源的采购时机，进行采购活动排序。

d. 根据验证单位以往的采购经验，列出拟合作单位的名单（如存在）。

e. 以验证项目技术方案为依据，参照应用验证项目进度、费用等管理计划，编制采购管理计划。

② 实施与控制采购管理计划。在进行具体采购工作时，应对元器件应用验证项目采购管理计划进一步细化，做出具体采购活动的采购工作计划。

进行物资采购管理时，主要包括以下工作。

a. 选择供应商。从众多的供应商中选择一个或多个作为项目所需采购资源的供应来源。

b. 合同管理。验证单位与各供应商进行谈判，确定供货条件，明确合同条款、签订合同、监督合同履行等一系列管理工作。

c. 合同收尾。按照合同规定和要求，对合同的提交结果进行核实和验收，并进行移交、付款以及解决未尽事宜、结束合同的过程。

同时，应选择相关领域的专家提供专家咨询服务，并在认可实验室目录内选择外包单位承担分项验证试验。

③ 采购管理工作收尾。在应用验证项目收尾阶段，对整个项目中的采购管理工作进行总结。必要时，可编制并评审元器件应用验证项目采购管理报告。

5. 应用验证项目风险管理

风险管理是对元器件应用验证项目实施过程中影响验证结论的各种因素进行识别、评价、应对以及控制的动态循环过程。风险管理贯穿于应用验证项目全过程，从需求分析、方案、元器件阶段验证、地面整机阶段验证、飞行阶段验证，直至项目收尾的整个生命期，并涵盖了应用验证项目实施过程中的技术、成本、进度等各种要素。

（1）应用验证项目风险管理目标。

应用验证项目风险管理的目标是：全过程识别和分析风险，提出风险应对措施；当风险发生时，减弱风险因素对应用验证项目费用、进度、结论可靠性等的影响，采取相应的控制措施把风险控制到可接受的水平，提高元器件应用验证项目实施的效率；降低元器件应用验证项目实施过程中的不确定性。

（2）应用验证项目风险管理程序。

风险管理贯穿于应用验证项目的各个阶段，元器件应用验证项目风险管理程序图如图 4.26 所示。

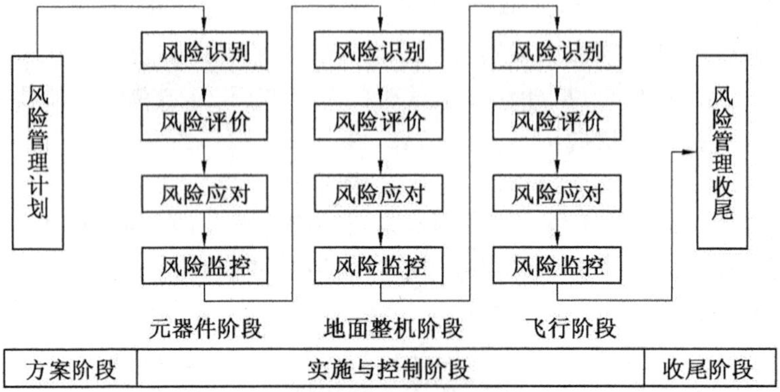

图 4.26　元器件应用验证项目风险管理程序图

① 风险管理计划是整个应用验证项目风险管理的指导纲领，包括风险管理的基本策略，风险管理的范围、方法、进度与资源投入计划，已识别风险的应对措施，风险管理的人员安排等。

② 风险识别是使用一定的方法与工具对影响应用验证项目实施的各种风险事件进行系统而全面的识别的过程。

③ 风险评价是对所识别出的各个风险事件发生的可能性与后果进行定性或定量分析，确定各个风险事件的风险等级并进行排序，找到项目的关键风险以便采取相应的措施。

④ 风险应对是依据风险识别、评价所获得的成果，制订风险应对计划。

⑤ 风险监控是检测风险应对行动的实施效果，确定风险减少的程度，监测残留风险的变化情况，同时识别剩余风险和新出现的风险，根据实际情况对风险管理计划进行相应的调整。

6. 应用验证项目 HSE 管理

元器件应用验证项目 HSE 管理是指项目管理人员运用系统分析方法对应用验证项目全生命期中在健康、安全、环境等方面可能发生的危害事件和产生的后果进行识别和分析，通过运用系统化的预防管理机制，采取有效的防范手段和控制措施来消除各类事故的隐患，减少可能引起的人员伤害、财产损失和环境污染的全部管理活动。

(1) 应用验证项目 HSE 管理目标。

应用验证项目 HSE 管理的总体目标是以人为本、保障生命质量、减少验证过程中的物料消耗、降低污染物的排放、保护环境免遭破坏，实现社会、经济、企业、环境保护协调发展。具体而言，包括以下几个方面。

① 通过对员工进行 HSE 宣传教育和培训，不断培养员工的 HSE 意识，提高专业技能和危机情况下的自救、互救能力。

② 最大限度地查出隐患，降低事故发生率；确保验证工作质量，杜绝重大、特大事故。

③ 创造良好的验证工作环境，确保员工的健康与安全。

④ 尽可能减少环境污染，保护生态平衡，将环境影响降低到最低程度，杜绝重大、特大污染事故。

⑤ 通过 HSE 管理体系的有效实施，努力实现无事故、无污染、无人身伤害，在 HSE 管理上成为国际一流的企业。

(2) 应用验证项目 HSE 管理内容。

应用验证项目 HSE 管理主要包括健康、安全、环境管理三方面内容。健康(Health) 管理是指采取一系列措施，防止不良的验证试验环境、不合理的验证试验流程、恶劣的工作环境或其他相关验证工作的因素导致人员患职业病，损害身体健康；安全(Safety) 管理是指通过的严格的管理制度和合理的培训，避免验证试验过程中的违章操作或不安全因素的存在；环境(Environment) 管理是指通过全生命期的环境管理与影响评价工作，尽可能降低或避免验证工作对环境的破坏或污染。

(3) 应用验证项目 HSE 管理程序。

HSE 管理贯穿于应用验证项目的全生命期，是按照计划 — 实施 — 检查 — 改进模式建立起来的一种体系化管理方法，应用验证项目 HSE 管理程序图如图 4.27 所示。

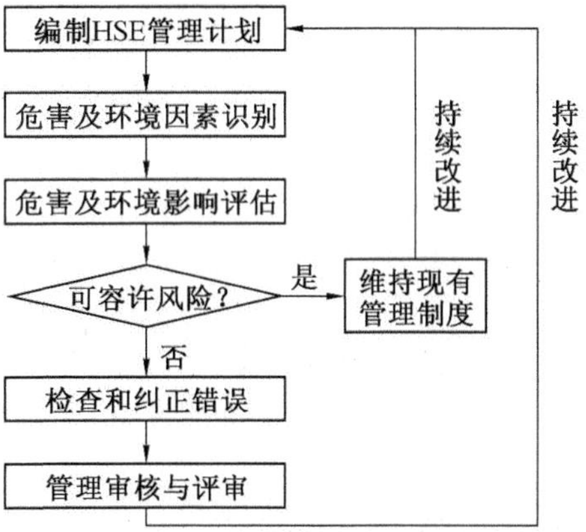

图 4.27　应用验证项目 HSE 管理程序图

① 编制 HSE 管理计划是整个应用验证项目 HSE 管理的指导纲领，包括 HSE 管理的基本策略、HSE 管理的人员安排、HSE 管理的程序与资源投入计划、HSE 文件控制程序等。

② 危害及环境因素识别是使用一定的方法与工具对影响应用验证项目人员健康、安全与环境的各种风险事件及会对应用验证项目造成影响的环境因素进

行系统全面识别的过程。

③ 危害及环境影响评估是运用系统工程的分析方法定期对造成事故隐患的危害、影响和后果进行系统分析和综合评价，采取有效或适当的控制、防范措施，把风险降到最低程度。

④ 检查和纠正错误是对影响健康、安全与环境状况的重大活动与验证工作中的关键试验进行监测，及时发现问题并及时采取纠正与预防措施解决问题，防止问题的再次发生。

⑤ 管理审核与评审是由项目高层管理人员进行的评审活动，在项目内外部动态环境下确保 HSE 管理的持续充分性、适用性和有效性并使其不断完善，达到持续改进 HSE 管理的目的。

7. 应用验证项目信息与文档管理

元器件应用验证项目信息与文档管理是指对项目实施过程中产生的全部信息，包括各种文件、资料、图表和数据等，按照国家、企业的信息文档制度进行有效管理的全部活动，以保证信息的及时收集、准确验证、有效整理、恰当存储以及在应用验证各相关单位之间的充分共享。

应用验证项目信息管理是为了实现验证项目的目标，对应用验证项目的信息进行收集、整理、加工、发布、存储和利用的过程。

(1) 应用验证项目信息管理目标。

应用验证项目信息管理的目标主要有：提高信息收集和整理的及时性、准确性、有效性，为相关决策提供支持；实现信息在应用验证项目相关各单位的共享，避免信息的二次搜集，提高信息利用率；避免信息的泄漏，实现应用验证项目实施过程中的保密要求。

(2) 应用验证项目信息管理内容。

应用验证项目信息管理的主要内容有：进行信息管理规划，确定应用验证相关单位、验证项目团队各部门的信息需求；按照信息管理的流程进行信息的收集、加工整理、存储、发布；在信息管理过程中，搭建信息的共享平台，实现信息的充分共享，避免信息的重复收集；在信息管理过程中，保证信息管理工作的保密性。

(3) 应用验证项目信息类型。

应用验证项目可能涉及以下信息类型。

① 技术状态控制信息主要包括技术状态的建立、更改、调整、超差和偏离的处理等信息。

② 进度信息主要包括应用验证项目的工作进展情况、工作计划调整、突发事件的处理等信息。

③ 质量管理信息主要包括质量工作进展情况、新颁布的质量管理要求、质量

问题归零通知、质量问题的汇总（如归零报告、归零评审结论等）、其他元器件应用验证的质量问题等信息。

④ 费用管理信息主要包括项目预算、费用拨付计划、费用拨付情况等信息。

⑤ 物资管理信息主要包括验证样品、试验设备、试验材料、应用验证项目所需的其他物资的采购、库存、提取等信息。

⑥ 试验管理信息主要包括试验类型、试验技术方案、试验进度安排、试验实施记录、试验结论等信息。

⑦ 风险管理信息主要包括风险因素、风险管理计划、风险评价、风险应对、风险监控等信息。

⑧ 评审信息包括评审点、评审计划、评审组织、评审会议纪要、评审报告等信息。

⑨ 各单位沟通信息主要包括验证单位与上级主管部门之间的沟通信息和与用户单位、生产单位等平行单位之间的沟通信息。与上级主管部门的沟通信息包括上级主管部门正式下发的各种计划、技术、经费、质量管理要求等文件，对上报请示的批复，临时性传真、电话记录，各种汇报会、调度会的信息等；与用户单位、生产单位等的沟通信息包括验证要求的协调、更改，技术状态的更改，进度安排的协调，验证过程中问题的协同处理等信息。

⑩ 应用验证结论信息主要包括各个验证过程的验证报告、验证项目总报告、采购管理报告、风险管理报告等信息。

(4) 应用验证项目信息管理程序。

元器件应用验证项目信息管理程序图如图 4.28 所示。

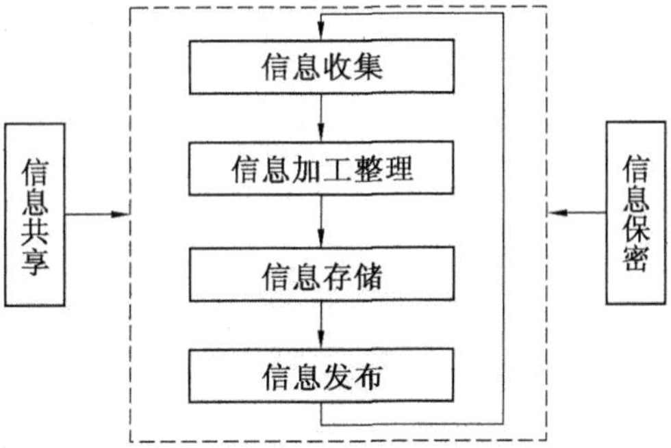

图 4.28　元器件应用验证项目信息管理程序图

① 信息收集即选择适当的信息收集方法，按照一定的步骤实施应用验证项目信息的收集，并验证所收集信息的准确性与有效性。

② 信息加工整理即按照一定的类别和格式对所收集的项目信息进行加工整理，以便于使用。

③ 信息存储即利用适当的介质对经过整理的信息进行存储，以便于长期使用和追溯。

④ 信息发布即选择适当的发布形式，将信息及时准确地发布给信息需求方。

⑤ 信息共享即激励应用验证项目的各参与方主动提供信息给其他方，以提高信息的使用效率，避免信息的重复收集。

4.2.4　应用验证项目管理工具

1. 应用验证项目信息集成管理系统及平台

应用验证项目要实现信息集成管理，则验证单位必须建立信息集成管理系统且在各验证参与方之间建立信息平台。

(1) 面向验证单位的信息集成管理系统设计原则。

① 概念模型。采用购买软件与自行开发相结合，可以建立如下应用验证项目集成管理信息系统模型，应用验证项目集成管理信息系统模型图如图 4.29 所示。该模型具备如下三大特征。

a. 信息集成与综合集成。图 4.29 表达了一个客观的、有机的iMIS 整体框架，以定性定量综合集成的方法对系统内部子系统的内部要素进行信息综合集成，但在客观上已经形成一个以信息集成为基础的应用验证项目综合集成管理系统，对探讨和发展该系统的总体功能效应具有重要的理论与应用上的价值。

b. 系统集成与接口技术。应用验证项目信息系统综合集成工作有它的特殊性，即信息系统内部的同层异构问题相当突出，如各类试验获得的数据的异构处

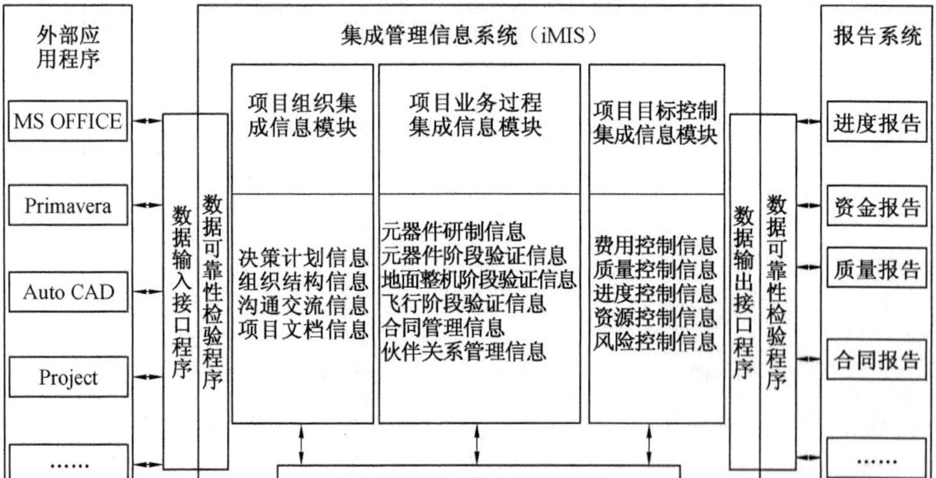

图 4.29　应用验证项目集成管理信息系统模型图

理，系统界面与接口技术成为关键问题。从长远看，界面与接口只是信息系统整体集成的一个连接技术问题，这个问题最终要求同层异构问题的解决。

c. 多维空间与有效控制。随着信息化的发展，集成管理信息系统已经由原来相对孤立的业务处理封闭系统走向全方位开放的活跃业务系统，其开放度正由一维向多维转化，管理信息系统也向多维信息空间发展。随着系统开放维度的增加，系统的功能、结构日益复杂，其规模和边界也日益扩展，系统有效控制便成为iMIS 基本的功能要求。有效控制要求有序化的整体集成总体设计，总体设计的思路来源于系统内部相关要素相互作用的功能要求，在系统整体集成总体设计的框架下，研究系统内部各个子系统的集成，再将这些集成由从定性到定量的综合集成方法上升到系统整体集成层面，从而形成有序的宏观项目系统集成管理运行机制。

② 应用说明。该模型主要包括基于验证流程的集成及基于管理职能的集成，此外应考虑对外数据接口的问题。

③ 数据库设计。数据库设计指对于一个给定的应用环境，构造最优的数据库模式，建立数据库及其应用系统，使之能够有效地存储数据，满足各种客户的应用需求（信息和处理）。应用验证项目数据库的构建必须能够有效地存储各类验证数据。

a. 基于验证流程集成的信息模块。该信息模块主要包括如下方面。

(a) 流程设计。设计验证流程的模块、逻辑、规则和执行角色，提供流程模板和重用机制。

(b) 流程配置。为验证流程实例的运行绑定参与者、分配资源，以及设置其他特定的参数。

(c) 流程引擎。驱动验证流程的运行并负责流程数据的维护，管理流程的状态，实现流程的事务管理。

(d) 流程维护。验证流程的监控和异常处理。

(e) 流程入口。为验证流程的用户提供统一的流程访问机制，包括工作任务列表、报告等；提供验证各参与方的流程访问规则。

(f) 流程优化。对验证资源利用进行优化，保证验证流程的一致性，防止死锁。

(g) 流程分析。对关键性能指标进行分析和流程仿真，对验证流程的时间和资源性能进行分析。

(h) 流程自动化。验证流程自动化是按验证流程标准算例规范验证项目处理过程，系统将根据验证单位的设置进行相关控制。

b. 基于管理要素集成的信息模块。该模块中可存放应用验证项目管理的十大职能信息，分别是范围管理信息、进度管理信息、质量管理信息、费用管理信息、采购管理信息、技术状态管理信息、风险管理信息、人力资源管理信息、HSE管理信息和文档管理信息。所有职能文件都存放在相应的文件夹里，管理人员可以从系统界面按照不同路径进入到信息文件。这些管理职能信息之间都有着逻辑连接，使得信息成为统一的整体，真正实现信息的集成管理。

c.数据可靠性检验程序模块。该系统的信息输入、输出端设置数据可靠性检验程序可提高信息系统的信息可靠性，保证只有经确认的有效信息才能输入该系统，同时也确保系统输出的信息都是有效的。

(2) 应用验证项目信息平台设计原则。

验证单位的信息集成管理系统可以实现验证过程及管理要素的信息集成，而验证项目各参与方的信息集成则必须依赖信息平台的搭建。

① 信息平台的内涵。应用验证项目信息平台是指管理应用验证项目信息交互的基层场所，包括硬件系统和软件系统。

从职能上划分，应用验证项目信息平台可分为信息集成管理平台和信息发布管理平台两大模块。应用验证信息集成管理平台主要解决各种试验或检验设备产生的数据的兼容(异构处理)问题，实现数据的自动采集，避免数据重复录入；应用验证信息发布管理平台主要解决应用验证结果信息的对外发布和查询使用。

应用验证项目信息平台并非以一个通用的信息平台替代验证项目各参与方现有的信息系统和业界比较成熟的第三方软件，其提供的是标准的集成环境。借助目前软件行业比较成熟的系列集成产品，信息平台提供了强大的应用集成功能，支持业界多种第三方成熟产品在平台中的专业应用，实现了平台的内外贯通和一体化应用，使现有的信息系统和第三方软件能够更好地发挥作用。

应用验证项目信息平台将提供程序接口和数据标准，支持验证各参与方现有的信息系统与信息平台的无缝连接。信息平台的开发解决了不同数据结构和操作系统带来的技术问题，使得许多先进的工程应用验证项目管理软件及办公软件可以在信息平台的环境下运行，为用户在原有的熟悉产品的基础上更好地全面应用先进软件提供了良好的环境，并将其部分功能和局部呈现与信息平台整体对项目全寿命期要素的表现结合了起来。可扩展的特征使信息平台具备进一步吸收先进的软件产品，为用户增加信息支持的能力。因此，它为管理提供了由信息平台到纵深兼备的条件。

在《计算机信息系统国际互联网管理规定》中要求：涉及国家秘密的计算机信息系统，不得直接或间接地与国际互联网或其他公共信息网络相连接，必须实行物理隔离。

考虑到验证项目的保密性要求及其信息安全，将信息平台分为核心层及外围层两个层级。信息平台核心层适用于航天集团之间的信息集成管理，信息平台外围层适用于与其他验证参与方之间的信息集成管理。

② 概念模型。信息平台分为三层，从下往上依次为作业层、信息处理层和应用层。应用验证项目信息平台的逻辑结构模型图如图 4.30 所示。对这三层详细分析如下。

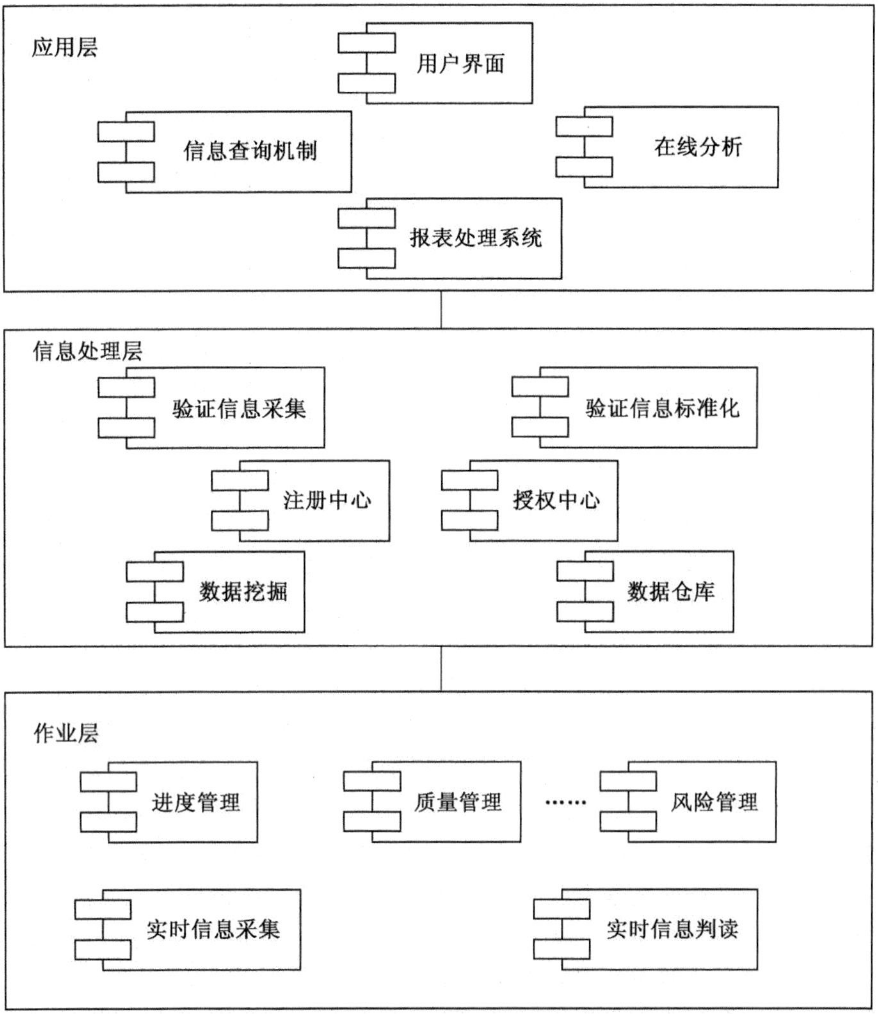

图 4.30　应用验证项目信息平台的逻辑结构模型图

a. 作业层。作业层是一个外部信息交换与集成的阶段，在其中进行一些实质性的操作，包括风险管理、进度管理、质量管理和费用管理等。应用验证项目各参与方在该层上的主要活动为从验证项目的各个环节提取不同类别的外部信息，通过 Internet/Intranet 完成信息在不同参与方之间的传递与共享，并将外部信息集成起来，作为更高层次的信息集成的基础。

b. 信息处理层。信息处理层是一个内部信息交换与集成的阶段，其主要功能是首先将作业层集成起来的外部信息，通过三种信息标准（IFC、XML 和 EDI）的作用，达到软件之间、内部系统之间、各参与方之间的信息标准化，然后将标准化信息传递到数据库管理系统中，进行搜集、存储和管理，并且经过分类、预测、排序、综合分析等数据挖掘过程后，形成特有的验证项目管理信息库、知识库和模型库，并被存储在数据仓库中，供应用层调用，从而在参与方的决策、管理和控制过程中发挥作用。

信息处理层的核心是验证项目的核心参与方（验证单位）所建立的内部 Intranet 和数据库管理系统，因为对于内部信息的标准化、数据处理、数据挖掘，直到形成数据仓库的过程都是通过 Intranet 传递，且在数据库管理系统的基础上建立起来的。因此，信息集成管理的关键工作就是决定基于 Internet/Intranet 的信息共享组织形式和数据库管理系统的建立方式。

c. 应用层。应用层的目的就是实现信息集成管理系统的整体价值，其中包括了一系列的可视化应用系统，如在线分析（OLAP）系统、库存管理系统、信息查询等。

应用层中包含了多个应用系统，这就涉及应用系统之间的信息交换，因而需要利用 XML 标准来设计系统之间信息交换的数据接口。加上 Internet/Intranet 以更方便、更低成本的方式来传递与集成信息，这就更容易实现三个层次的无缝连接，使验证项目的信息完全整合起来。

③ 软件应用集成。项目软件的集成是指使这些软件可以进行项目数据的交换和共享。目前有三种可以供选择的技术来实现项目应用软件的集成：一是软件间的集成，即每个应用软件和其所连接的其他应用软件之间必须建立一一对应的接口，实现不同应用软件内部模型间的信息共享和交换，但其主要的特点是系统封闭、扩展差，当系统中要根据用户需求更新软件时，系统的结构变化大，这样的系统往往只适用于最终用户比较固定的情况，很难满足项目多方参与的环境需求；二是通过标准数据模型和公共模型实现软件间的集成，而软件内部的数据结构并不发生变化，即可以实现公共模型和应用软件内部模型间的数据共享和交换，这样的系统的主要优势在于系统是开放式的，当系统需要添加新的应用软件时，只需要在该软件和公共模型间建立接口，而不会对系统中已有的应用软件的内部结构产生影响，有利于系统的扩展；三是系统的所有应用软件都采用统一的标准数据标准开发。然而对当前已经广泛采用的应用软件的结构进行重新设计是不现实的，故验证项目应用软件比较适合采用第二种方法进行集成。

应用验证项目管理信息平台应该支持的第三方软件可以包括办公系列软件、报表软件、文件管理软件、进度管理软件、信息处理软件等。

④ 可实现功能。信息平台核心层适用于管理部门之间的信息集成管理。在

保密性要求得到满足的前提下，其应能实现如下功能。

a. 应用验证项目信息集成存储和处理。积累验证信息，形成大量的信息储备，进行定时的数据备份。利用数据挖掘、人工智能等技术对大型项目的信息进行处理，预测应用验证项目工作进展，给出改进措施和建议。

b. 通知与桌面管理功能。包括变更通知、公告发布等功能，其中变更通知是指当与某一参与方有关的大型项目信息发生改变时进行提醒和通知。

c. 日历和任务管理。包括每个应用验证项目进度计划的日历管理和任务管理（多项目集成）。

d. 文档管理。在信息平台站点上提供标准的文档目录结构，参与各方可以完成文档（包括合同、技术说明、图纸、试验数据、报告、会议纪要、往来函件等）的查询、版本控制、文档的上传和下载、在线批阅等工作。

e. 项目通信与讨论。在信息平台站点上，应用验证项目参与各方可以通过系统内置的通信功能进行通信，所有的通信内容在站点进行详细记录。另外还可以就某一主题进行在线讨论，讨论的每一个细节都会记录下来，并分发给有关各方。

f. 工作流程管理。完成信息请求、工程变更、提交申请及原始记录审批等项目工作流程，并对处理情况进行跟踪统计。

g. 应用程序共享。集成一些项目管理软件，进行在线的计划编制、进度调整等，并与变更提醒、在线审阅和会议功能结合。

h. 网站管理与报告。包括用户管理、使用报告生成、参与方信息沟通记录、数据安全管理等。

信息平台外围层适用于与其他验证参与方之间的信息集成管理，其实现的功能较为有限，主要包括以下两方面。

a. 集成部分电子商务。通过信息平台完成一些设备、材料及劳务的招投标工作，形成电子采购。

b. 不涉及保密信息的商务文档管理。

2. 应用验证综合评价系统

宇航元器件应用验证综合评价系统是一个综合集成应用验证方法与判据基础理论研究成果而开发的工具，实现宇航元器件应用验证综合评价的智能化及信息化管理，以应用软件的形式对宇航元器件应用验证获取的数据进行处理和客观评价、分析，为宇航元器件应用验证工作提供针对性的工具支撑和辅助决策支持。

开发的软件 V1.0 版本已经若干项目试用，达到预期目标。综合评价系统分为评价验证、指标体系管理、系统管理三大功能模块。其中评价验证包括任务管理、可用度评价和报表管理；指标体系管理包括基础模板管理和用户模板管理；系统管理包括用户管理、角色管理、元器件研制生产单位信息维护、元器件类型维护、元器件型号维护、数据库维护和用户日志。综合评价系统通过建立应用验证任务、验证关键指标、建立评价指标体系（如已有用户模板可直接导入）、录入指标得分、指标权重和判据、进行综合评价计算，得到宇航元器件的研制成熟度、适用度和可用度评分及其级别，最后生成具有统一格式的包含宇航元器件研制成熟度结论、适用度结论、可用度结论和得失分说明（从宇航元器件生产过程要素、功能和性能、可靠性、应用适应性四方面给出）的宇航元器件应用验证综合评价报表。软件配置要求为 Windows XP SP3 及以上、Microsoft SQL Server 2005 数据库；硬件配置要求为 CPU Conroe2 2.66 GB 以上，内存2 GB 以上，硬盘 80 GB 以上。宇航元器件应用验证综合评价系统 V1.0 版界面如图 4.31 所示。

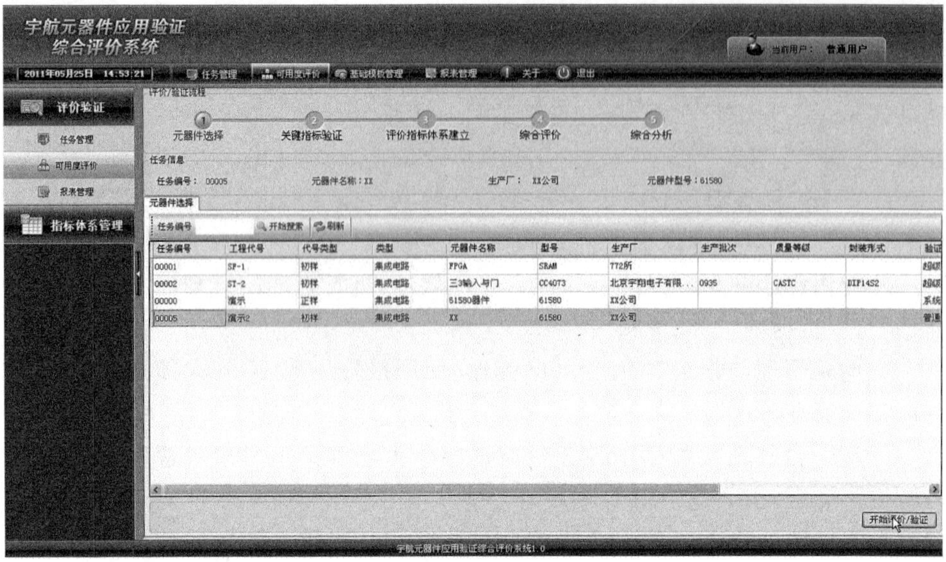

图 4.31　宇航元器件应用验证综合评价系统 V1.0 版界面

3. 应用验证专家遴选系统

宇航元器件应用验证专家遴选系统是一个综合集成应用验证专家遴选方法研究成果而开发的工具，是宇航元器件应用验证综合评价系统的辅助子系统。专家遴选系统依据专家基础信息、型号信息，以及专家业绩的参与率、命中率、离散率等方面，对专家进行基础评价、型号关联度评价、业绩评价和综合评价，将专家进行排序，划分专家层级并进行动态管理。专家遴选从专家专业领域和型号领域两个维度进行，使遴选出的专家具有代表性、覆盖性和专业性，做到遴选过程科学、客观、合理，能够为应用验证工作有效遴选出所需要的专家。

已开发的软件 V1.0.0 版本已经若干项目试用，达到预期目标。专家遴选系统分为用户管理、专家管理、业绩管理、动态管理和专家遴选五个主要功能模块，专家划分为元器件研发与制造、元器件质量保证、元器件应用与管理、产品保证与质量管理等专业领域。软件环境要求为 Windows XP SP3 及以上、Microsoft SQL Server 2005 数据库；硬件环境要求为 CPU Conroe2 2.66 GB 以上，内存 2 GB 以上，硬盘 80 GB 以上。宇航元器件应用验证专家遴选系统 V1.0.0 版界面如图 4.32 所示。

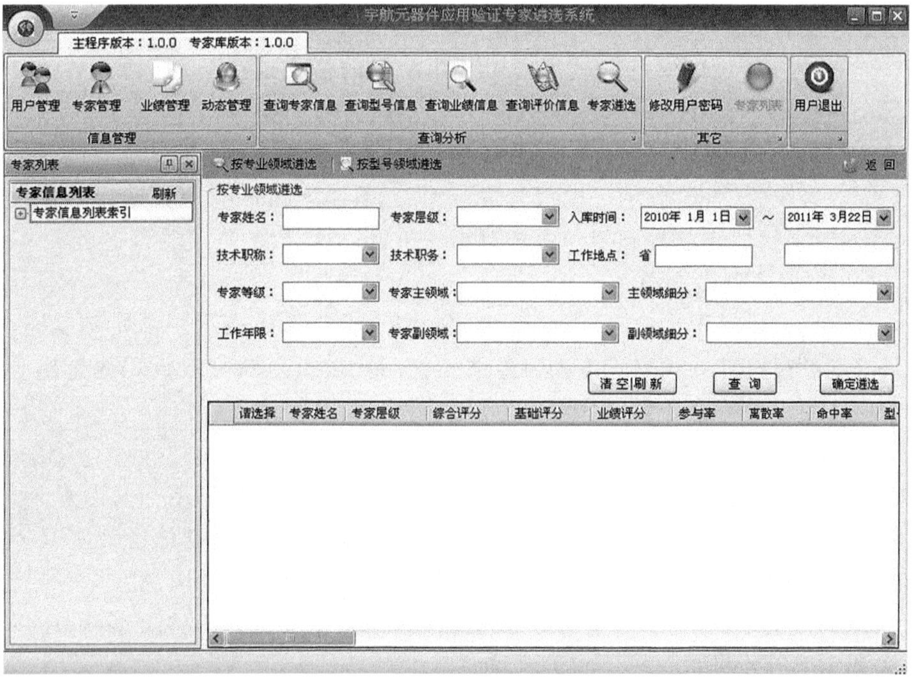

图 4.32　宇航元器件应用验证专家遴选系统 V1.0.0 版界面

4. 应用验证项目进度控制方法与工具

(1) 偏差分析。

在进度监视过程中，进行偏差分析是进度控制的关键。将目标进度日期同实际或预测的开始与完成日期进行比较，可以获得发现偏差以及在出现延误时采取纠正措施所需的信息。在评价项目进度绩效时，总时差(指在不影响项目总工期的前提下，一项活动所拥有的最大机动时间) 也是分析项目实施效果的组成部分。

(2) 绩效衡量。

绩效衡量的结果是进度偏差与进度绩效指数。进度偏差与进度绩效指数可用于估计应用验证项目中实际发生的任何项目进度偏差的大小。进度控制的一个重要作用是判断已发生的进度偏差是否需要采取纠正措施。例如，非关键路径计划活动的重大延误对项目总体进度影响甚微，而关键路径或接近关键路径上的一个短得多的延误却有可能要求立即纠正。

(3) 进度报告。

进度报告是通过对验证工作的进度进行监测、检查和比较分析，将所得到的结果以书面形式向项目决策层提交的报告，用以反映项目的实际进展情况。完善的进度报告体系是进度综合分析、进度控制以及进度决策的重要基础，是项目进度管理的重要工具。

元器件应用验证项目进度报告应使用统一的格式，主要包括验证活动的进展状况、验证人员和设备数量的详细资料、验证活动的变更清单、实际进度与计划进度的比较、消除延误拟采取的措施。

应对各步骤、各阶段的进度报告进行汇总，编制元器件应用验证项目进度报告，以便对项目的进度控制工作进行总结评价，形成宝贵的进度管理经验。

(4) 进度比较横道图。

进度比较横道图中每项计划活动都画两条横道，一条表示当前实际状态，另一条表示经过批准的项目进度控制基线。使用比较横道图可以直观地看出验证项目何处的绩效符合计划、何处已经延误。

(5) 项目管理软件。

用于制定进度表的项目管理软件能够追踪并比较计划日期与实际日期，预测实际或潜在的项目进度变更所带来的后果，因此是进度控制的有效工具。比较常用的项目进度管理软件主要是AVIDM—PLAN(简称 AVPLAN)，另外还可以用 Microsoft Project、P3(Primavera Project Planner，P3)、P6、Pertchart 以及梦龙 PERT 等项目管理智能软件系统。

5. 应用验证项目风险识别方法与工具

应用验证项目风险识别通常采用的方法与工具主要有以下几种。

(1) 文件资料审核法。

文件资料审核法是指根据应用验证项目的工作范围，从项目计划、项目假设条件和约束因素、以往项目的文件资料中识别风险事件。

(2) 信息搜寻技术。

如德尔菲法、头脑风暴法、访谈法等。其中访谈法指通过对项目经理或相关领域的专家访谈来识别风险；德尔菲法和头脑风暴法在本书第 2 章中有详细的介绍。

(3) 核对表法。

核对表法是利用现有的元器件应用验证项目风险核对表来识别风险的方法。元器件应用验证项目风险核对表是根据历史资料、以往类似应用验证项目所积累的经验以及其他信息来源制定的，应注意对该风险核对表进行评审和更新。

(4) 情景分析法。

情景分析法是根据应用验证项目的发展趋势，通过有关数字、图表或曲线等，对项目未来的某个状态或某种情况进行详细的描述和分析，从而识别引起项目风险的关键因素及其影响程度的一种风险识别方法。通过情景分析法应说明事件出现风险的条件和因素以及因素变化时会出现的风险事件及后果。

(5) 假设分析法。

在做应用验证项目计划如进度管理计划时，通常对一些尚未完全确定的前提输入条件进行假设，对这些假设进行分析也是风险识别的重要方法。

(6) 图解法。

① 因果图。又称为鱼刺图，通过带箭头的线将风险事件及风险因素之间的关系表示出来。

② 流程图。将应用验证项目的全过程活动按其内在的逻辑关系制成流程图，针对流程中的关键环节和薄弱环节进行调查、识别和分析。

③ 风险分解结构。通过对应用验证项目实施过程中可能发生的风险进行系统的分解以对风险进行全面识别的方法。

6. 应用验证项目风险评价方法与工具

在对风险进行评价时，可采用定性风险评价与定量风险评价两类方法。通常是先对风险进行定性评价，再对定性风险评价中对项目影响较大、排序较前的风险进行定量评价。相关方法及工具如下。

(1) 对于风险定性评价。

① 专家评分法。专家评分法是利用专家们的经验，对所识别风险的发生概率、影响程度进行打分，从而确定风险的大小。

② 层次分析法。层次分析法主要是构造层次结构模型。项目管理者根据自己的经验，利用两两因素比较，确定每一层不同因素对于上一层各因素的重要性权数并得出矩阵，通过矩阵特征值和特征向量的计算，得出各风险的权数向量，以此将风险按大小排序。

③ 故障树分析法。故障树分析法是一种演绎的逻辑分析方法，遵循从结果找原因的原则，分析项目风险及其产生原因，即在前期预测和识别各种潜在风险因素的基础上，运用逻辑推理的方法，沿着风险产生的路径，求出风险发生的概率，并提供各种控制风险因素的方案。其中，故障树是由一些节点及它们之间的连线组成的，每个节点表示某一具体事件，连线表示事件之间的关系。

④ 风险评估指数法。风险评估指数法是将风险的发生概率和影响程度按其

特点划分为相应的等级，形成一种风险评价矩阵，并对其赋予一定的加权值来定性地衡量风险的大小。

(2) 对于风险定量评价。

① 等风险图法。等风险图法是以风险发生的概率和后果分别为纵、横坐标轴，将具有不同发生概率和影响但二者乘积（即期望值）相等的不同风险对应的坐标点连成曲线。等风险图法多适用于项目整体风险评价。

② 决策树法。决策树是对所考虑的决策以及采用多种方案可能产生的不同后果进行描述的一种图解方法，用树形图表示风险的各种可能后果及发生的概率，以此估算出风险的大小。

③ 蒙特卡罗模拟技术。蒙特卡罗模拟技术随机地从每个不确定风险因素中抽取样本，进行计算，重复进行成百上千次，模拟各种不确定性组合，获得各种组合下的成百上千个结果，通过统计方法对数据进行处理，找出变化的规律。

④ 敏感性分析法。敏感性分析法是通过把所有其他不确定因素保持在基准值的条件下，考察项目的每项要素的不确定性对目标产生影响的程度，以确定哪些风险对项目有最大的潜在影响。

⑤ 模糊分析法。模糊分析法是采用模糊子集及模糊数的有关理论对如何确定关键风险因素和关键风险进行探讨，并系统地讨论风险因素影响风险的各种形式。

⑥ 指数法。指数法是进行风险评价较为常用的方法，通过对风险的发生概率及影响程度进行打分并划分为相应的等级，形成一个风险评价矩阵，并赋予一定的量值来衡量风险大小。以下是运用指数法进行风险评价时需要使用的表格工具。应用验证项目风险发生的概率可分为 5 级，风险发生概率等级表见表4.8。

应用验证项目风险影响程度，即风险可能造成的后果可分为 5 级，其后果可以体现为对项目三大目标，即验证结论可靠性、项目进度和成本的影响，其权值可以根据实际情况加以改动，风险影响程度等级表见表 4.9。表 4.10 为风险评价指数矩阵表，通过风险评价指数矩阵可以综合风险的发生概率与影响程度对风险进行分级。表4.11 为风险接受准则表。

表 4.8　风险发生概率等级表

概率	在项目进行中发生的可能性	等级
极高	连续发生	5
高	频繁发生	4
中等	出现若干次	3
低	不易发生，但有理由预期可能发生	2
极低	不易发生，但仍有极小可能发生	1

表 4.9　风险影响程度等级表

影响	对项目目标影响的严重程度			等级
	验证结论可靠性(0.6)	进度(0.2)	成本(0.2)	
灾难性的(极高)	验证结论可靠性小于 60%	进度拖延大于 20%	成本增加大于 20%	5
危险的(高)	验证结论可靠性介于 60% ～ 70%	进度拖延介于 10% ～ 20%	成本增加介于 10% ～ 20%	4
重大的(中)	验证结论可靠性介于 70% ～ 80%	进度拖延介于 5% ～ 10%	成本增加介于 5% ～ 10%	3
显著的(低)	验证结论可靠性介于 80% ～ 90%	进度拖延小于 5%	成本增加小于 5%	2
可忽略的(极低)	验证结论可靠性大于 90%	不明显的进度拖延	不明显的成本增加	1

表 4.10　风险评价指数矩阵表

一个具体风险事件的风险值(R)					
概率(P)	影响(I)				
	1	2	3	4	5
5	5	10	15	20	25
4	4	8	11	16	20
3	3	6	9	11	15
2	2	4	6	8	10
1	1	2	3	4	5

注:风险值(R) = 概率(P) × 影响(I)。

表 4.11　风险接受准则表

风险指数	风险级别	接受准则
$R \geqslant 20$	极高风险	不可接受的风险:停止项目或采取新的措施,寻求上级关注
$15 \leqslant R < 20$	高风险	不可接受的风险:采取新的措施,寻求上级关注
$10 \leqslant R < 15$	中风险	不希望有的风险:积极地管理和考虑备选措施
$5 \leqslant R < 10$	低风险	可有控制接受的风险:加强控制和监控,要求执行者注意
$R < 5$	极低风险	不经评审即可接受:控制、检测,要求执行者注意

7. 应用验证项目风险监控方法与工具

应用验证项目风险监控可采取以下方法与工具。

(1) 风险再评估。

风险再评估是按照风险管理的过程,对已经识别出的风险做进一步评估,同时对新风险进行识别和评估。

(2) 风险审计。

风险审计用于检查并记录风险应对策略处理已识别风险及其根源的效力，以及风险管理过程的效力。

(3) 偏差和趋势分析。

通过绩效信息对项目实施趋势进行评审。可通过赢得值分析、项目偏差和趋势分析或其他分析方法对项目总体绩效进行监控，主要用于与费用和进度目标相关的风险监控。

(4) 状态评审会。

召开应用验证项目状态评审会，对项目当前的风险情况进行评审。会议的时间长短、召开次数取决于已识别的风险、风险优先级及应对的难易程度。

4.3　应用验证质量管理

应用验证质量管理是指为保证元器件应用验证相关活动开展结果的真实性、有效性和合理性，围绕元器件应用验证开展的质量活动策划、实施、检查的总和。

应用验证特点：涉及相关方多且各方质量管理水平参差不齐；质量信息来源具有多源性；新技术带来的质量风险大，包括元器件研制、生产、验证、使用等多环节的风险。应用验证质量管理的目标是方案科学、过程可控、结果可信、各方认可、型号可用。

应用验证项目办应针对应用验证策划质量管理活动，明确质量管理要求，建立应用验证质量管理方案(大纲)。在应用验证质量管理方案(大纲)中首先要界定项目管理目标，梳理质量管理职责，规范开展元器件应用验证工作，保证应用验证结果的真实性、有效性和合理性，明确组织机构的相关职能。

在应用验证项目实施过程中，应确保应用验证的相关方都能全程参与验证过程，从而使各方认可验证结论。

提出应用验证工作开展的通用质量管理要求，包括文件控制要求、质量记录控制要求、认可实验室认可和管理要求、应用验证装置管理要求、应用验证样品管理要求、技术状态管理要求、人力管理要求以及应用验证合同等管理要求。

在此基础上结合风险识别和控制中提炼的关键控制点，对应用验证流程的实施提出质量管理活动要求。对需求调研方案、总体方案、元器件验证详细方案、板验证详细方案、系统验证详细方案、专项飞行验证详细方案的内容及评审流程进行规范管控，对相应的需求调研和三阶段四方式验证流程的实施提出质量控制要求，并提出应用验证质量信息管理要求和异常问题的处理流程。

4.3.1　应用验证质量管理对象及质量控制要点

应用验证质量管理的控制对象包括文件、记录、样品、试验装置、人员、过程等。

1. 文件控制要求

(1) 控制文件。

控制文件包括依据文件，如任务书、合同、用户的使用背景、研制过程情况等；设计文件，如总体方案、评估方案、用户验证方案、评估方案、应用手册和应用指南等；试验文件，如试验报告、验证报告、评估报告等。

(2) 文件控制具体要求。

对于相关的技术文件，需要分类明确编码方式、形成配套文件体系。明确文件审签职责，对文件实施有效控制。通过评审、审签等方式对涉及的技术文件进行质量把关。技术文件的管理要科学、规范化，如QJ 1714 系列标准(航天产品设计文件管理制度)。QJ 1714 系列标准是用于规范航天产品设计文件的编制及管理的编号 QJ 1714.1 ～ QJ 1714.12 的一组航天行业标准。这一系列标准分别规定了航天产品设计文件的标识、格式、编号、完整性、表格内容设计文件的编制要求，文字内容设计文件的编制要求，设计文件的签署规定，隶属编号设计文件的借用规定，设计文件的更改规定，偏离设计文件的规定，设计文件的标题栏和明细栏的相关要求。

技术文件编制完成后，项目办组织相关单位对文件进行审查会签，会签后，通过授权人员批准(适用时应完成会签) 之后才能受控发放。为了规范应用验证试验设计文件，项目办应组织编制验证方案、报告模板。

文件需要更换 / 修订 / 换版时，由文件原编写单位提出申请，经项目办批准后，进行更换 / 修订 / 换版，并重新进行评审会签。当受控文件进行更换 / 修订 / 换版时，项目办(或发文单位) 应及时通知各单位文件管理员进行更换 / 修订 / 换版，并对受控文件的旧版文件回收，加盖作废章或销毁，防止文件使用现场使用过期文件。

2. 质量记录控制要求

应用验证质量记录是应用验证质量信息收集和传递的重要载体，包括文字资料、声像、照片、硬盘、光盘等多种形式。质量记录应清晰、易于识别和便于追溯。

在元器件应用验证质量管理过程中，会产生各类的质量记录表格，这些记录表格会在应用验证相关的各单位之间传递，以达到质量信息的交流。应结合应用验证流程，对应用验证工作中出现的各类记录表格进行设计和规范使用。项目办可以根据实际需要确定常用的记录模板。各单位参照质量记录表格清单中规定的格式和内容进行质量记录的编制。

质量记录必须有标识，并满足以下要求：应有区分质量记录种类的标识（含格式标识）和质量记录编号，文本质量记录应有“共×页”“第×页”的页码标识，必要时增加“共×册”“第×册”的标识。利用软盘和光盘等非纸质材料记录时，将质量记录标识与名称同时粘贴于光盘或包装物适当部位。

(1) 质量记录的填写要求。

质量记录要求及时填写，内容要真实、完整，字迹清晰，使用钢笔或签字笔填写。填写质量记录时要逐项填写不得缺项，某些不需要填写的项目或空格要用“/”划去。质量记录的签署不允许有空白，必须签全名，检验人员可盖检验印章。质量记录原则上不得涂改，如系笔误或经确认原有记录不正确，可在原始记录上采用“划改”形式进行更改并签署，但要保留原有记录的可识别性。单页面上有多人同级签字的质量记录，划改人要在划改旁合适的空白处签字或盖章并签署日期。

(2) 质量记录的收集、汇总、传递、存放。

各单位负责收集、汇总和管理本部门形成的质量记录，并按记录编号进行分类汇总保管。各部门形成的质量记录，经审核后，按要求向有关部门或人员传递。各部门收集汇总的质量记录应在规定地点存放，不得损坏和遗失。

(3) 质量记录的使用与保存。

质量记录的查阅、借阅、复印及保存期限按规定执行。质量记录保存期限应满足用户的要求，产品验证过程的质量记录保存期限应与产品寿命周期相适应。

3. 人员质量控制要求

为确保从事应用验证活动人员的教育、培训、技能和经验能够胜任其工作，应用验证各单位应在验证的适当阶段，结合人员能力状况，组织开展各项培训。并对培训开展状况和培训的有效性进行评价，确保参加应用验证的人员知悉有关的管理要求和技术要求，具备相关的技能。

4. 外协方管理要求

应用验证项目办负责应用验证任务总承包，负责组织对应用验证分承包单位（即外协方）的考察、认可和管理。项目办应编制发布应用验证合格外协方清单，明确应用验证合格外协方的业务范围、工作项目、评价等级、负责部门、联系人，并保存及建立相关档案。

应用验证中心根据应用验证任务承接、分解情况，在已发布的应用验证合格外协方清单中选择合格的协作方分包相关的任务。

项目办在应用验证质量监督过程中，对应用验证合格外协方进行审核检查。

项目办应结合应用验证工作进展，对应用验证工作承接单位进行监督、检查、现场审核，以保证应用验证工作稳定开展。检查合格的，继续保留认可资格；检查不合格的，应向其提出存在的问题和改进建议，允许限期纠正，并再次监督检查。如发现认可单位存在重大的质量问题，且整改不力，将酌情暂停或取消其资质。

5. 验证装置要求

在元器件应用验证实施中，有时需要根据相关用户单位使用工况研制应用验证装置，并开展相关的验证试验。通常，需要通过验证装置进行以下内容的验证：单板调试，测试待验证元器件应用的主要参数和波形；整机功能测试和常温电源拉偏；高温老炼试验（含高温电源拉偏）；力学环境适应性验证试验（必要时）；温度扫描试验；整机热真空试验（必要时）；EMC 试验（必要时）。

对应用验证装置需要进行设计管理、质量控制、验收把关。应编制应用验证装置设计报告，并考虑以下因素：产品电路设计要求及其实现情况；产品配套元器件使用情况和电装工艺情况；产品质量保证要求及其实现情况；待验证元器件测试要求及其实现情况；产品环境试验要求及其实现情况。

（1）应用验证装置设计质量控制要求。

① 设计输入控制。应用验证装置研制单位以项目办或应用验证中心下达的验证任务书、技术要求、正式的接口文件要求等正式文件作为设计依据。签署、审批完整的更改单和技术通知单可作为验证设计的有效设计输入。处理单、协调单、会议纪要、电话记录、工作计划等不能作为有效的设计输入，必须落实到有关技术文件中。

② 设计控制。应用验证装置（板、单机等）的设计必须执行总体的应用验证相关规范，通过设计评审或设计复查。技术状态受控，不能随意变更。

沿用板、沿用单机指技术状态不变的板、整机，原则上可不再进行设计、工艺、图纸、材料等的审查，其中关键板、单机验证按总体要求由项目办组织相关专家组参加进行设计复查，形成复查报告，报项目办。

有技术状态更改的板验证，所有技术状态更改都必须上报备案。更改项目上报后由技术状态控制组确定更改设计审查级别和形式。

技术状态控制可参照执行 QJ 3118—1999《航天产品技术状态管理》中对航天产品技术状态管理的内容、方法、程序和要求。应用时，可根据技术状态项目的重要性、复杂程度、规模、使用要求、综合保障要求和其所处的研制阶段等情况进行适当裁剪。可协商确定验证技术状态更改的审查级别，确定审查、备案形式及相关补充工作。

新研板、单机需完成 FMEA 工作，电子产品需开展热设计、EMC 设计、降额设计、抗力学环境设计、防静电设计以及危险识别等可靠性安全性工作，完成可靠性安全性分析报告，有条件的应开展电路最坏情况分析和潜在电路分析。新研板、单机验证的设计验证项目需经项目办和总体单位确认，设计验证结果应形成相应的报告报项目办和总体单位。由项目办组织专家组重点完成设计审查，元器件、原材料选用审查，工艺方案审查，设计验证试验项目审查等，形成审查结论作为决定正式验证产品投产的依据。新研板、单机验证设计评审需请专家组参加。设计评审可参照执行 QJ 1302—2001《航天产品技术评审》的规定。《航天产品技术评审》规定了航天产品技术评审的类型、主要内容、评审的组织及管理、评审程序、评审的监督与跟踪、评审报告的格式及填写要求，适用于航天产品研制、生产过程中的内部评审。QJ 1302.1～5 分别明确了航天产品设计评审、工艺评审、出厂评审、转场评审的管理要求。

设计、工艺检查确认是指提供客观证据，证实规定要求已得到满足所进行的系统的、有计划的认定活动。

设计文件发出前应完成设计的检查确认，填写沿用、借用产品技术条件比对情况汇总表，复核复算专家组意见、建议处理情况汇总表，遗留问题、待办事项落实情况汇总表，在验收时交付项目办。工艺文件发出前完成工艺文件的检查确认，填写遗留问题、待办事项落实情况汇总表，涉及一、二类故障模式的单故障点和不可测项目检查确认汇总表（生产单位填写），在验收时交付项目办。

（2）应用验证装置（含单机）生产过程质量控制。

① 元器件原材料保证。元器件采购控制可参照执行 QJ 3065.1—1998《元器件选用管理要求》、QJ 3065.2—1998《电子元器件采购管理要求》等相关规范。原材料要复验合格方可使用。

《元器件选用管理要求》规定了航天型号用元器件选用的原则、相关标准、评审程序和保证元器件正确选用的其他要求，适用于航天型号研制阶段对元器件选用的质量管理。

《电子元器件采购管理要求》规定了航天型号用电子元器件采购文件的编制与评审、合同的签订以及电子元器件的新品和进口电子元器件采购的管理要求，适用于航天型号研制、生产中采用的电子元器件采购的管理及对航天和电子系统研制生产以及进口的电子元器件的统一组织采购的管理。

QJ 3065.3—1998《元器件监制与验收管理要求》规定了航天型号用元器件统一下厂监制和验收的承担单位、管理部门、工作内容及问题处理的要求。

QJ 3065.4—1998《元器件筛选与复验管理要求》规定了航天型号用元器件补充筛选与复验的管理规定和要求。

QJ 3065.5—1998《元器件失效分析管理要求》规定了航天型号用元器件失效分析的分析单位、管理部门、分析委托、分析实施、分析报告及其处理和反馈等要求，适用于航天型号用元器件的验收、补充筛选、超期复验以及在型号研制、生产和使用等过程中出现失效元器件的失效分析。

元器件原材料应管理受控，质量合格证明记录齐全，在验收时交付应用验证总体单位备查。

② 标识和可追溯性。从技术要求到元器件、原材料、工序、零件、部组件、去向均应可追溯，要求留存相关的质量信息。

③ 工艺控制。工艺保证可参照执行 QJ 903—1995《航天产品工艺文件管理制度》的相关规定。在投产前应完成工艺清单、工艺规程（含工艺流程、工装、工具及辅料明细）等的审查确认。

《航天产品工艺文件管理制度》规定了航天产品工艺文件的编制基本要求、分类与组成，适用于航天产品工艺文件的编制与管理。QJ 903.1～7分别规定了工艺文件编制的一般要求、封面与主标题栏、工艺文件完整性要求、工艺文件签署规定、工艺文件更改规定、工艺过程卡片及空白卡片编制规则等相关要求。

④ 多余物控制。产品的多余物控制按 QJ 2850—1996《航天产品多余物预防和控制》的规定执行。

《航天产品多余物预防和控制》规定了航天产品多余物预防和控制的管理要求，以及在设计、工艺、生产、试验、包装、运输等过程中多余物的预防和控制要求。

⑤ 生产中的静电防护。产品生产过程中应注意产品的防静电，可以参考执行 GB/T 32304—2015《航天电子产品静电防护要求》。

《航天电子产品静电防护要求》规定了静电防护管理的策划、培训、防静电工作区、包装、标识、采购和外包、监视和测量、改进、审核和管理评审等要求，适用于静电放电敏感电子产品（电子元器件、组件和设备）的采购、制造、加工、组装、装联、包装、标识、维修、失效分析、测试、检验、储存和运输等科研生产活动，也适用于对组织的静电防护能力进行评价或审核。

⑥ 检验控制。检验控制可参照执行 QJ 3049—1998《航天产品检验工作要求》。《航天产品检验工作要求》规定了航天产品质量检验活动的基本内容和检验工作要求。承制航天产品的单位应结合产品特点和单位实际情况制定检验细则。

⑦ 外协控制。外协定点应进行审查，外协厂家清单报应用验证总体单位备案。外协外购合同（含技术附件）必须明确质量管理要求和验收要求。外协定点审查可参照执行 GJB 5713—2006《装备承制单位资格审查要求》，并根据实际情况适当裁剪或补充。

《装备承制单位资格审查要求》规定了装备产品承制单位资格审查的程序、要求、时机、方式等管理要求。

(3) 应用验证装置(含单机) 验收控制要求。

① 验收细则。验证总体单位应根据验收要求和试验方案规定组织编制验收细则,并考虑以下因素。

a. 产品验收前应准备的条件;

b. 验收测试的程序;

c. 验收工作分工;

d. 验收审查的文件、资料;

e. 验收测试项目、要求、条件和记录表格;

f. 产品接收和拒收的条件。

② 产品验收程序。一般情况交验方应提前提交验收申请,同时按照验收细则的要求提供自检报告,任务协出方对申请进行审核,通过后安排验收。产品验收一般按下列程序进行:检查验收环境是否符合验收要求;按照验收细则的要求,检查相关文件是否符合要求;由承研单位汇报产品设计、生产、试验过程的质量情况(包括产品的完成情况、技术指标的符合情况、出现的质量问题等);按照验收细则进行产品验收,填写相关记录表格,并给出结论意见;验收合格的产品由任务协出方负责入库保管,被拒收的产品由承研单位负责处理;产品验收结束后,任务协出方负责将验收记录存档。

③ 产品交付验收应具备的条件。产品按照试验方案的要求完成了全部检验,并满足下列要求。

a. 产品技术状态和数量符合任务书(合同或技术协议) 的要求;

b. 产品试验报告、设计报告、验收细则应通过总体单位组织的评审;

c. 产品应按照测试细则完成全部自检工作,并出具签署完整的自检报告;

d. 产品交验前应按验收要求准备好应提交的文件,并提前五天向任务协出方提交产品交验申请表(含交付的产品清单、文件清单和产品交验自查报告),交验申请表需签署完毕,需对照验收细则完成自查报告;

e. 产品验收前,应进行验收区环境和技术安全方面的检查,产品验收时所用的检测仪器、设备、量具要求齐全,精度满足测试要求,经计量部门检定合格,并在有效期内使用,专用测试设备必须有仪器管理部门出具的合格计量标识牌,并在有效期内使用。

④ 验收准备要求。

a. 验收文件准备。产品验收需准备的文件有任务书(合同和技术要求等)、自查报告、试验方案、设计报告、试验报告、产品外形图册、产品验收细则、评审证明书及其他相关的技术文件。

b. 仪器设备。验收所用的仪器、设备、量具要齐全，精度要满足测试要求，经计量部门检定合格，并在有效期内使用。专用测试仪器设备必须有仪器管理部门出具的合格的计量标识牌，并在有效期内使用。

c. 验收环境。验收前，应对验收区的环境条件包括温度、湿度、洁净度等要求进行检查并记录，并进行技安检查。对于有特殊要求的产品，验收细则中需明确提出具体的验收环境要求，验收前按照验收细则的要求进行检查，确保产品安全。

d. 验收地点。产品验收一般在产品承研单位进行，若验收现场无条件对必须验收的项目进行检查（或在产品研制中才能检查），承研单位应在交付前（或在产品研制过程的测试前），通知验收单位有关人员到承研单位参加对该项目的验收检查。产品验收通过后由承研单位运输到任务协出方的库房，并进行文件和产品外观检查后办理入库手续。

⑤ 验收过程要求。

a. 验证装置检查。承研单位指派试验操作人员配合任务协出方验收，测试人员按照测试细则的要求核实实物机、电、热静态检查结果，并对差异项进行分析，主要包括产品设计是否符合设计报告要求、产品电性能指标测试。按照验收细则规定测试项目，对产品进行现场测试，并填写测试记录表。

b. 文件检查。包括产品试验方案、设计报告和试验报告等提交文件是否齐全，且通过评审；相关文件是否签署完整，测试结果与规范是否符合；试验的完整性和试验结果的正确性。

c. 验收表格的填写和签署。按照验收细则的要求填写验收表格，并作为原始记录归档，需做到填写字迹清晰、记录翔实、签署完整。

d. 验收总结和待办事项。验收组会同被验收方给出验收结论并确定待办事项，现场形成纪要，确定待办事项和完成时间。

e. 产品接收和拒收。

接收：产品和文档资料均符合要求，验收通过，产品视为合格品，同意接收。

拒收：产品符合要求，但文档资料不符合要求，可拒收产品，待文档资料符合要求后，再接收产品；产品第一次验收不符合要求，经返修和故障归零，审查合格后再接收产品。

两次验收不合格的产品视为不合格品，不再进行验收。

6. 应用验证样品管理要求

应用验证涉及的元器件样品通常包括被验样品、比对样品、验证装置配套的元器件三类。在应用验证全过程中，应状态清楚、质量受控、产品防护到位。需要实施以下控制。

被验样品、比对样品应统一验收和管理。比对样品应选择与被验样品同类型、同封装、同结构的器件，具体数量应能满足比对要求。与各协作单位交接时需要办理交接手续并填写交接单。

验证装置配套元器件应经过筛选，并遵循以下原则：除非另有规定，对元器件具有破坏性的试验或检验不得列为筛选项目；除非产品规范另有规定，筛选所加的应力(电应力、机械应力、环境应力等)不得超过产品规范规定的元器件能够承受的极限应力。

被验样品一般选择通过设计定型后的筛选合格元器件，具体数量可根据元器件的特点、试验项目和试验要求确定。应用验证使用元器件样品应由指定人员到研制单位现场抽样获得，并对抽样样品进行标识。抽样样本应具有代表性和覆盖性。抽样方法可采用简单随机抽样。元器件研制单位(或验证委托人)应提供验证样本的使用指导，避免验证过程中的误操作。验证样品的接收过程应进行元器件的交接检验工作。检验内容要求包括：验证单位需要检查被测元器件样品是否满足验证合同或技术协议书的要求；确认元器件是否可以用于验证；进行接收检验。检验内容至少包括如下几点。

(1) 检查元器件质量证明及相关资料是否符合验证合同或技术协议及有关标准的要求。

(2) 检查元器件外包装箱是否完好，并检查元器件的品种、规格及数量是否与装箱单或发货单相符。

(3) 检查元器件外观和标识是否满足规定的要求，是否在运输过程中受到损害或损伤。

(4) 对静电敏感元器件的包装箱(盒)，应检查是否有静电敏感标识，内包装盒是否采取了静电防护措施。

验证试验过程中样品的储存环境要求。除非另有规定，应在下列环境条件下存储元器件：温度 16 ～ 28 ℃，仲裁温度按照元器件的规定；相对湿度 40% ～60%，特殊条件下可以放宽至 30% ～ 70%。对静电放电敏感的元器件(如MOS器件、微波器件等)，应按《航天电子产品静电防护要求》标准规定，采取静电放电防护措施。对磁场敏感但本身无磁屏蔽的元件，应存放在具有磁屏蔽作用的容器内；非密封片状元器件应存放在惰性气体的密封容器内，或存放在采取有防氧化措施(如加吸湿剂、防氧化剂等)的密封容器内；微电机等机电元件的油封及单元包装应保持完整。

应用验证样品搬运与传递中的防护要求：在检测样品的交接、处置、传递和存储过程中，要采取措施，防止受到沾污和意外的机械、电、磁、热的等外部应力的损伤。一旦遇到此类损伤，应及时识别属于哪一种外部应力损伤，隔离受到损伤的样品，及时记录并采取相应措施。在验证样品交接过程中不得引入新的沾污与机械损伤。静电敏感器件在样品交接、处置、传递和存储过程中应采取静电防护措施。

检测样品在不同检测项目的检测人员之间进行传递时，下一道检测项目的检测人员要对上一道检测项目的完成情况和样品状态进行核对确认。发现异常时应及时记录。在整个检测过程中，检测样品应妥善保存，避免遗失。

样品的标识与可追溯要求。对进行应用验证测试试验的验证样品应张贴特定标识，与其他元器件样品加以区分。对验证样品通过编号进行标识，在试验过程中通过工序单或流程卡实现过程可追溯。并且在测试过程中，对验证样品的状态进行如下标识："已验合格""待验""正验""不合格""待处理"。必要时采用包装并标识，采取必要的防护措施，对检测过程中的样品进行存储。应用验证样品的信息在验证实施和验证结论应用过程中应具备可追溯性。

验证试验后样品的存储。验证试验完成后，应对样品进行包装，以避免物理、化学或静电损伤，包装应有明确标识。样品的存储环境应满足上述的环境条件要求。样品及相关的质量记录至少要保存到试验完成后20年。

7. 应用验证项目技术状态管理

元器件应用验证项目技术状态管理是指保证将用户单位对元器件产品的功能、物理等特性的要求，反映到产品的设计、生产中，并最终实现用户单位要求的一种管理技术和方法。需要进行技术状态管理的对象称为技术状态项。元器件应用验证项目主要有两类技术状态项：一类是试验样品，另一类是验证技术及验证装置。应用验证项目办负责应用验证项目技术状态管理。

(1) 应用验证项目技术状态管理目标。

主要目标包括：建立完整的应用验证项目技术状态文件体系，确保参与应用验证项目的所有人员在验证过程中随时能够使用准确的文件；对试验样品及验证技术的技术状态更改进行有效控制；制定对试验样品及验证技术进行技术状态管理的程序和方法，保证验证工作的顺利进行，并将审核通过的验证技术保留下来，为以后的验证工作标准化提供资源。

(2) 应用验证项目技术状态管理内容。

试验样品技术状态管理是指在每个验证工作项目中应确认试验样品的状态与最终状态的可替换性，以确定验证试验所使用的试验样品的状态。

验证技术是指根据用户单位对元器件的验证要求开发出或提出的，能够有效验证所研发元器件的物理特性和功能特性的技术、手段和方法。验证技术的技术状态管理是指为使验证工作达到用户单位对元器件的验证要求，在验证技术的开发、更改、控制及审核过程中，通过对验证技术的状态进行管理，保证开发或提出的验证技术的有效性。

应用验证项目技术状态文件是指在应用验证项目实施过程中，将试验样品的数量和状态要求，验证技术的所有要求及验证技术方案，试验样品及验证技术的技术状态更改、偏离和超差等信息进行文件化，所有文件都应包括相关的更改及可追溯的信息。

（3）应用验证项目技术状态管理程序。

元器件应用验证项目技术状态管理主要包括编制技术状态管理计划、进行技术状态标识、技术状态控制、技术状态纪实和技术状态审核等活动。

① 元器件应用验证项目技术状态管理计划是为试验样品及验证技术提供恰当的技术状态管理程序和方法，并规定执行这些程序的时机和责任部门及人员。

② 技术状态标识是对试验样品的功能特性和物理特性及每项验证技术的要求进行标识并形成文件，主要包括确定每个试验样品及每项验证技术所需的技术状态文件，指定每个试验样品和每项验证技术及相应文件的标识号，建立技术状态控制基线等活动。

应用验证中心应在元器件应用验证总体方案中明确技术状态的标识。技术状态标识包括：确定元器件在不同验证阶段所需的技术状态文件的清单及标识；确定技术状态基线，通过技术状态文件对元器件当前的验证技术状态进行全面描述；规定元器件研制生产状态固化所需的基线文件；对元器件应用验证项目的更改、偏差和超差的情况进行描述并给定标识等。

③ 技术状态控制是指技术状态控制基线建立后，为控制试验样品及验证技术的技术状态更改而对提出的更改建议（更改、偏差、超差）所进行的论证、评定、协调、审批和实施活动。

应用验证项目办应在应用验证过程中对技术状态进行控制。在进行元器件应用验证过程中，涉及验证方案、试验规范、试验方法、重要的试验设备有任何变化时，相关单位应办理技术状态更改申请单，提交项目办组织更改及对其影响评估进行审核、批准。批准后，相关单位执行更改。

④ 技术状态纪实是指对已确定的技术状态文件、提出的更改状况和已批准更改的执行情况所做的正式记录和报告。

⑤ 技术状态审核是指为确定试验样品及验证技术是否符合其技术状态文件而进行的检查。验证项目结束前，由应用验证项目办组织进行技术状态审核，审核验证的测试试验项目是否按有效文件完整实施、批准的技术状态更改是否都已更改到位。

元器件应用验证项目技术状态管理程序图如图 4.33 所示。元器件应用验证项目技术状态管理计划在应用验证项目方案阶段编制，并随着项目的推进不断修改完善。技术状态标识、技术状态控制、技术状态纪实、技术状态审核四个过程相互关联，贯穿元器件应用验证项目全生命期的整个过程，形成一个动态系统。

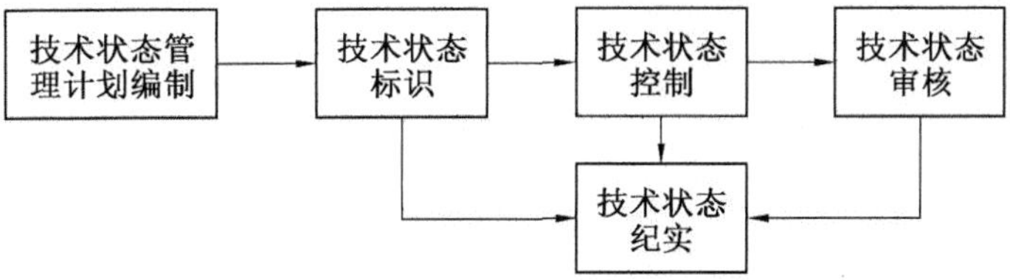

图 4.33　元器件应用验证项目技术状态管理程序图

8. 质量信息管理要求

应用验证项目办应建立元器件应用验证信息管理制度。应用验证相关单位应定期上报元器件验证情况、存在的问题等信息，总体单位综合有关信息进行协调处理，对重大问题应及时通报。质量信息的产生单位负责将质量信息发送到各相关单位，确保质量信息的全面、准确、及时、有效，以及保密各个环节。

(1) 质量信息收集的基本原则。

① 验证质量数据收集的及时性。宇航元器件应用验证过程中产生的所有与质量相关的数据均应进行及时的收集并进行存储。对于自动采集的数据，实时进行收集和存储；对于非自动采集数据，由责任人在规定时间内进行收集与归档。

② 验证质量数据收集的全面性。在应用验证过程中，与质量相关的数据必须全面收集，针对不同的元器件类别，对生产方基础信息，验证方案，验证过程中的人员、设备、环境、最终检测结果进行全面收集，以反映整个元器件的真实质量状况。

③ 验证质量数据收集的准确性。数据的收集必须确保准确性，数据采集、录入、存储等过程要严格按照相关标准执行，并对数据的准确性进行校验，数据录入人员对数据的准确性负责。

④ 验证质量数据的可追溯性。与元器件相关的质量问题要具有可追溯性，后续过程中发现的问题要能够追溯到问题产生的根源，并根据相关流程制定相应的改进措施，实现管理归零或技术归零。所收集的质量数据要能够为质量问题的追溯提供支持。

(2) 质量信息系统框架。

元器件应用验证过程中需要收集的质量信息分为如下几类。

① 需求信息。

a. 用户对宇航电子器件的需求信息；

b. 用户对应用验证的需求信息；

c. 用户应用系统研发的需求信息；

d. 元器件研制生产单位对应用验证的需求信息。

② 元器件基本信息。

a. 元器件种类信息；

b. 元器件设计和工艺信息。

c. 元器件验证阶段信息，反映该种元器件已经经过哪些验证，正处于验证的哪个阶段；

d. 元器件研制生产单位宇航元器件研制要素调研信息，与元器件研制单位能力相关的信息；

③ 元器件应用验证方案信息。

a. 元器件应用验证需求调研报告；

b. 应用验证总体方案、详细方案；

c. 应用验证方案评审记录；

d. 应用验证方案评审结果。

④ 元器件应用验证质量信息。

a. 元器件研制生产单位评估报告及相关质量信息；

b. 元器件设计与工艺验证报告及相关质量信息；

c. 元器件阶段应用验证报告及相关质量信息；

d. 板验证报告及相关质量信息；

e. 系统验证报告及相关质量信息；

f. 飞行应用验证及相关质量信息；

g. 元器件使用质量信息。

基于应用验证流程，构建应用验证流程阶段功能信息流对应图，如图 4.34 所示。

(3) 质量信息的收集方法。

应用验证技术机构总体单位负责组织建立应用验证信息系统，应用验证相关单位按分工分类收集、处理和保管元器件验证的信息。

元器件应用验证过程中的质量数据收集按照元器件类别、应用验证过程及关键质量特性三个维度进行质量信息的采集和组织，三维空间中的每一点代表特定的一种元器件在一个验证过程中收集的质量数据。

① 元器件维度。不同的元器件，其验证过程和质量特性存在很大差异，因此，元器件是一个重要的数据采集维度，应根据宇航元器件的类别对验证过程和不同过程中需要检测和收集的数据进行定义，具体标准可参考相关文件。

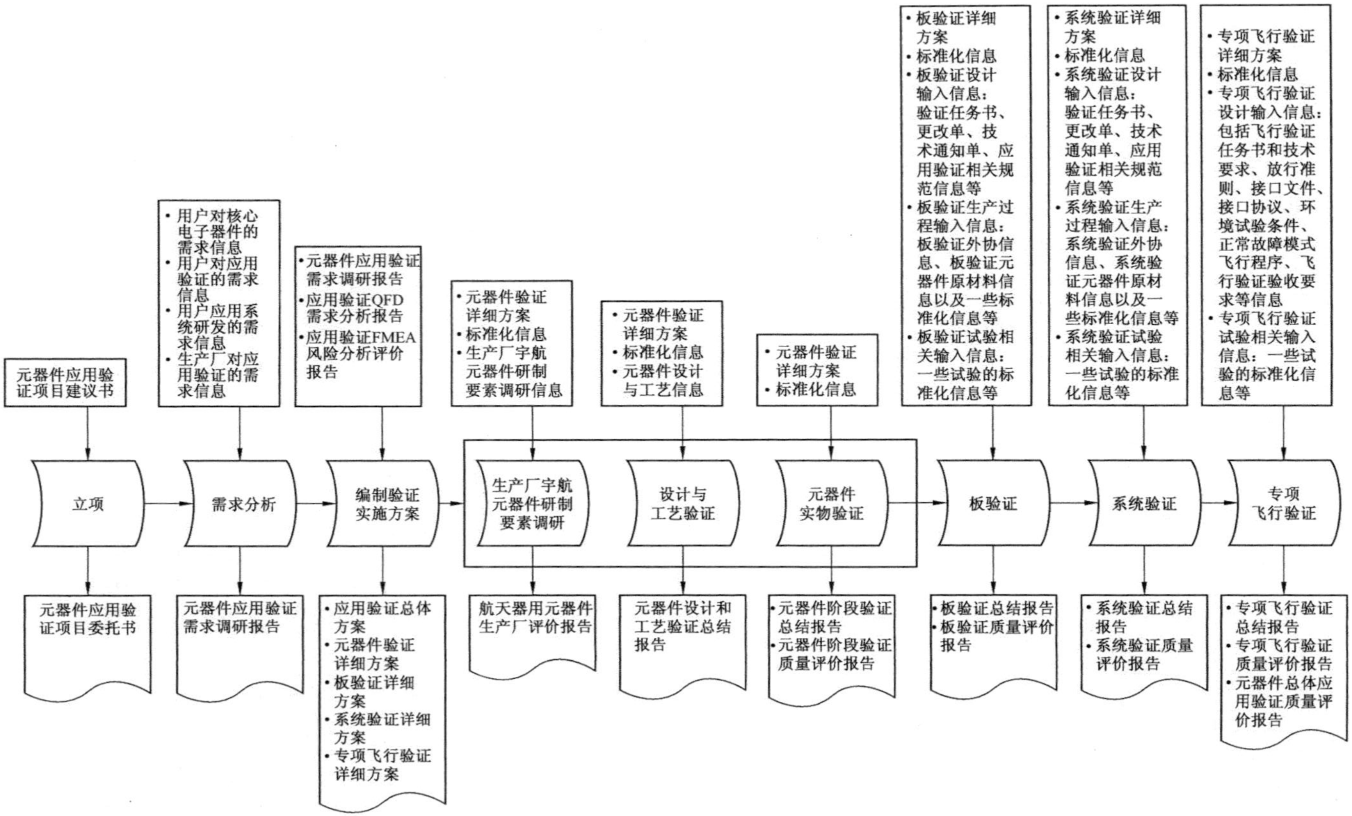

图4.34 应用验证流程阶段功能信息流对应图

② 元器件验证过程维度。对不同元器件 / 类别，收集应用验证方案，对每一验证过程的相关数据如人员、实验设备、实验环境要求等信息进行收集，同时收集具体元器件在验证过程中的操作人员、设备和实验环境数据。

③ 质量特性维度。每一元器件在特定的验证过程要执行验证操作，采集质量特性数据，并对质量特性数据按照重要度进行划分。

元器件应用验证质量信息收集和组织示意图如图 4.35 所示。

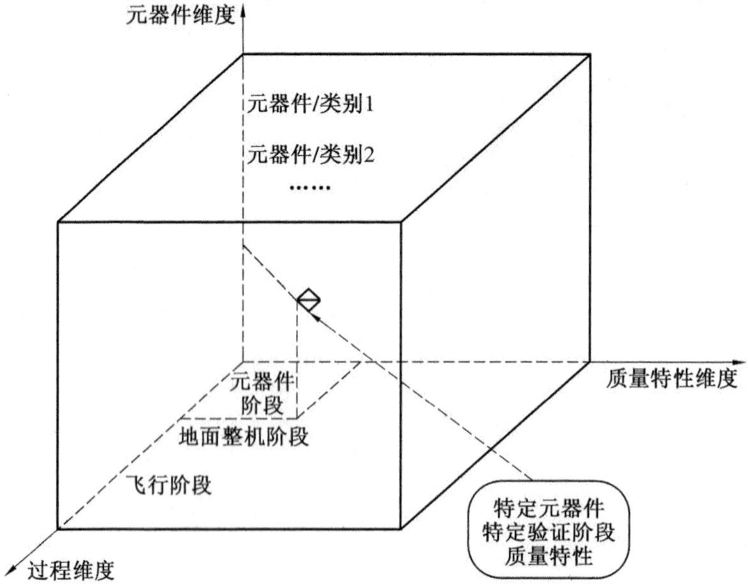

图 4.35　元器件应用验证质量信息收集和组织示意图

(4) 质量信息数据统计分析。

获取质量信息的各有关单位，应对质量信息进行适当的统计分析，可使用排列图、控制图等质量工具。

(5) 质量信息的发布。

应用验证技术机构总体单位负责元器件验证质量信息、重要试验数据、验证指南、验证结论、重大问题等信息的发布。应用验证技术机构总体单位应建立验证结果清单，并定期发布，作为元器件宇航应用准入的依据之一。

4.3.2　应用验证各阶段质量控制要求

1. 需求调研要求

应用验证需求调研和分析包括元器件研制情况调研、应用背景需求调研和验证资源分析。调研信息经被调研单位确认后应形成调研分析报告或记录，作为制定应用验证方案的依据。应用验证方案应建立在需求调研基础之上，总体技术室应在策划应用验证总体方案之前进行需求调研。需求调研应至少包括以下内容。

(1) 应用背景需求调研。

对元器件应用背景的调研和分析应能覆盖元器件的现有应用和潜在应用背景，分析其继承性和差异性，以及在元器件验证状态中的具体体现。需求调研应尽量覆盖不同航天工程需求和地面高可靠应用用户需求，包括元器件的使用环境、典型应用线路、关注的参数、允许的裕度、关注的特殊环境或储存使用条件，以及国内外的同类产品的参数、工艺特性、设计思路等。元器件应用需求调研和分析的内容至少包括以下方面。

① 元器件功能性能要求。包括元器件功能性能的可实现性、关键电参数等。

② 元器件可靠性要求。包括元器件设计、结构、工艺、材料的可靠性要求，以及预期工作寿命下的可靠性指标、降额要求、最坏情况分析等。

③ 宇航工作环境需求。包括元器件工作的空间辐射环境、空间原子氧环境、力学环境、热学环境、真空环境、电磁环境等。

④ 类似元器件使用经历。已有的使用经历、失效分析情况。

(2) 元器件研制情况调研。

应调研元器件的研制情况，并收集元器件研制生产单位对宇航电子元器件应用验证过程针对性的建议和意见，以便科学、合理地设计应用验证试验项目，为宇航电子元器件的设计阶段验证、生产阶段验证提供必要的输入信息和验证依据，同时可以有效指导元器件研制生产单位改进设计和生产过程管理。元器件研制情况调研和分析应至少包括以下内容。

① 元器件研制情况包括元器件研制状态(如继承性、新技术应用程度)、设计确认情况、生产过程控制、设计工艺文件、产品规范等。

② 元器件质量保证情况包括已有的质量保证经历、鉴定或认定结论、参数测试情况、筛选剔除情况、老炼后不合格率等。

(3) 验证资源调研和分析。

应用验证资源调研和分析主要包括两方面内容：一方面，确定各验证工作项目及子项目所需时间、样品，必要时，还可添加设备、人员、经费等资源；另一方面，分析各验证工作项目之间资源复用的情况。应用验证所需资源调研和分析的内容至少包括以下方面。

① 样品。包括样品的数量、样品的状态、与验证要求的一致性等。

② 人力。可投入应用验证的人员数量、结构，专家领域、人员组成等。

③ 设备。包括仪器、设备和验证平台等。应充分利用已有设施，避免重复建设。

④ 工时。应用验证预计耗费工时以及委托方对应用验证的总体进度要求。

(4) 调研结果综合分析。

应对上述需求调研内容进行综合分析研究，确定宇航电子器件应用验证的依据、侧重点和关注点，为后续的应用验证方案的建立奠定技术基础。

(5) 需求调研结果评审。

推荐采用亲和图(K－J法)，对调研到的需求进行整理分析，采用质量功能展开(QFD)分析方法对调研到的需求进行相关分析。最终的需求调研分析结果形成元器件应用验证需求调研报告。项目办应组织对元器件应用验证需求调研报告实施评审。用户代表、元器件研制生产单位、应用验证专家参加会议，形成的评审证明书或纪要应与被评审文件、修改后的审批稿一同存档。

2. 应用验证总体方案策划及评审要求

(1) 应用验证总体方案。

应用验证总体单位应在需求调研的基础上，依据合同、《宇航元器件应用验证流程建立指南》等标准规范，策划应用验证总体方案，确定具体元器件的应用验证流程，形成元器件应用验证总体方案。方案内容应包括：应用验证的流程阶段；验证方法和判据，各阶段需要进行的工作内容及任务分解；资源需求以及时间节点要求，并考虑以下因素。

① 元器件详细规范和手册信息；

② 如仿制进口元器件，应考虑以往进口元器件的典型应用环境；

③ 应按照航天规定工艺进行电装；

④ 环境试验条件应采用航天型号最恶劣环境条件；

⑤ 产品配套元器件性能指标应符合航天型号常用器件性能指标，但质量等级可降低。

⑥ 应用验证试验方案应包括元器件试验电路、试验项目、测试方法、测试要求、测试条件以及试验计划等。

(2) 指标体系构建。

元器件应用验证指标体系构建分为影响因素识别、指标体系构建、问卷设计与调研、指标体系优化四个步骤。应用验证指标体系的构建应符合《宇航元器件应用验证指标体系构建要求》。

(3) 验证项目确定。

在综合分析应用验证指标体系的基础上，从元器件复杂度和宇航应用要求两个方面确定应用验证的项目。应用验证项目确定应满足以下要求。

① 针对元器件生产过程要素的验证应覆盖对元器件研制生产单位的设计能力要素、制造工艺要素、过程控制要素的验证。

② 针对元器件功能性能的验证应覆盖对元器件常规功能、重要性能和功能、极限功能和性能的验证。

③ 针对元器件可靠性的验证应覆盖对元器件设计、结构、工艺、材料等可靠性的验证。

④ 针对元器件应用适应性的验证应覆盖对元器件使用的空间环境、热、力、系统环境的验证。

(4) 确定验证阶段。

应用验证的阶段一般划分为元器件阶段、地面整机阶段和飞行阶段应用验证 3 个阶段。

元器件阶段是应用验证的必选阶段，目的是对元器件的研制过程要素和元器件本身的功能、性能和可靠性进行全面的验证和评价。

地面整机阶段是应用验证的必选阶段，目的是对元器件在单板中的性能、在系统中的性能和应用适应性进行全面的验证和评价。

飞行阶段是应用验证的可选阶段，是否进行飞行阶段的验证视验证工作整体需求和可行性而定。使用新工艺、新材料的元器件以及结构复杂的元器件应进行飞行验证；而同种工艺材料成熟、同类元器件大量使用、结构功能简单的元器件可以不进行。

(5) 确定验证方式。

应用验证的三个验证阶段中采用四种验证方式：元器件验证方式、板验证方式、系统验证方式和专项飞行验证方式。应根据试验项目的属性和验证可行性合理选择验证方式。元器件阶段验证采用元器件验证方式，地面整机阶段验证采用板验证方式和系统验证方式，飞行阶段验证采用飞行验证方式。

(6) 验证流程设计。

应用验证流程设计应符合《宇航元器件应用验证流程建立指南》，验证流程的建立一般依据以下原则。

① 应用验证阶段的顺序。

② 参照宇航型号的研制顺序。

③ 先简单一般后复杂特殊、先非破坏性后破坏性、先常态后加力热的原则。

④ 适当考虑项目的重要程度和资源的占用情况等。

⑤ 为保证型号进度要求，总体验证方案应兼顾考虑质量认定和质量保证工作，质量保证工作包括 PID 文件审查、采购规范制定、下厂监制、验收、到货检验、补充筛选等工作项目。

⑥ 总体方案应全面、具体、可操作，需体现元器件及其元器件研制生产单位的特殊性，同时需覆盖同系列元器件品种、覆盖元器件的现有应用和潜在应用背景。

(7) 质量工具的应用。

在确定应用验证方案时,推荐采用质量功能展开(QFD) 分析方法,对调研到的用户和元器件研制生产单位的需求进行分析,确保所有的需求在应用验证方案均已得到体现,并确定应用验证总体方案中的关键控制点。同时,推荐采用潜在失效模式及后果分析(FMEA) 方法,对应用验证方案的风险进行分析评价,并采取必要的措施降低风险。

(8) 应用验证总体方案评审。

应用验证中心编制完成应用验证总体方案后,由项目办组织评审。可参考执行 QJ 1302—2001《航天产品技术评审》。应用验证中心应准备与申请报告相关的文件和资料,保证数据准确,签署完整,内容应包括以下几点。

① 相关规范的引用、指标体系选取原则。

② 元器件所属分类,元器件的使用指导。

③ 应用验证的阶段,各阶段需要进行的工作内容及任务分解,时间节点要求。

④ 方案设计依据、技术方法流程的详细介绍。

⑤ 质量保证工作包括 PID 文件审查、采购规范制定、下厂监制、验收、到货检验、补充筛选等工作项目。

⑥ 项目方案继承性、进度、经费预测。

⑦ 对验证方法的覆盖性、最终结果的合理性做出预判。

⑧ 所选方案的技术先进性、可靠性、权威性、可行性、合理性分析。

⑨ 对评价要素、指标体系、权重设置、专家打分等项目给出具体意见。

项目办负责组织评审组。评审结论的内容应包括方法的正确性及实现的可行性,主要包括以下几点。

① 需求调研是否充分,是否包括用户和元器件研制生产单位,是否包括元器件、应用验证、系统研发需求。

② 指标评价体系搭建是否合理,技术手段是否有一定基础,要素、权重、打分体系设置是否合理。

③ 质量控制要求及控制点是否明确。

④ 验证流程安排是否合理有效,验证项目是否齐全。

⑤ 验证项目是否可实施。

⑥ 验证方法是否科学合理。

⑦ 设计文件资料的完整性、正确性和一致性。

⑧ 验证进度及经费考虑是否合理。

3. 应用验证详细方案要求

在应用验证总体方案评审通过之后,针对具体需要验证的元器件,由项目办组织技术单位编写验证详细方案，规定所需进行的试验项目、方法、判据、抽样要求、试验装置等要求，形成详细方案，包括元器件验证详细方案、板验证详细方案、系统验证详细方案和专项飞行验证详细方案等。必要时，还需要制定具体试验的试验方案。例如，××元器件结构分析方案需要规定××元器件结构分析的分析要素、流程以及方法等；××元器件辐照试验方案需要规定辐照评估试验时的样品选择、辐照剂量率、测试项目及条件、偏置设置、试验判据和试验流程等的要求等。

在设计验证装置和使用验证装置来进行验证试验时，应根据元器件实际可能的使用环境和工作状态来设计验证试验方案并谨慎实施。例如，对于热真空试验等，需特别注意以下情况。

① 一般应带真实负载做试验，如无法实施，使用的假负载需可模拟真实情况。

② 在整个试验过程中应通电工作。

③ 有主、备份的验证装置在第一个循环和最后一个循环应各做多次热启动和冷启动，并进行性能检测，中间循环只做主要参数的监测。

④ 对于验证装置内的冗余电路或通道都要经历各种工作工况，并尽最大可能检测敏感参数，检查故障和间歇现象。

⑤ 对于无源微波功率器件，在环境真空度建立后、加载微波功率前，应考虑增加真空烘烤时间，促使设备内部材料放气，避免加载功率后出现低气压放电或者微放电现象。

⑥ 对于运动机械组件要监测性能参数（如电流消耗、阻力矩或阻力、启动时间、速度或加速度），试验时可考虑在极端温度下确定运动机械组件的力和力矩余量，一般情况下，要验证最低允许的力和力矩余量。

⑦ 在上升阶段和入轨真空运行早期阶段要工作的电子电工组件微波功率元器件，要在第一个循环的初期进行低气压放电和微放电试验，且试验压力应达到规定范围和停留时间应满足规定要求，此时微波功率元器件及相关组件应通电工作并检测是否有电晕放电现象。在试验容器压力降至试验设定压力过程中应检测微波高功率组件是否出现微放电现象。

⑧ 具有高压且在入轨前不工作的组件元器件，在试验压力达到规定值后接通电源。

⑨ 对于不能按一般电子组件要求的温度范围进行热真空试验的验证电路板或系统组件，其内部的电子部件被验元器件应先按一般电子组件热真空试验条件要求进行试验，组装成电路板或整机后再进行热真空试验。如果带有主动热控部件，应带热控部件做试验，验证板或整机的性能指标是否满足设计要求，并对热控性能和控制能力的余量进行验证。验证装置内有主、备冗余电路或通道，

其工作时间应平均分配。

详细方案原则上进行两级评审，包括验证实施方的内部评审和总体评审，内部评审由验证实施方组织。内部评审针对元器件阶段验证过程中的各试验方案、试验报告、关键技术及里程牌事件进行，提交总体单位的评审工作应由宇航元器件应用验证总体单位组织，一般以专项会议形式进行，元器件专家、元器件应用验证专家、用户、生产单位、验证实施方及相关人员参与。提交总体单位进行评审的一般包括元器件阶段验证方案、元器件阶段验证技术总结，以及其他关键或创新性的方案、大纲和报告。

(1) 元器件阶段地面应用验证详细方案要求。

元器件验证详细方案一般包括：应用验证指标体系构建方案；元器件研制过程评估方案；各验证项目的验证试验方案和/或验证试验大纲；应用验证综合评价方案；应用验证专家遴选方案。方案中应包括对测试和试验结果进行适当统计分析的要求。

① 元器件生产过程要素评价。应包括元器件研制单位的设计能力、生产线状态、供货和质量保证能力内容。元器件生产过程要素评价一般采用专家现场审查和资料审查结合的方式，应从专家库中遴选出元器件研制生产单位、质量保证方和使用方的专家参与审查。元器件研制生产单位应配合提供必要的文件资料，评价方面应至少包括设计能力、制造和工艺、过程控制能力。

② 产品设计和工艺验证。对元器件设计和工艺评估的内容应包括原材料、工艺、检验和试验、包装标识等内容。

③ 元器件实物验证。对现有产品状态的评估、确认，包括全参数电性能测试比对、结构分析、极限评估试验、抗辐射能力评估、抗原子氧能力评估(必要时)、EMI(必要时)和真空释气(必要时)等。

④ 元器件阶段地面应用验证详细方案评审要求。项目办组织评审组，评审内容应包括方法的正确性及实现的可行性，主要包括如下几点。

a. 评价体系搭建是否合理，技术手段是否有一定基础。

b. 方法执行过程是否受控，要素、权重、打分体系设置是否合理。

c. 验证方法最终结论能否客观体现国产元器件的性能参数(包括电性能、物理性能、环境及可靠性要求等)，验证试验条件是否充分，试验工序安排是否合理有效，数据判读比对的设置是否合理。

d. 确定器件的工作模式、故障含义等内容是否准确。

e. 针对元器件生产阶段所采用的新技术、新工艺、新材料等是否设置了适宜的验证项目。

f. 能否提供元器件国内外的主要失效模式及失效率数据，确定器件的工作模式、故障含义等可靠性审查要求是否正确，能否采用FMEA等方法正确给出失效影响分析等方面。

g. 关键比对器件、外协试验落实情况。

h. 试验的标准选择是否正确。

i. 试验进度及经费考虑是否合理。

j. 设计文件、记录表格的完整性、正确性和一致性。

(2) 地面整机阶段验证详细方案要求。

① 地面整机阶段验证试验方式。可以采用板方式和系统方式进行。地面整机阶段应用验证试验原则上先实施板方式验证的试验，然后实施系统方式验证的试验。使用的试验载体可以是用于评价元器件功能、性能、可靠性和应用适用性的电路板(电路模块)或整机。试验载体应符合下列要求。

a. 电路板方式的试验载体应包括被验样品规范推荐的典型应用线路板和预期应用型号实际应用线路板。其中典型应用线路板应能覆盖被试样品的功能和性能，型号实际应用线路板应具有一定的典型性和覆盖性。

b. 系统方式的试验载体应尽可能利用被验样品预期应用型号的实际应用整机，可使用电性件、鉴定件整机，整机结构形式和电子线路应具有典型性。

c. 使用预期应用型号试验载体时，应充分结合型号研制流程，介入型号的调试、测试、试验等环节。

d. 如专门研制试验载体，应尽可能采用成熟的、定型的设计方法和原理，以避免验证设计的不可预测性后果，影响验证结果、进度和成本。

② 板验证要求。由项目办或应用验证中心组织编制板验证方案详细方案，内容至少包括：根据元器件的应用需求和器件技术指标；按照电性能测试状态设计和生产元器件应用验证板和/或单机；尽量覆盖用户单位现有产品设计；覆盖元器件的各种工作模式、使用模式、内部资源和功能单元及软件运行状态；开展线路设计、工艺设计、性能指标、软硬件兼容性验证和MIL—1553B标准协议兼容性试验；进行插拔替换比对试验、工艺装联适应性评估试验、板级适应性验证试验、拉偏验证、老炼验证、极限条件验证等。最终形成板验证技术、工艺总结和阶段性评价结论，为后续的整机级元器件应用验证提供启动依据和技术保障。

③ 系统验证要求。应用验证中心或其指定单位负责编写系统验证详细方案，该方案应包括：通过模拟和搭建元器件应用系统环境，在一定模拟试验环境下验证元器件的系统应用适应性和匹配性。详细方案中应包括对测试和试验结果进行适当的统计分析的要求。验证内容主要包括如下几方面。

a. 功能、性能测试如元器件的关重项目、插拔替换特性、专用特性、拉偏特性、抗干扰特性比对试验验证、总线协议等测试试验。

b. 全规范鉴定级试验包括热循环试验、热真空试验、真空放电试验、正弦振动试验、随机振动试验、冲击试验、加速度试验、磁试验、EMC 试验、盐雾试验、潮湿试验等。

c. 工艺装联适应性验证。

d. 系统适应性测试对系统及元器件的关键参数进行长时间的测试及监测，判别其参数漂移及稳定性。

④ 验证方案评审要求。应用验证项目办负责组织评审。评审结论的内容应包括方法的正确性及实现的可行性。主要包括：

a. 试验设计是否达到规定的要求，性能参数检测、分析及可靠性、维修性指标分析是否合理。

b. 性能、接口及结构参数的协调性。

c. 单板／单机设计的可制造性和工艺的合理性。

d. 需采集电参数设置的合理性及可测量性。

e. 试验工序安排是否合理有效，能否覆盖应用要求，并对不符合项目进行重点评审。

f. 确定器件的加电工作模式、故障含义等可靠性审查要求是否正确，是否存在电路冗余设计。

g. 元器件的正确使用情况，CMOS 电路设计、抗辐射加固设计、电容保护设计、继电器保护设计和电连接器设计等是否满足可靠性要求。

h. 是否考虑计算机软件的可操作性、测试性和可靠性。

i. 关键外购器件、外协试验落实情况。

j. 试验进度及经费考虑是否合理。

k. 设计文件资料的完整性、正确性和一致性。

l. 验证方法能否满足标准化、系列化、通用化要求。

(3) 飞行验证阶段详细方案要求。

应用验证项目办或中心或其指定单位负责编写专项飞行验证的详细方案。飞行阶段应用验证工作内容主要包括按飞行试验程序进行在轨试验、地面注入进行专项在轨试验、试验数据分析处理以及与地面试验数据比对分析等工作。

可采用通用化、模块化设计，将一种或几种试验元器件设计在标准的模块中，减小不同模块间的相互影响，提高试验元器件模块组合和更换的灵活性，进而增强试验载体对不同试验元器件的适应性。

在调研元器件的关键特性和典型应用需求的基础上，开展元器件的飞行验证设计。一般要求：借鉴前期验证结论，有针对性地开展；确定性能参数测试方法，可采用直接参数测量或通过典型应用间接表征方式；覆盖一定范围的宇航应用并采用成熟方法；专项搭载飞行验证时，被验样品应非降额使用；实际应用飞行验证时，被验样品应降额使用。

① 飞行验证试验实施方案的内容要求。飞行验证试验实施方案的主要内容

应包含：飞行试验的性质；飞行试验的时间安排；飞行试验的内容和方法；试验数据获取、处理方法；飞行试验的安全预案与应急措施；试验实施的职责与分工；飞行验证对样品资料的要求。

② 样品资料要求。应满足以下要求：被验样品的资料应包括鉴定报告、筛选报告、合格证、器件手册以及元器件阶段、地面整机阶段应用验证数据等；比对样品的资料应包括质量证明文件，如合格证等；样品的安装应满足宇航型号对元器件的相关安装要求，具体要求在相关的试验大纲中明确。

③ 试验载体要求。试验载体可采用飞行验证单机、型号设备中嵌入飞行验证板等方式。一般要求如下。

a. 采取故障隔离等可靠性设计措施，故障隔离设计可参照元器件及其应用的 FMEA 开展。

b. 具备故障诊断功能，能够支持元器件异常现象判读和问题分析。

c. 能够检测元器件的空间环境效应，特别是单粒子效应。

d. 具备支持元器件工作模式切换和试验数据采集、传输所需的指令、遥测和通信资源。

e. 可采用通用化、模块化设计，将一种或几种试验元器件设计在标准的模块中，减小不同模块间的相互影响，提高试验元器件模块组合和更换的灵活性，进而增强试验载体对不同试验元器件的适应性。

④ 地面比对系统要求。地面比对系统应满足以下要求：能够进行飞行试验数据反演，实现天地试验数据比对、分析；能够支持元器件在轨异常复现、分析和验证；需要进行可靠性运行考核，保证卫星寿命周期或元器件试验周期内运行可靠。

⑤ 飞行阶段应用验证详细方案评审。项目办或应用验证中心指定单位编制完成专项飞行验证的详细方案后向应用验证项目办提交。应用验证项目办负责组织评审。评审结论的内容应包括方法的正确性及实现的可行性。

4. 验证试验质量控制要求

(1) 元器件阶段地面应用验证质量控制要求。

元器件生产过程要素评价应在承制方进行，应用验证中心应具体实施按照元器件应用验证元器件研制生产单位评价审核表逐项打分，审查过程中要求元器件研制生产单位按照元器件研制生产单位提供资料清单要求提供文件，评价结果应编制元器件应用验证元器件研制生产单位评价报告。

设计和工艺验证由应用验证中心具体实施，按照元器件设计和工艺验证审核表逐项打分，审查过程中要求元器件研制生产单位除提供“审核表”中规定的文件外，还需提供元器件的研制报告。若承制方已通过鉴定机构的审查，可以仅对其审查结果进行复核确认。

元器件实物验证应包括与被仿制器件的参数比对、验证样品的结构分析、极限能力评估、抗辐射能力评估等方面。元器件实物验证承担单位针对各项验证试验和测试都必须有详细的记录，判读结论明确，并采用适当的统计技术对试验和测试结果进行统计分析。

元器件验证工作完成后，应形成元器件阶段验证总结，提交应用验证项目办。项目办组织对验证情况进行评审。

(2) 板验证方式质量控制要求。

板验证方式的质量控制要求分为设计质量控制、生产过程质量控制、板验证试验控制和验证试验报告评审。

设计质量控制对设计输入和设计状态进行控制。板验证设计分为设计状态不变的板验证、由技术状态更改的板验证和新研板验证。各板验证承制单位以项目办下达的验证任务书、技术要求和正式的接口文件要求等正式文件作为设计依据；签署、审批完整的更改单、技术通知单可作为验证设计的有效设计输入。

生产过程质量控制通过板验证外协、板验证原器件原材料、产品标识和可追溯性、工艺、多余物、生产中的静电保护以及检验七个方面控制实现。

板验证试验控制中验证项目和条件按照板验证详细方案要求进行，相关单位应确保各项验证试验和测试都必须有详细的记录，判读结论明确，并按照项目计划要求提交应用验证中心。

板验证工作完成后，应完成板验证总结报告，提交应用验证项目办。项目办在全面分析板验证试验数据和信息的基础上组织技术专家对国产器件性能指标的符合性、稳定性和航天应用的适应性进行综合评价，确定是否满足性能指标和空间应用要求、是否需要进行补充的板验证试验。

板验证承担单位针对各项验证试验和测试都必须有详细的记录，判读结论明确，并采用适当的统计技术对试验和测试结果进行统计分析。

(3) 系统验证方式质量控制要求。

系统验证方式的质量控制要求分为设计质量控制、生产过程质量控制、系统验证试验控制和系统验证项目验收要求。

系统验证和板验证的设计质量控制和生产过程质量控制要求一致。

系统验证试验控制中验证项目和条件按照系统验证详细方案要求进行，相关单位应确保各项验证试验和测试都必须有详细的记录，判读结论明确，并按照项目计划要求提交应用验证中心。

系统验证工作完成后应形成系统验证总结报告，提交应用验证项目办。项目办在全面分析系统验证试验数据和信息的基础上组织技术专家对国产器件性能指标的符合性、稳定性和航天应用的适应性进行综合评价，确定是否满足性能指标和空间应用要求、是否进行补充的地面应用验证。

(4) 专项飞行验证方式(必要时)质量控制要求。

专项飞行验证的质量保证从以下几方面进行：设计保证、专项飞行验证试验控制、专项飞行验证验收控制。

设计保证要控制专项飞行的验证设计输入，包括飞行验证任务书和技术要求、放行准则、接口文件、接口协议、环境试验条件、正常故障模式飞行程序、飞行验证验收要求等。任务书和技术要求由总体单位编制，经专项飞行验证承担单位会签后，下发执行。专项飞行验证的可靠性设计、安全性设计与分析工作要求执行用户相关规范。

专项飞行验证对外协产品的质量控制按用户的规定执行。专项飞行验证承担单位向外协单位传达总体单位对应用验证的相关产品的质量保证要求，并监督执行。专项飞行验证试验承担单位需按试验文件组织进行飞行验证各项验证试验，试验前通知总体单位。专项飞行验证试验控制参照 QJ 2937—1997《卫星大型试验质量管理要求》执行。试验后形成专项飞行验证试验报告和专项飞行验证测试覆盖性检查报告交付总体单位。

专项飞行应用验证工作完成后应形成专项飞行验证总结报告，提交应用验证项目办。项目办在全面分析飞行应用验证试验数据和信息的基础上组织技术专家对国产器件性能指标的符合性、稳定性和航天应用的适应性进行综合评价，确定是否满足性能指标和空间应用要求、专项飞行阶段应用验证是否充分。

专项飞行验证应用验证承担单位针对各项验证试验和测试都必须有详细的记录，判读结论明确，并采用适当的统计技术对试验和测试结果进行统计分析。

(5) 验证试验过程控制要求。

应用验证过程涉及多项试验，包括结构分析、元器件研制生产单位评估试验、试验中心补充试验、单粒子辐照试验、验证试验等。在试验中应明确要求、过程受控、数据完整、结论准确。

验证试验应按批准的文件要求实施。验证任务协出单位应向外协单位传达总体单位对应用验证的相关的质量保证要求，并监督执行。

验证承担单位按照批准的试验方案进行产品、设备的配置和人员培训，明确数据判读记录要求，落实异常处理要求和信息通报制度。

验证试验承担单位需按试验文件组织进行各项验证试验，重要试验前后通知总体单位，试验前检查并填写试验前准备状态检查记录表。试验质量监督填写应用验证试验过程监督记录表。

验证试验质量控制参照《卫星大型试验质量管理要求》执行。对试验中出现的质量问题，应及时上报总体单位，并按 GB/T 29076—2012《航天产品质量问题归零实施要求》组织归零。

试验后形成××验证试验报告交付任务协出方。

试验过程需要控制以下要素。

① 试验方法要求。

所进行的任何试验项目均应按照规定的试验方法进行。选用试验方法的优先顺序依次如下。

a. 宇航用试验方法标准，如 QJ 标准。

b. 国军标的试验方法标准。

c. 国家标准的试验方法标准。

d. 电子行业的试验方法标准，如 SJ/T 标准。

e. 国际通用的试验方法标准，如 ESCC、MIL 标准方法。

f. 经用研双方认可的试验方法。

② 试验方案要求。

a. 元器件验证试验方案应征求有关方面意见并通过评审，重要的结构分析方案或报告也需经过评审。

b. 试验方案(或大纲)一般包括的主要内容有试验依据、试验性质、试验目的、被试样品及要求、参试设备及要求、试验项目、方法、测试条件及参数等。

③ 被验样品要求。

a. 提交的结构分析样品应明确说明其技术状态，并附带相关的元器件结构设计情况、工艺情况、材料选用情况等相关说明。

b. 功能、性能测试分析样品一般要求是从筛选合格的具有相同生产批次的产品中随机抽取。

c. 极限试验试验样品应满足以下要求：所抽取样品应能代表该产品正常工艺水平，且不影响评估过程的有效性；所抽取样品为筛选合格产品；必要时，可选择未经老炼试验的样品；被验样品的具体数量根据相关详细方案要求进行确定。

d. 寿命考核试验样品可采用鉴定检验中的寿命试验样品。

e. 进口比对样品原则上为型号使用的进口高质量等级产品。进口比对样品不得损坏，原则上试验完成后需交回宇航元器件应用验证中心。

f. 元器件防护。若元器件是静电放电敏感器件，操作过程中应注意采取防静电损伤措施。试验用仪器设备应良好接地，试验人员应着防静电工作服，器件在传递的过程中也应采取防静电措施，在应用验证试验中应按规定对器件采取防静电措施。操作人员接触器件时，应带防潮、防沾污的防静电指套，以及采取防机械损伤的措施，尤其注意器件引线的保护。

g. 被验样品技术状态要求。被验样品技术状态应符合本书第 2 章的要求，被验样品的具体数量根据相关详细方案要求进行确定。样品资料应满足以下要求：被验样品的资料应包括鉴定报告、筛选报告、合格证、器件手册、元器件阶段试验数据等，比对样品的资料应包括质量证明文件如合格证等。

④ 试验设备要求。

a. 试验、测量设备应在规定的检定有效期内。

b. 准备试验所用的仪器设备清单，并将编号和有效期填写完整。

c. 仪器设备的功能精度、量程、分辨力应满足各项试验或测试的要求。

d. 使用仪器设备应按照规定做好记录。

e. 应有专人管理，关键仪器和设备应由专人操作和专人检查。

f. 仪器设备在试验过程中，应采取防止损毁的措施。

⑤ 试验环境要求。试验环境应满足以下要求。

a. 温湿度和压力。具体要求在相关的详细方案或试验大纲中明确。

b. 接地。验证前进行接地检查，接地良好。

c. 防静电。验证全过程需采取防静电措施。

⑥ 人员要求。

a. 需明确评估试验技术负责人和参加人员并落实相关责任。

b. 试验人员应经培训考核合格，持证上岗。

c. 试验人员应掌握有关标准、规范，并具有一定的试验、检验的基本知识。

d. 试验人员应能正确、熟练地使用和保养试验用仪器和设备，并具备基本的维护、保养知识。

e. 能对试验结果做出正确的分析与评价。

⑦ 试验条件。试验条件应满足评估试验方案的要求，施加正确的试验条件，如温度、压力、循环次数、测试条件等。

⑧ 试验记录要求。对每项验证试验，均应有试验记录，试验记录的内容主要包括：试验项目名称；试验依据文件；试验时间、地点；试验场所环境条件（包括温度、湿度、压力等）；被验样品的型号、批次、编号及技术状态；使用的程序名；判据要求；试验参数条件；试验完成情况；测试数值单位及测试时间；试验过程中发现的主要问题以及解决办法；测量仪器名称、型号；主要参试人员姓名和记录人员；试验数据、曲线、照片、影像记录；等等。试验过程出现的任何异常情况应予以记录。

试验过程若出现样品失效，需立即通报宇航元器件应用验证中心并进行失效分析。

试验样品及相关数据资料均需妥善保管 20 年。

⑨ 数据分析。应对评估试验过程产生的数据进行整理分析，至少包括以下要求。

a. 分析确定试验数据的正确性和符合性。

b. 对于方案中要求统计的数据，应提供统计分析的过程描述、统计方法、统计结果(含图表)。

c. 试验前后进行变化量控制的试验项目，应对相关参数指标进行试验前后比对分析，一般要求采取相同测试条件或采用受控条件进行测试。

d. 应给出测试参数的一致性、均值等差异数据。

⑩ 试验过程问题处理要求。

a. 试验过程出现的任何异常情况应予以记录。

b. 对试验过程出现的失效样品进行失效分析(出现失效时需先通知宇航元器件应用验证中心)。

c. 失效品与合格品严格区分，做好元器件标识。

⑪ 试验报告要求。每一个验证项目完成后，应有试验报告。验证工作完成后，承担应用验证工作的应用验证中心、分中心或实验室应将应用验证试验的情况进行总结，形成验证试验总结报告，提交应用验证项目办。项目办组织对验证试验报告进行评审。试验报告的主要内容包括：试验依据；试验概况；试验项目、步骤和方法；试验中出现的主要技术问题及处理情况；试验的数据与计算分析；试验结果、结论；存在的问题和改进建议；被验样品及主要内容、过程的照片、影像记录等；试验结果的校对/审核；试验结果的批准；等等。

⑫ 各阶段验证结果分析。各阶段应用验证完成后，应对各项试验和结论进行分析和总结，形成阶段应用验证技术总结报告。验证结果包括单项试验的结论、单项结论的综合分析、下一阶段的验证建议。

5. 综合分析评价质量控制要求

综合分析评价应按照《宇航元器件应用验证综合评价要求》进行。应用验证结论包括四部分内容：成熟度结论、适用度结论、可用度结论和综合评价结论。应用验证各阶段应分别形成阶段验证结论，阶段验证结论作为应用验证转阶段的主要依据。用户应根据验证方案及验证结果评估元器件的可用性。

应用验证中心或其指定单位总体需要构建评价指标体系、确定评价指标的权重分配方法、建立综合评价方法、选择评价模型、确定应用判据、建立判据体系、实施评价模型。通过评价模型的反馈和修正，提高评价模型的评价精度。

指标体系中应包括生产过程要素评价、元器件功能性评价、元器件可靠性评价、元器件应用适应性评价。针对具体器件，需在指导性的生产过程要素评价指标体系和元器件评价指标体系的基础上，按照元器件的类型和特点、元器件的使用背景以及可以利用的应用验证资源等三个原则进一步制定详细的指标体系。详细的内容可参见本书第 2 章。

(1) 过程的控制。

应充分结合计算机软件计算能力强大的优势，首先使用多种评价方法，如模糊综合评价法、信息熵评价法和组合评价法等对评价对象进行评价，在基于宇航元器件关键指标分析的一票否决法和综合权重的基础上，实现基于阶梯性判据的“双路径应用验证综合评价”，使评价结果客观反映评价对象。具体的操作过程参见本书第 2 章。计算机软件在使用前需要通过第三方评测，通过用户验收。应用验证中心应对总体验证评估过程的专家名单、评审记录表格、评审会议纪要和评审结论报告归档保存，以便查阅。

(2) 专家要求及控制。

由应用验证项目办采用“宇航元器件应用验证专家遴选系统”进行专家遴选，以保证遴选过程的科学性和有效性。专家遴选过程应重点注意以下事项。

① 遴选专家资质保证。专家水平高低和客观性对评估结果的影响很大，所以要根据专家的专业领域、历史表现和应用验证全程参与度确定可供遴选的专家库。依据专家基础信息、型号信息和专家业绩的参与率、命中率、离散率等方面，对专家进行基础评价、型号关联度评价、业绩评价和综合评价，将专家进行排序，划分专家层级并进行动态管理；专家遴选从专家专业领域和型号领域两个维度进行，使遴选出的专家具有代表性、覆盖性和专业性，做到遴选过程科学、客观、合理，能够为应用验证工作有效遴选出所需要的专家。

② 遴选专家的覆盖性。根据元器件应用验证工作的特点，遴选出的专家群体应具有覆盖性，即覆盖器件研发与制造、元器件质量保证、元器件应用与管理、产品保证与质量管理等专业领域、其他专业专家，以保证评估工作的权威性。

③ 遴选专家的数量。根据评估工作的要求，遴选出的每个专家群体数量至少 10 名。

(3) 结论发布和修正控制。

① 结论发布。应用验证技术机构总体单位负责元器件验证质量信息、重要试验数据、验证指南、验证结论、重大问题等信息的发布。应用验证技术机构总体单位应建立验证结果清单，并定期发布，作为元器件宇航应用准入的依据之一。通过应用验证项目办发布元器件的应用验证结论分为推荐使用、限制使用和进入国产宇航元器件选用目录等。

② 修正控制。针对不同轨道的、应用环境的、寿命的航天器型号，应用验证中心需要对应用验证结论进行充分评估、适当修正。

6. 元器件应用验证后使用跟踪要求

(1) 元器件质量与可靠性信息数据项收集要求。

应用验证项目办在建立的应用验证信息系统中需要确定、收集以下质量与可靠性信息数据项:元器件应用工程、直接用户单位、产品名称、规格型号、应用分系统、应用整机、采购单位、订货量、订货价格、订货时间、订货单位、质量保证单位、采购文件、监制时间、监制结果、验收时间、验收结果、验收报告编号、DPA数量、DPA分析结果、DPA分析报告编号、失效分析及不合格品处理情况等。

(2) 工程型号用元器件的使用状态信息。

应用验证总体单位需根据元器件装机信息卡、使用型号的背景收集以下信息:型号轨道、航天器运行环境条件、航天器寿命要求等信息。针对航天器型号的运行情况,定期收集统计宇航元器件的运行时间,通过数据比对判读进行元器件的使用状态跟踪。

(3) 元器件使用数据统计分析要求。

按照总装、集团等上级单位的要求,由应用验证中心进行元器件使用数据统计分析。对元器件的采购、质量保证、工程应用中的监制合格率、监制合格率批次间标准方差、补充筛选合格率、验收合格率、补充筛选合格率批次间标准方差、DPA合格率、装机元器件固有质量问题发生率、装机元器件固有批次质量问题发生率等进行统计分析,以便了解元器件的质量与可靠性状态,为航天应用和航天元器件管理决策提供支持。统计分析应使用适宜的统计技术方法,如方差分析法等。

4.3.3　质量风险及应对措施

对应用验证工作的风险来源进行归类包括以下方面。

(1) 由于用户需求覆盖性不全面导致的风险。可采取的应对措施包括实施工程化规范管理、制定需求调研模板、统一调研内容栏目、由项目办或应用验证中心集中发放回收需求调研通知、总体单位设置关键控制点、对需求调研分析结果进行审查把关等。

(2) 由于可能存在的应用验证技术导致的风险。各单位需加强进一步技术基础研究以及验证实践,及时固化经验,实施知识转化。

(3) 由于应用验证中心对元器件自身的特性、元器件研制生产单位、生产过程工艺、材料等信息了解不充分导致的风险。验证单位需要按要求开展充分调研,并对调研结果组织审查。

(4) 由于技术状态管理不严导致的风险。需由验证总体单位对技术状态进行有效控制,按照相关管理要求,进行规范化管理。

(5) 由于验证单位的分散性导致的质量管理风险。需由项目办制定并实施规范的工程质量管理要求和相关标准文件,加强培训及监督检查。

(6) 由于验证试验操作人员和技能不足导致的质量风险。需由项目办或验证实施单位结合应用验证的特点进行针对性培训。

(7) 由于不合适的作业规范而导致的质量风险。可采取的应对措施包括验证单位明确应用验证组织机构以及各类人员的管理职责、杜绝制度漏洞、制定完善的作业文件、增强质量意识、落实有效奖惩等。

4.3.4　异常情况处理程序

1. 验证过程中出现异常现象的处理

验证过程中出现异常现象时，在确保安全的情况下，作业人员应保持当前异常状态，保存历史数据，记录现场异常数据，并上报验证项目负责人组织开展异常情况分析和问题定位，给出处理问题的方案。

2. 试验中断的处理

试验过程中可能由于故障或其他原因引起试验中断。试验中断后，应及时排除故障，分析中断对产品的影响，并根据分析结果合理确定是否继续试验及继续试验的条件。试验过程中引起试验中断的原因一般如下：试验设备及仪器故障引起试验中断；产品本身故障造成试验中断；欠 / 过试验造成试验中断。

3. 样品异常情况处理

应用验证实施过程中出现的样品异常按照以下原则处理。

(1) 验证项目中出现元器件样品失效，应标识、隔离，并提交相应机构进行失效分析。

(2) 验证项目中出现元器件样品参数非预期超差，应对参数超差现象提供便于追溯的支撑性素材，以便于后续分析。

(3) 对于元器件失效和参数超差问题，应该由应用验证总体单位、评价实施单位、用户、器件研制单位和相关专家共同进行问题分析、定位和处理。

4. 仪器、设备故障处理

应用验证实施过程中出现的仪器、设备故障按照以下原则处理。

(1) 应分析故障对被评价元器件样品的影响。

(2) 应修复故障的仪器设备并进行检定合格，或更换同类合格设备。

4.3.5　应用验证质量监督要求

为保证应用验证过程有效受控，项目办或应用验证中心可组织质量监督活动。

(1) 监督的目的。跟踪应用验证流程，查明和注意可能发生的失控现象，及时采取措施进行纠正。

(2) 监督内容。可对应用验证工作的开展情况进行监督，也可对预先确定的应用验证过程中的关键控制点实施监控,评估关键控制点是否处在受控状态。

(3) 监督方法。对于定量的指标,用物理的或化学的测量或观察方法,如测量仪器的误差是否在允许范围之内。对于定性的指标,检查其是否符合有关规定,如:对于专家提出的合理意见,确认在具体元器件的验证方案中是否得到了有效落实;检查元器件研制生产单位商提交的文件是否齐全;对各项记录进行复查;检查记录是否按规定被保存,各项规章制度是否贯彻执行。

(4) 监督时机及频率。在应用验证过程中重大试验开始前或影响重大的验证工作开展前,均可进行质量监督。

(5) 质量监督后形成的记录。由项目办或应用验证中心形成质量监督意见发被监督部门,并存档一份。

(6) 质量监督意见的落实。项目办对在质量监督中出现的问题要求限期进行整改。被监督单位根据质量监督意见制订整改计划,按期落实整改,实现持续改进,形成质量监督意见落实情况报告报应用验证项目办备案存档。

附　　录

附录1　常用表格

表1　硬件装置验收工作程序记录表

第　1　页　　共　5　页

型号		产品名称		产品编号		产品代号		所属系统	
日期		交付单位		验收单位		地　　点		研制阶段	

<table>
<tr><th>序号</th><th>验收项目</th><th>验　收　内　容</th><th>验收要求</th><th>验收结果</th><th>验收人</th><th>复核人</th><th>备注</th></tr>
<tr><td rowspan="7">1</td><td rowspan="7">验收依据性文件检查</td><td>研制任务书（技术条件）</td><td rowspan="7">齐全、有效</td><td rowspan="7">齐全、有效 □
不齐全 □
缺：</td><td rowspan="7">（验收组组长）</td><td rowspan="7">（验收组副组长）</td><td></td></tr>
<tr><td>产品验收大纲</td><td></td></tr>
<tr><td>产品验收细则</td><td></td></tr>
<tr><td>环境试验条件</td><td></td></tr>
<tr><td>产品外形图、IDS依据文件</td><td></td></tr>
<tr><td>产品配套表、接点表</td><td></td></tr>
<tr><td>其他相关文件</td><td></td></tr>
<tr><td rowspan="6">2</td><td rowspan="6">验收准备</td><td>是否提交了验收申请</td><td></td><td>是 □
未提交 □</td><td rowspan="6">（验收组组长）</td><td rowspan="6">（验收组副组长）</td><td></td></tr>
<tr><td>需提前交付的文件是否按要求提前交付到位</td><td></td><td>是 □
不是　□</td><td></td></tr>
<tr><td>偏离申请表、超差申请表是否提前申报并经过批复</td><td></td><td>是 □
不是　□</td><td></td></tr>
<tr><td>产品是否进行了出所、厂验收，并有明确的结论</td><td></td><td>是 □
不是　□</td><td></td></tr>
<tr><td>验收环境、验收设备、工量具是否符合要求</td><td></td><td>是 □
不是　□</td><td></td></tr>
<tr><td>其他</td><td></td><td>是 □
不是　□</td><td></td></tr>
</table>

续表 1

第　2　页　　共　5　页

型号		产品名称		产品编号		产品代号		所属系统	
日期		交付单位		验收单位		地　点		研制阶段	

序号	验收项目	验　收　内　容	验收要求	验收结果	验收人	复核人	备注
3	产品研制和质量报告审查	产品各项性能指标与任务书、合同、技术要求及规范的符合性	内容全面，分析到位	符合要求 □ 不符合要求 □ 缺的项目(序号)： 存在的主要问题：	(验收组副组长)	(验收组组长)	
		技术状态更改论证、各方认可、试验验证落实到位					
		设计评审时提出的行动项目落实情况					
		测试覆盖性检查情况和结论，设计指标与实测数据比对情况和结论，关键数据和重要接口数据的调试、测试情况					
		联试情况					
		可靠性分析与试验验证情况					
		产品技术状态更改审批情况，技术通知单、更改单落实情况					
		研制过程中不合格审理情况、验收时提请的不合格让步接收项目、质量问题归零情况					
		遗留问题及处理意见					
		产品质量结论					
		其他					

续表 1

第 3 页　共 5 页

型号		产品名称		产品编号		产品代号		所属系统	
日期		交付单位		验收单位		地　点		研制阶段	

序号	验收项目	验收内容	验收要求	验收结果	验收人	复核人	备注
4	技术文件	产品证明书	填写签署齐全、加盖质量章	符合要求 □ 不符合要求 □ 存在的主要问题：	（验收组副组长）	（验收组组长）	
		测试报告（测试的条件、各种性能参数及测试结果）	内容齐全、详细，有签署	符合要求 □ 不符合要求 □			技术人员检查，质量管理人员复核
		偏离申请表、超差申请单	填写符合要求，签批完备	符合要求 □ 不符合要求 □			
		测试覆盖性分析报告	是否明确可测试项目和三类不可测试项目以及测试时机	符合要求 □ 不符合要求 □ 缺的项目（序号）： 存在的主要问题：			
		测试覆盖性检查报告	可独立测试项目测试的充分性，有效性； 不可测试项目过程质量记录或质量控制措施是否落实； Ⅱ类不可测试项目在产品形成前已完成测试	符合要求 □ 不符合要求 □ 缺的项目（序号）： 存在的主要问题：			
		产品环境试验相关文件	环境试验项目执行完成； 环境试验条件符合环境试验规范； 环境试验数据符合设计要求； 环境试验过程中不合格处理正确性	符合要求 □ 不符合要求 □ 缺的项目（序号）： 存在的主要问题：			
		其他			（检验）	（验收组组长）	

续表 1

第 4 页　　共 5 页

型号		产品名称		产品编号		产品代号		所属系统	
日期		交付单位		验收单位		地　　点		研制阶段	

序号	验收项目	验收内容	验收要求	验收结果	验收人	复核人	备注
5	外观机械接口检查基本要求技术文件	产品名称、代号、编号	清晰、正确	符合要求 □ 不符合要求 □			检验检查，质量管理人员复核
		外形尺寸、安装孔位	满足要求	符合要求 □ 不符合要求 □			
		电连接器的相关要求	位置、型号、规格、编号正确	不适用 □ 符合要求 □ 不符合要求 □			
		产品包装	规格、方位标志、代号、编号、防潮、防震等满足要求	符合要求 □ 不符合要求 □			
		其他					
6	电接口检查基本要求	产品供电正、负端间的阻值	符合技术条件要求	不适用 □ 符合要求 □ 不符合要求 □			技术人员检查，检验审核
		产品供电正、负端对壳体的绝缘	满足要求	不适用 □ 符合要求 □ 不符合要求 □			
		电连接器接点顺序	符合约定	不适用 □ 符合要求 □ 不符合要求 □			
		产品接地电阻	满足要求	不适用 □ 符合要求 □ 不符合要求 □			
7	各种保护罩、保护插头等检查		有保护措施	不适用 □ 符合要求 □ 不符合要求 □			
8	产品多余物检查		无多余物	符合要求 □ 不符合要求 □			
9	质量检查		符合任务书要求	符合要求 □ 不符合要求 □			

续表 1

第　5　页　　共　5　页

型号		产品名称		产品编号		产品代号		所属系统	
日期		交付单位		验收单位		地　　点		研制阶段	

序号	验收项目	验收内容	验收要求	验收结果	验收人	复核人	备注
10	电性能指标和匹配性能	验证装置性能指标	满足任务书要求，有测试数据记录	不适用 □ 符合要求 □ 不符合要求 □			
		验证装置、专检、测试软件的匹配性	满足要求，有记录	不适用 □ 符合要求 □ 不符合要求 □			
		其他		不适用 □ 符合要求 □ 不符合要求 □			
11	验证用例检查		验证用例全面正确、验证用例指标满足验证要求，有记录				
12	按验收大纲、验收细则进行验收测试		依据验收大纲、验收细则完成了检测，记录齐全	符合要求 □ 不符合要求 □			
13							
14							

验收组意见：

验收组组长签字：
年　　月　　日

交付单位代表		交付单位检验		交付单位质量人员	
接收单位代表		接收单位检验		接收单位质量人员	

表 2　产品交验申请表

（资料性附录）

样机名称：

<table>
<tr><td>产品名称</td><td colspan="2"></td><td>数量</td><td></td></tr>
<tr><td rowspan="2">提前交付文件</td><td colspan="3">文件名称及编号</td><td>计划交验时间</td></tr>
<tr><td colspan="3"></td><td></td></tr>
<tr><td rowspan="2">随产品交付的文件</td><td colspan="4">文件名称及编号</td></tr>
<tr><td colspan="4"></td></tr>
<tr><td>产品负责人意见</td><td colspan="4">签字：</td></tr>
<tr><td>验收组意见</td><td colspan="4">组长签字：
年　　月　　日</td></tr>
</table>

表 3　偏离申请表

型号：

承制单位		编　　号	
产品名称		产品代号	
产品序号		阶段标志	

偏离情况说明：

偏离原因：

偏离对产品性能的影响：

依据性文件：	申请人：

总体意见	

表 4　超差申请表

型号：

<table>
<tr><td>承制单位</td><td></td><td>编　　号</td><td></td></tr>
<tr><td>产品名称</td><td></td><td>产品代号</td><td></td></tr>
<tr><td>产品序号</td><td></td><td>阶段标志</td><td></td></tr>
<tr><td colspan="4">超差情况说明：</td></tr>
<tr><td colspan="4">超差原因：</td></tr>
<tr><td colspan="4">超差对产品性能的影响：</td></tr>
<tr><td colspan="2">依据性文件：</td><td colspan="2">申请人：</td></tr>
<tr><td>总体意见</td><td colspan="3"></td></tr>
</table>

表 5　让步接收单

型号：

承制单位		编　　号	
产品名称		产品代号	
产品序号		阶段标志	

情况说明(含不符合项目和具体结果)：

不符合原因：

依据性文件：	申请人：

总体意见	

表 6　质量待办事项完成情况记录表

型号名称：　　　　　　　　　　　　　　　　填表时间：　　年　　月　　日

序号	分类	事项来源	研制阶段	情况描述	责任单位	计划完成时间	结果	备注
	产品验收							

填表人：

表 7　产品拒收单

型号：

设备名称		代号		编号	

拒收原因：

拒收承办人：　　　　　　承制单位负责人：

解决措施：

处理结论：

承制单位负责人：

承制单位质检部门意见	（质量鉴定章）
验收组意见	组长签字： 年　　月　　日

表 8　元器件结构分析重大问题信息报表

报告编号：　　　　　　　　　　　　　　　　　　　　日期：

元器件名称		元器件型号	
生产单位		批次号	
质量等级		拟用于的工程型号	
结构分析重大问题描述			
分析初步结论及建议			
填表人		部门主管领导	
科技质量处意见			
主管部领导意见			
处理结果			

表 9　器件应用情况调研表(通用)

<table>
<tr><td>序号</td><td>类别</td><td colspan="2">使用情况</td></tr>
<tr><td colspan="2">器件类别</td><td colspan="2">□</td></tr>
<tr><td colspan="2">设计师</td><td colspan="2">姓名：
单位：
对该器件的应用熟悉程度:□ 较高　□ 一般　□ 较低</td></tr>
<tr><td colspan="2">联系方式</td><td colspan="2">电话：
邮件：</td></tr>
<tr><td rowspan="7">1</td><td rowspan="7">所属设备情况</td><td>应用型号</td><td>□
□ 其他型号</td></tr>
<tr><td>所属分系统</td><td></td></tr>
<tr><td>所属设备</td><td></td></tr>
<tr><td>设备功能</td><td></td></tr>
<tr><td>工作模式</td><td>□ 长期连续　□ 长期间断　□ 间断加电</td></tr>
<tr><td>备份方式</td><td>□ 热备份　□ 冷备份　□ 温备份</td></tr>
<tr><td>设备实际工作温度</td><td>最高＿＿＿＿℃　最低＿＿＿＿℃</td></tr>
<tr><td rowspan="2">2</td><td rowspan="2">设计应用情况</td><td>器件实现功能</td><td></td></tr>
<tr><td>关注器件参数</td><td>□ 电源电压范围　□ 输入电压范围
□ 输出电压范围　□ 带宽　□ 其他
□ 零点漂移　□ 温度漂移
□ 上电顺序　□ 电源漂移
□ 压摆率　□ 其他</td></tr>
</table>

续表 9

<table>
<tr><th>序号</th><th>类别</th><th colspan="3">使用情况</th></tr>
<tr><td colspan="2">器件类别</td><td colspan="3">□</td></tr>
<tr><td rowspan="4">2</td><td rowspan="4">设计应用情况</td><td rowspan="3">器件主要用法及应用参数</td><td colspan="2">具体应用电路请附在附图 1(包含控制、外围电路及电路各个元器件参数),以下填写内容在图中可以表述的,不需要再填写

工作参数及降额情况请填入附表 1
电源电压及可能出现的偏差范围____;

PCB 布局布线注意事项
器件用法:
□ 放大____倍 □ 比例____□ 加法器
□ 跟随器 □ 其他
加电顺序:
□ 正电源 — 负电源(如果有)— 输入信号
□ 负电源(如果有)— 正电源 — 输入信号
□ 输入信号 — 负电源(如果有)— 正电源
□ 输入信号 — 正电源 — 负电源(如果有)
□ 正电源 — 输入信号 — 负电源(如果有)
□ 负电源(如果有)— 输入信号 — 正电源
□ 输入信号 — 正负电源</td></tr>
<tr><td>输入信号</td><td>极性:□ 单极性　□ 双极性
幅值________________ V
频率________________ Hz
输入电路的输出阻抗__________Ω
输入信号特性:
□ 正弦 □ 方波 □ 三角波 □ 其他</td></tr>
<tr><td>输出信号</td><td>负载类型:□ 阻性_____Ω□ 容性_____F
□ 感性_____H □ 其他</td></tr>
<tr><td>三防固封</td><td colspan="2">固封方式:
□ 点封,材料
□ 灌封,材料
□ 其他
具体方式及材料</td></tr>
</table>

续表 9

序号	类别	使用情况
器件类别		□
3	应用中发现问题及处理	是否出现应用问题？ □ 有，问题主要原因： □ 电特性　□ 热特性　□ 力特性 □ 其他 □ 无 主要建议

附图 1：具体应用电路（包含控制、外围电路及电路各个元器件参数，或电路＋清单列表）。

表 10　工作参数及降额情况

元器件	降额参数	参数值		降额因子		降额等级
		额定	实际	规定	实际	

表 11　合格外协单位名录

序号	单位名称	能力情况						资质				单位类别	提出部门	状态
		可靠性试验	试验装置开发	验证系统开发	软件开发	机械加工	其他	GJB 9001/GB 19001/ISO 9001	保密	GJB 2725	CNAS			

附录 2　术语解释

下列术语解释将对本书内容提供参考与补充，它们虽不能取代技术词典，但可为读者对应用验证系统工程的更深理解提供良好的帮助。

第 1 章　概述

验证：指通过一系列试验、检验和分析，证实产品与“设计预期”及“应用要求”的符合程度。

元器件应用验证：指元器件在宇航工程应用前开展的一系列的试验、评估和综合评价等工作，进而确定元器件的技术和应用状态是否达到宇航应用的成熟度和可用性要求。

元器件鉴定：指元器件按照已确定的“标准”进行的符合性测试和试验。

成熟度：指将元器件在设计、工艺、材料、试验和过程控制等研制生产及质量保证能力方面的综合得分与对应等级判据比对得出的评价结果。

适用度：指将元器件的宇航应用环境及系统的适应能力的综合得分与对应等级判据比对得出的评价结果。

可用度：指将元器件成熟度和适用度进行进一步综合分析和评估，并与对应等级判据比对得出可满足宇航应用要求的量化综合评价结果。

物理－事理－人理(WSR)：一种解决了如何在保证对复杂系统定量研究的基础上，又重视“人”即专家在系统中主观作用的方法。

应用验证综合评价(Application verification comprehensive evaluation)：基于系统工程思想，运用模糊综合评价法、信息熵综合评价法和专家群决策法，确定宇航元器件满足宇航应用的研制成熟度、适用度和可用度而开展的一项工作。

第 2 章　应用验证综合评价方法和判据

指标(Index)：反映系统要素或效益的数量概念和具体数字，它包括指标的名称和指标的数值两部分。

指标体系(Index system)：由多个相互联系、相互作用的评价指标，按照一定层次结构组成的有机整体。

判据体系：由单指标判据和综合判据等按照一定的结构进行组合，以实现对相关评价结果进行判断并做出结论说明的一系列标准。

应用验证判据体系：指对开展全面应用验证工作以后获取的数据进行综合分析，进而对元器件的成熟度、适用度和可用度进行评判的一系列判据标准和方法，判据体系既包括单指标判据，又包括综合判据。

综合评价：指对以多属性体系结构描述的对象系统做出全局性、整体性的评价，即对评价对象的全体，根据所给的条件，采用一定的方法给每个评价对象赋予一个评价值（又称评价指数），再据此择优或排序。

头脑风暴法：一种创造能力的集体训练法。

德尔菲法：一种采用匿名发表意见的方式，反复填写问卷，以集结问卷填写人的共识及搜集各方意见，应对复杂任务难题的管理技术方法。

层次分析法：一种将与决策总是有关的元素分解成目标、准则、方案等层次，在此基础上进行定性和定量分析的决策方法。

粗糙集法：一种处理不准确、不确定和不完全数据的新的数学方法，它可以通过对数据的分析和推理来发现隐含的知识、揭示潜在的规律。

冗余度分析法：一种以阈值为标准，通过对指标体系某一维度指标之间的统计相关性与阈值的比较，确定指标体系冗余与否的方法。

因子分析法：一种通过研究众多变量之间的内部依赖关系，探求观测数据中的基本结构，并用少数几个假想变量（因子）来表示基本结构的数据分析方法。

主观赋权（Subjective weight assignment）：一种以人的主观判断为依据确定指标权重的方法。

客观赋权（Objective weight assignment）：一种以评价对象的数据信息为依据确定指标权重的方法。

组合赋权（Combination weight assignment）：一种采用一定的方法集结不同单一赋权方法，确定指标综合权重的赋权方法。

专家遴选法：一种能有效遴选出满足应用验证需要的专家，为宇航元器件应用验证指标体系构建、指标赋权、综合评价和判据等提供理论依据和工程指导的方法。

李克特量表设计法：一种对初步构建的指标体系进行优化，将指标重要性程度的定性描述转化成定量表述的方法。

宇航元器件应用验证综合评价集成研讨厅：即以综合集成方法论为指导、以研究“开放的复杂巨系统”和解决复杂问题为目的的决策支持系统，由专家体系、机器体系和知识体系三个部分构成。

第 3 章　应用验证流程

应用验证流程（The process of application verification）：为完成应用验证工作而进行的一系列逻辑相关的验证工作项目的有序集合。

应用验证工作分解表：由基于航天用户要求的验证方式、验证工作项目及其先后关系、所需时间和样品组成。

单代号网络图（Activity－on－node）：以节点（矩形方框）及其编号表示验证工作项目，以箭线表示验证工作项目之间的连接关系的网络图，其验证工作项目表示如图 1 所示。

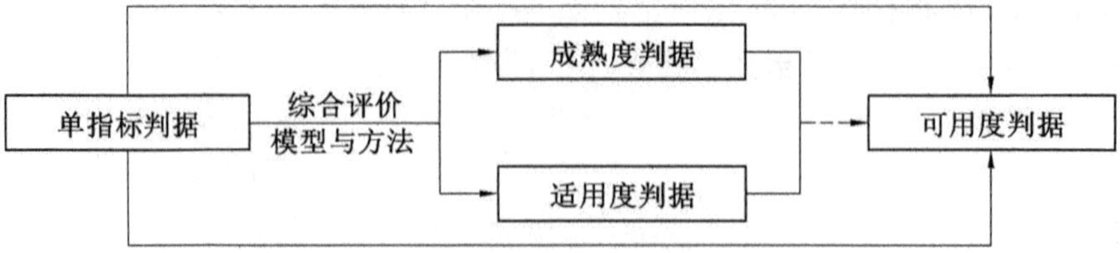

图 1 单代号网络图的工作项目表示

紧前(后)工作项目(Tightly before(after) project):紧邻的前一个工作项目称紧前工作项目,紧邻的后一个工作项目称紧后工作项目。

关联流程工期计算:为关联流程最后一个工作项目的最早开始时间与其工时之和。

自检:检验流程建立所用理论与方法的科学性。

他检:依靠元器件研制生产单位、质量保证单位和型号研制及应用验证专家的知识与经验,审查流程的可行性与质量等方面。

第 4 章 应用验证工程管理方法

项目集成管理:指为确保项目各项工作能够有机地协调和配合所开展的综合性和全局性的项目管理工作和过程。

集成单元:指构成集成体或集成关系的基本单位,是形成集成体的基本物质条件,又称为集成要素。

验证技术集成管理:指从应用验证项目整体出发,综合运用系统论、控制论等思想、理念和技术方法,有效整合验证单位内、外部先进的验证技术、工具和管理方法,将一系列零散、功能单一的验证技术通过技术集成转化为一套相互关联且协调统一的验证技术体系。

技术匹配度:指验证项目的各分支技术在结合后是否互相冲突和矛盾,是否发挥了应有的整体功能,特别是有无发挥出最大的功能。

技术冗余度:指技术系统内各分支技术集成后可放弃的技术所占的比例。

应用验证项目生命期:将每个应用验证项目划分成若干个阶段,以便对项目进行有效的管理控制,这些项目阶段合在一起为应用验证项目生命期。

元器件应用验证项目 HSE 管理:即健康、安全与环境(Health,Safety and Environment, HSE)管理,是指项目管理人员运用系统分析方法对应用验证项目全生命期中在健康、安全、环境等方面可能发生的危害事件和产生的后果进行识别和分析,通过运用系统化的预防管理机制,采取有效的防范手段和控制措施来消除各类事故的隐患,减少可能引起的人员伤害、财产损失和环境污染的全部管理活动。

宇航元器件应用验证专家遴选系统:一个综合集成应用验证专家遴选方法研究成果而开发的工具,是宇航元器件应用验证综合评价系统的辅助子系统。

参考文献

[1] IVO B J,TINSLEY O. Verification and validation in computational engineering and science: basic concepts[J]. Computer Methods in Applied Mechanics and Engineering,2004,193(36/37/38):4057-4066.

[2]PLANT R, GAMBLE R. Methodologies for the development of knowledge based systems[J]. Knowledge Engineering Review,2003,18(1):47-81.

[3]MAROPOULOS P G, CEGLAREK D. Design verification and validation in produce lifecycle[J]. CIRP Annals Manufacturing Technology,2010, 59(2):740-759.

[4] 郭宝柱. 中国航天系统工程方法与实践[J]. 复杂系统与复杂性科学,2004, 1(2):16-19.

[5] 王礼恒. 中国航天系统工程[J]. 航天工业管理,2006(10):60-64.

[6] 马兴瑞. 中国航天的系统工程管理与实践[J]. 中国航天,2008(1):7-15.

[7] 张连成. 以航天系统工程理念推动预先研究工作[J]. 航天工业工程, 2011(5):4-6.

[8] 顾基发,高飞. 从管理科学角度谈物理—事理—人理系统方法论[J]. 系统工程理论与实践,1998,18(8):10-15.

[9] 许国志. 系统科学[M]. 上海:上海科技教育出版社,2000.

[10] 汪应洛. 系统工程学[M]. 3 版. 北京:高等教育出版社,2007.

[11] 上海交通大学. 智慧的钥匙——钱学森论系统科学[M]. 上海:上海交通大学出版社,2005.

[12] 王建军,杨德礼. 复杂系统决策的综合评价方法[J]. 哈尔滨工业大学学报,2008(8):1337-1340.

[13]ANDERSEN E,JESSEN S. Project maturity in organisations. [J]. International Journal of Project Management,2003,21(1):457-461.

[14] 中国(双法)项目管理研究委员会. 中国项目管理知识体系[M]. 北京:电子工业出版社,2006.

[15] 朱文冰. 航天产品电子元器件的可靠性控制[J]. 电子工程师,2006,32(3):11-13.

[16] 袁家军. 航天产品成熟度研究[J]. 航天器工程,2011,20(1):1-7.

[17] 谭维炽,胡金刚. 航天系统工程[M]. 北京:中国科学技术出版社,2009.

[18] 王国华. 专家判断信息的提取一致性调整[J]. 系统工程理论方法应用，2001，10(1)：68-71.
[19] 赵黎明，徐孝涵，张卫东. 对同行评议专家的反评估分析[J]. 中国科学基金，1995(1)：62-66.
[20] 沈建明. 项目风险管理[M]. 北京：电子工业出版社，2003.
[21] 袁家军. 神舟飞船系统工程管理[M]. 北京：机械工业出版社，2006.
[22] 李蕾. 建设项目知识管理的理论研究与实证分析[D]. 武汉：武汉理工大学，2007.
[23] 贾立伟. 项目导向型企业知识管理初探[J]. 项目管理技术，2009(8)：81-84.
[24] 李红兵，李蕾. 工程项目环境下的知识管理方法研究[J]. 科技进步与对策，2004(5)：14-16.
[25] 诸一维，蔡娜，王敬贤. 从 ESCC 的 0 级标准看欧洲宇航元器件的管理思路[J]. 质量与可靠性，2009，30(2)：53-54.
[26] 卿寿松，夏泓，张月逸. 加速构建中国宇航员期间标准体系，大力支撑宇航元器件产品体系建设[J]. 航天标准化，2010(2)：7-10.
[27] 娜日，吴晓伟，吕继红. 基于层次分析法和模糊综合评判的网络信息素养评价[J]. 情报杂志，2011，30(7)：81-84.
[28] 张延伟，江理东，陈志强. 一种新的元器件可靠性评估方法—结构分析(CA)[J]. 电子产品可靠性与环境试验，2003，(5)：1—3.
[29] 温煦森，陈循. 可靠性强化试验理论与应用[M]. 北京：科学出版社，2007.
[30] 安茂春，王志健. 国外技术成熟度评价方法及其应用[J]. 评价与管理，2008，6(2)：1-3.
[31] 王蕴辉，于宗光，孙再吉. 电子元器件可靠性设计[M]. 北京：科学出版社，2007.
[32] 金玉丰，王志平，陈兢. 微系统封装技术概论[M]. 北京：科学技术出版社，2006.
[33] 马荣国，范红梅，肖军强，等. 宇航元器件力学环境适应性评价技术研究[J]. 电子元器件可靠性与环境试验，2012，30(3)：1-5.
[34] 毋俊玱，董宇亮. 张小川，等. 宇航元器件极限评估试验剖面设计[J]. 电子元件与材料. 2012，31(1)：59-63.
[35] 张洪伟，夏泓，江理东，等. 宇航元器件极限评估技术研究[J]. 电子元件与材料. 2011，30(11)：73-76.
[36] 朱明让. 元器件的可靠性技术[J]. 质量与可靠性，2002(2)：24-27.
[37] 任占勇，祝耀昌. 可靠性加速试验技术与传统可靠性试验技术的对比分析[J]. 航空标准化与质量，2001(6)：35-39.